给排水管道工程设计与施工

张 伟 著

黄河水利出版社

·郑州·

图书在版编目(CIP)数据

给排水管道工程设计与施工/张伟著. —郑州:黄河水
利出版社,2020.4
ISBN 978 – 7 – 5509 – 2631 – 8

Ⅰ.①给… Ⅱ.①张… Ⅲ.①给水管道 – 管道工
程 – 工程设计②给水管道 – 管道工程 – 工程施工③排水管
道 – 管道工程 – 工程设计④排水管道 – 管道工程 – 工程施
工 Ⅳ.①TU991.36②TU992.23

中国版本图书馆 CIP 数据核字(2020)第 062212 号

出 版 社:黄河水利出版社   网址:www.yrcp.com
　　　　　地址:河南省郑州市顺河路黄委会综合楼14层   邮政编码:450003
发行单位:黄河水利出版社
　　　　　发行部电话:0371 – 66026940、66020550、66028024、66022620(传真)
　　　　　E-mail:hhslcbs@126.com
承印单位:虎彩印艺股份有限公司
开本:787 mm × 1 092 mm　1/16
印张:14
字数:323 千字   印数:1—1 000
版次:2020 年 4 月第 1 版   印次:2020 年 4 月第 1 次印刷

定价:70.00 元

前　言

　　水是循环的维系生命的物质。水循环可以分为自然循环和社会循环两种过程。人类社会的发展,尤其是给水排水工程技术的不断拓展,使得水的社会循环体系浩大而复杂。给水排水管道恰是连接水的社会循环领域各工程环节的通道和纽带,是实现给水排水工程设施功能的关键一环。在城镇化建设突飞猛进的今天,工程质量的问题尤其突出。给水排水管道工程的质量取决于勘察设计、建设施工、材料质量和维护管理的各个环节。对于工程技术人才和一线技术人员,需要掌握设计、施工、选材和运行维护的综合知识,而不能偏重于某一方。为适应这一情况,专业人才的培养应该注重引入在专业领域应用的新技术、新工艺和新工程设备等内容。结合给水排水工程专业的发展方向,各专业技术应以水的社会循环为研究对象,在水的输送、分配和水质水量调节方面,既保持专业传统,又强调与其他工程类别如水利、道路、建筑设备、地下工程等的相互协调,全面提高给水排水专业的科学性和应用性。为了将城市的给水排水管道工程做好,保证施工质量,做好施工管理,进一步促进城市建设的可持续发展,必须要对此类工程给予更多的关注,并且对其中的常见问题进行排查,及时探讨解决方法,从而保证给水排水管道可以更有效地为城市服务。

　　全书共分十章,主要内容包括我国给水与排水工业概况、给水工程与排水工程、城市给水管网系统的设计计算、城市排水管道系统的设计计算、新型给水排水管材及其连接方法、给水排水管道施工技术、给水管网的养护管理与安全运行、排水管网维护与运行管理、管道非开挖修复技术及给水排水工程施工现场管理。本书在内容上力求做到简明扼要、深入浅出、突出重点。

作　者
2020 年 1 月

目 录

第一章　我国给水排水工业概况

本章主要从给水排水工业的历史发展、结构构成和特点对我国给水排水工业的概况进行介绍。

第一节　我国给水排水工业的发展历程

在我国古代,就有一些关于给水排水工程的记载。例如,我国东周时期居民就在城区建造瓦井作为生活用水的重要来源,至汉、唐时期则建有砖井。我国很早就知晓用明矾净水,400年前发现建有过滤—沉淀—炭滤作用的净水设施。河南省淮阳的古城下,发掘出公元前2800年埋下的陶制排水管,比公元前2500年埃及发现的排水沟早300年。河北省易县出土了战国后期的圆形陶制排水管。陕西省西安市出土了秦代五角形陶制排水渠,在皇宫内出现了明渠和暗渠相结合的排水系统。唐代长安建造了较为完整的雨水排水系统。江苏省扬州市发现了唐代建造的多功能排水渠。而在明代、清代的北京城,排水管渠系统就比较发达了。

我国在新中国成立前,社会发展落后,经济发展缓慢,所以现代的城市给水排水工程的发展也显著滞后。我国给水工程始于1879年,在旅顺修建了龙引泉供清代北洋水师用水;1883年,在上海建成杨树浦水厂;1898年,在天津建成自来水厂;1910年,在北京建成东直门水厂等。到1949年,全国建有72座自来水厂,日供水能力为2 400万 m^3,供水管道6 600 km。当时全国103个城市建有排水设施,管线总长6 034.8 km,全国只有上海、南京建有城市污水处理厂,日处理能力为4.0万t。1921年建造的上海北区污水处理厂是我国最早的活性污泥法污水处理厂。新中国成立后,排水工程事业发展较快,城市下水道普及率达60%以上。截至1995年,全国排水管道总长为11万 km,城市污水处理厂838座,日处理能力为1.64亿t。

改革开放以来,我国已由社会主义计划经济体制向社会主义市场经济体制转变。在计划经济体制下,作为城市基础设施的"给水排水"事业,被归入"生活"类设施。在改革开放以前执行"先生产,后生活"建设方针的情况下,不仅发展缓慢,并且水被作为一种"福利",几乎无偿地供给居民,水价甚至低于成本,城市供水行业大多在"政策性亏损"条件下运营,建设靠政府投资,亏损靠政府补贴,缺乏自我发展机制。

在社会主义市场经济体制下,水作为一种特殊商品正在进入市场,采集、生产、加工商品水的产业,称为水工业。水工业是以水的社会循环为服务对象的,为实现水的社会循环提供所需的工程建设、技术装备运营管理和技术服务。它与服务于水的自然循环的水利工程构成了水工程的两个方面。但随着我国社会经济的快速发展,水危机和水环境污染越来越严重,并且迄今为止已发展到对国民经济发展产生严重制约作用的地步。为了缓解水危机,我国政府和社会已投入大量资金,兴建了大量水工程,极大地推动了水工业的发展,使水工业呈现欣欣向荣的局面。

20 世纪是水工业大发展的时代,在保障人民生命健康、提高人民生活质量、改善生态环境、推动社会经济发展等方面都做出了重大贡献。20 世纪末,美国工程院邀请 30 多个职业工程协会参与评选 20 世纪最伟大的 20 项工程技术成就。评选委员会从 105 个推荐项目中评选并列出 20 项最伟大的工程技术成就,分别为:①电气化;②汽车;③飞机;④自来水;⑤电子技术;⑥无线电和电视;⑦农业机械化;⑧计算机;⑨电话;⑩空调制冷;⑪高速公路;⑫航天技术;⑬因特网;⑭成像技术;⑮家用电器;⑯保健技术;⑰石油化工;⑱激光和光纤;⑲核技术;⑳高性能材料。

由此可见,水工业在人类生活质量提高方面的作用排名第四,是非常突出的。它大大增强了水工业从业人员的成就感和荣誉感,也是水工业从业人员的骄傲。

改革开放 30 多年来,我国水工业已经有了很大的发展,市政水工程和建筑水工程已经积累了数千亿元的资产。在跨入 21 世纪之际,在水危机严峻形势的促进下,政府正加大向水工业的资金投入,社会各渠道的资金也在大量向水工业转移,大量工程也在开工建设,一派繁荣景象,作为 21 世纪朝阳产业的水工业,将迎来更大的发展机遇。

第二节　给水排水工业的产业构成

从我国目前的情况来看,给水排水工业产业体系可以初步分为以下四个部分,同时涉及城市和工业中的众多领域。

一、给水排水工业运营业

围绕采集、净化、供给、保护、节约、使用、污水处理和再生回用等互相关联的环节而产生的各种企业和部门构成了水工业企业的主体,这些企业通过水工业工程设施的运行和管理,为社会经济发展的各个领域提供各种各样的水质、水量及其载体功能。这些企业按供水对象来划分,主要包括:

(1)城镇自来水生产和供应企业。

(2)工业厂矿供水工程运营部门与企业。

(3)特种水生产和供应企业。

(4)城市排水管理单位或企业。

(5)污水处理和再生单位或企业。

(6)回用水生产及供应单位或企业。

(7)建筑水工程运营部门。

(8)农业水工程运营单位或企业。

二、给水排水工业工程建设业

给水排水工业工程设施是水工业发展的硬件基础,其建设和运行以独立的技术体系和学科体系作为支撑,并具有独特的要求和特点,需要高度专业化的建设和安装企业。水工业工程设施建设和安装企业的健全与发展对我国水工业的发展起着重要的保障作用,涉及的工程建设领域主要包括：

(1)水资源调控和保护工程。

(2)取水和输水工程。

(3)水处理和净化工程。

(4)供水管网工程和输配工程。

(5)污水管网工程和输送工程。

(6)雨水管网工程。

(7)污水处理和再生工程。

(8)污水回用工程。

(9)节水工程。

(10)城市防洪工程。

(11)建筑水工程。

(12)工业水工程。

(13)农业水工程。

三、给水排水工业设备制造业

给水排水工业设备制造业是水工业发展的支柱工业,涉及的主要技术设备和器材包括：

(1)给水排水工业管材与其他器材。

(2)建筑水工程设备器材。

(3)优质和安全饮用水净化(成套)专用设备。

(4)工业水工程专用设备器材。

(5)农业水工程专用设备器材。

(6)污水处理和再生(成套)专用设备。

(7)给水排水工业仪器仪表。

(8)给水排水工业信息、自动控制系统。

(9)节水设备与器材。

(10)给水排水工业通用设备。

(11)给水排水工业药剂。

四、给水排水工业知识产业

水工业知识产业指水工业的科研、设计、开发、服务等水工业综合技术服务业,它是水工业发展和建设的重要软件基础,涉及的服务领域主要包括以下几个方面：

(1)工程规划、勘探与设计。

(2)产品与设备开发、研制和设计。

(3)水资源和水环境评价。

(4)技术标准和技术监督。

(5)科学研究、科学试验和技术开发。

(6)技术和市场信息咨询服务。

(7)教育和培训。

(8)给水排水工业金融投资服务业。

第三节　给水排水工业的特点

在社会主义市场经济条件下产生和发展起来的水工业,具有区别于传统"给水排水"的显著特点。新中国成立之前,我国只在少数大城市的租界区有规模很小的给水排水设施。新中国成立以后,随着国民经济的发展,开始在城市和工业企业建设给水排水设施,当时主要是解决有无问题,即水量是主要矛盾。那时,水源的水质相对较好,城市和工业对水质的要求也相对较低,进入社会循环的水量较小,虽然污水、废水的处理发展相对滞后,但其对水环境的污染相对较轻,所以水质问题尚不突出。进入 20 世纪 80 年代以后,我国开始步入社会主义市场经济,社会经济高速发展,但同时以水资源短缺和水环境污染为标志的水危机却日益严重。水环境的污染与人们对饮用水水质不断提高的要求的矛盾日益增大,高新技术的发展也使工农业对水质的要求大为提高。在向社会可持续发展的战略改变中,水资源的可持续利用要求实现水的良性社会循环,还要进行污水、废水的处理和再生回用。这样,在水工业的水量和水质两个方面,水质矛盾就日益突出并上升为主要矛盾。

知识经济时代的水工业有着高新技术化的鲜明特点。高新技术有助于保证最优工艺质量,从而改造整个生产工艺方式。计算机技术、信息技术、生物技术、材料科学技术、自动控制技术、系统科学技术等高新技术及其手段与方法向水工业技术领域的渗透、移植和交叉,推动了水工业工程技术的高新技术化和产业化。

传统意义上,给水排水是土木工程的一个分支,水处理的工艺过程主要是通过土建构筑物来实现的。现在进入社会主义市场经济以后,在激烈的市场竞争中,水工业开始了设备化的进程,因为只有设备化,才能更快地实现产业化。设备化便于使技术集成化,以满足市场对技术水平及实用性不断提高的要求,满足对不同水量、水质及不同技术经济条件下产品成套化和系列化的要求。设备化更便于高新技术向水工业的移植,以带动水工业整体科技水平的提高。所以,水工业也开始了由土木型向设备型的转变,从而反映了水工业的产业化和市场化的方向。

水工业的另一个显著特点是管理的科学化。水工业运营业是水工业的主体。一方面,如何提高管理水平、如何保证水的产品质量、如何降低消耗、如何提高劳动生产率等,成为水工业企业科学管理的关键问题。另一方面,现代管理科学的发展,计算机和自动控制技术的不断发展及应用领域的不断扩大,为水工业管理的科学化提供了硬件基础。

科学管理体系,涉及水资源管理系统、给水排水供水优化调度系统、给水排水处理系统基础数据库、水处理方案优化、水处理 CAD、水厂处理工艺流程的优化及自动控制、水工业管理信息库,以及城市地理信息系统等领域。随着科学技术的不断发展,水工业企业的管理水平面临一次新的飞跃,对水工业来说,未来的时代将是科学管理的时代。

第二章　给水工程与排水工程

本章的主要内容包括城市给水系统和工业给水系统介绍;排水体制及选择;排水系统的组成与布置形式;给水排水工程的意义、作用和任务。

第一节　城市给水系统

一、城市给水系统的组成

为了满足用户对水质、水量和水压的要求,城市给水系统一般由以下几个部分组成。

（一）取水构筑物

取水构筑物是从取水水源取集原水而设置的各种构筑物的总称。分地下水取水构筑物和地表水取水构筑物。

（二）水质处理构筑物

水质处理构筑物是对不满足用户水质要求的水,进行净化处理而设置的各种构筑物的总称。这些构筑物及其后面的二级泵站和清水池通常布置在水厂内。

（三）泵站

泵站是为提升和输送水而设置的构筑物及其配套设施的总称。主要由水泵机组、管道和闸阀等组成,这些设备一般均可设置在泵房内。分一级(取水)泵站、二级(供水)泵站、增压(中途)泵站和循环泵站等。

（四）输水管（渠）和配水管网

输水管(渠)通常是指将原水输送到水厂或将清水送到用水区的管(渠)设施,一般沿线不向两侧供水。配水管网是指在用水区将水配送到各用水户的管道设施,城市配水管网大多呈网络状布置。

（五）调节构筑物

调节构筑物是为了调节水量和水压而设置的构筑物,分清水池和高地水池(或水塔)等。清水池一般设置在水厂内,位于二级泵站之前,用于贮存和调节水量;高地水池(或水塔)属于管网调节构筑物,用于贮存和调节水量,保证水压,通常设在管网内或附近的地形最高处,以降低工程造价或动力费用。

二、城市给水系统的分类

城市给水系统是保障城市、工业企业等用水的各项构筑物和输配水管网组成的系统。根据系统性质,可分类如下:

(1)按水源种类,分为地表水(江河、湖泊、水库、海洋等)给水系统和地下水(井水、泉水等)给水系统。

（2）按供水方式，分为自流（重力）给水系统、水泵（压力）给水系统和混合给水系统。

（3）按使用目的，分为生活给水系统、生产给水系统和消防给水系统。

（4）按服务对象，分为城市给水系统和工业给水系统。

三、城市给水系统的布置形式

（一）统一给水系统

统一给水系统就是在整个用水区域内用同一系统供应生活、生产、消防及市政等各项用水，现在绝大多数城市均采用这一形式。一般来说，统一给水系统适用于地形起伏不大、用户较为集中，且各用户对水质、水压要求相差不大的城镇和工业企业。个别用户对水质或水压的要求不能满足时，可从统一给水系统取水进行局部处理或加压后再供给使用。

根据管网取水水源的数量，统一给水系统可分为单水源给水系统和多水源给水系统两种形式。

1. 单水源给水系统

单水源给水系统是指给水系统的取水水源只有一个。这种系统简单、管理方便，适用于水源水量相对丰富或用水量相对较小的中、小城镇与工业企业的给水系统。

2. 多水源给水系统

多水源给水系统是指整个给水区域的统一给水系统同时自两个或两个以上的水源取水。多水源给水系统调度灵活，供水安全可靠，动力消耗少，管网内压力较均匀，便于分期展开，但随着水源的增多，水厂的占地面积、机电设备和管理工作也相应增加。适用于大、中城市和对供水安全要求较高的大型工业企业。我国大多数的大、中城市都采用多水源给水系统。

（二）分系统给水系统

当给水区域内各用户对水质、水压的要求相差较大，或地形高差较大，或功能分区比较明显且用水量较大时，可根据需要采用几个互相独立工作的给水系统分别供水，这种给水系统称为分系统给水系统。分系统给水系统和统一给水系统一样，也应根据实际情况采用单水源给水系统或多水源给水系统。分系统给水系统根据实际需要可有以下几种选择。

1. 分质给水系统

当用户对水质的要求相差较大时，可采用两个或两个以上的独立系统，把不同水质的水分别供给各用户。采用分质供水可减少供水成本，充分利用水资源。像对水质要求相对较低的某些工业用水、市政用水就没必要供用城市自来水，而采用简单处理的原水或采用城市污水处理厂的回用水等就可以。特别是污水处理回用，对于解决我国的水资源短缺，节约、保护水资源是非常有意义的。现在很多城市都已修建了污水回用供水（中水）系统，进行分质供水。

2. 分压给水系统

由于用户对水压要求相差较大而采用不同的系统给水，就称为分压给水系统。采用分压给水系统可避免低压用户水压过大，保护用水器具、设备的安全，减少水量漏损和能量浪费等,但整个系统的管道、设备及其管理工作会有所增加。

3. 分区给水系统

由于供水区域的功能分区、自然分割或区域过大,人为分区将整个供水区域分成几个区而分别采用自己的管网供水,这种系统称为分区给水系统。分区给水系统一般有两种情况:一是供水区域内由于功能分区明确或自然分割而分区,例如城市被河流分隔,两岸用水分别供给,各自成独立的给水系统,随着城市的发展,可再考虑将管网连通,成为统一的给水系统,以增加供水的安全可靠性。二是因为地形高差较大或管网分布范围较远而分区,根据布置形式又分为并联分区和串联分区两种,这种给水系统也可看成是分区给水系统。

城市给水系统布置形式的选择,应按照城市规划,考虑水源、地形等自然条件,根据用户对水量、水质和水压等方面的要求,全面系统地建设规划,既要保证用水的安全可靠,又要做到供水的技术可行、经济合理,同时又要保护环境,能适应发展的需要,保证经济的可持续发展。

第二节　工业给水系统

城市给水系统的布置原则同样适用于工业企业给水系统的布置。一般情况下,多数的工业企业用水都是由城市给水系统供给的,但是工业企业的给水是一个比较复杂的问题。一是工业企业门类众多、系统庞大;二是不仅各企业对水的要求大不相同,而且有些工业企业内部不同的车间、工艺对水的要求也各不相同。像用水量大、对水质要求不高的工业企业,用城市自来水很不经济,或者远离城市管网的工业企业,或者限于城市给水系统的规模无法满足其用水需求的大型工业企业,就需要修建自己的给水系统;还有一些工业企业对水质的要求远高于城市自来水的水质标准,需要自备给水处理系统,或者工业企业内部对水进行循环或重复利用,而形成自己的给水系统。概括起来,工业给水系统有直流给水系统、循环给水系统、复用给水系统等类型。

一、直流给水系统

直流给水系统是指水经过一次使用后就排放或处理后排放的给水系统。该系统适用于水源充足且用水成本较低的情况。从节约资源、保护环境的角度来看,不宜采用这种给水系统。

二、循环给水系统

循环给水系统就是指水在使用后经过处理重新回用的给水系统。水在循环使用过程中会有损耗,须从水源取水加以补充,如工业冷却水进行循环使用。随着国家政策的引导,环保意识的增强,循环给水系统的应用已越来越普遍。这种系统能最大限度地节约水资源、减少水污染,在提高企业的经济效益、促进企业的发展和保护环境方面有着重要意义。

三、复用给水系统

复用给水系统就是按各车间、工厂对水质高低不同的要求,将水顺序重复使用。水经过水质要求高的车间、工厂使用后,直接或经过适当的处理再供给对水质要求低的车间、工厂,这样顺序重复用水。

工业给水系统水的重复利用、循环使用,可做到一水多用,充分利用水资源,节约用水减少污水排放,具有较好的经济效益和环境效益。工业用水的重复利用率(重复用水量占总用水量的百分数)反映工业用水的重复利用程度,是工业节约城市用水的重要指标。我国工业企业用水重复利用率普遍较低,平均还不到50%,与一些发达的国家相比,还有很大的差距,因此改进生产工艺和设备以减少用水排水、寻找经济合理的污水处理技术,对提高工业用水重复利用率和工业企业经济效益、环境效益具有重要的意义。

第三节　排水体制及选择

一、排水系统

人们在生产和日常生活中会产生大量的污水,如城镇住宅、工业企业和各种公共建筑中会不断排出各种各样的污水和废水,这些污水和废水需要及时妥善地排除、处理和利用,如不加控制,任意直接排入水体或土壤中,会使水体和土壤受到污染,破坏原有的生态环境,引起各种环境问题。为保护环境,现代城镇需要建设一整套工程设施来收集、输送、处理和处置污水,这种工程设施称为排水工程,这一整套用来收集、输送、处理和排放污废水的工程设施就构成了排水系统。

排水工程的基本任务是保护环境免受污染,以促进工农业生产的发展和保障人民的健康与正常生活。其主要作用是收集各种污水并及时输送至适当地点,将污水妥善处理后排放或再利用。

排水工程是城市基础设施之一,在城市建设中起着十分重要的作用。排水工程对保护环境、促进工农业生产和保障人民的健康,具有巨大的现实意义和深远的影响。应当充分发挥排水工程在我国经济建设中的积极作用,使经济建设、城乡建设与环境建设同步规划、同步实施、同步发展,以达到经济效益、社会效益和环境效益的统一。

二、污水的分类

按来源的不同,污水可分为生活污水、工业废水和降水三类。

(一)生活污水

生活污水是指人们在日常生活中用过的水,包括从厕所、淋浴室、盥洗室、厨房、食堂和洗衣房等处排出的水。生活污水含有大量腐败性的有机物,如蛋白质、动植物脂肪、碳水化合物、尿素等;还含有许多人工合成的有机物,如各种肥皂和洗涤剂等;以及常在粪便中出现的病原微生物,如寄生虫卵和肠系传染病菌等。此外,生活污水中也含有植物生长所需要的氮、磷、钾等肥分。这类污水需要经过处理后才能排入水体、灌溉农田或再利用。

（二）工业废水

工业废水是指在工业生产中排出的废水，来自车间或矿场。由于各种工厂的生产类别、工艺过程、使用的原材料及用水成分的不同，工业废水的水质变化很大，按照污染程度的不同，可分为生产废水和生产污水两类。

生产废水是指在使用过程中受到轻度污染或水温稍有增高的水。例如，冷却水便属于这类水，通常经简单处理后即可在生产中重复使用，或直接排放入水体。

生产污水是指在使用过程中受到较严重污染的水。这类水多具有危害性。例如，有的含大量有机物，有的含氰化物、铬、汞、铅、镉等有害或有毒物质，有的含多氯联苯、合成洗涤剂等合成有机化学物质，有的含放射性物质等。这类污水大都需经适当处理后才能排放，或在生产中再利用。废水中有害或有毒物质往往是宝贵的工业原料，对这种废水应尽量回收利用，为国家创造财富，同时也减轻污水的污染。

工业废水也可按所含污染物的主要成分进行分类，如酸性废水、碱性废水、含氰废水、含铬废水、含汞废水、含油废水、含有机磷废水和放射性废水等。

（三）降水

降水包括雨水和冰雪融化水。降落雨水一般比较清洁，但其形成的径流量大，若不及时排泄，则将积水为害，妨碍交通，甚至危及人们的生产和日常生活。天然雨水一般比较清洁，但初期降雨时所形成的雨水径流会挟带大气中、地面和屋面上的各种污染物质，使其受到污染，所以初期径流的雨水，往往污染严重，应予以控制排放。有的国家对污染严重地区雨水径流的排放做了严格要求，如工业区、高速公路、机场等处的暴雨雨水要经过沉淀撇油等处理后才可以排放。近年来，由于水污染加剧，水资源日益紧张，雨水作用被重新认识。长期以来，雨水直接径流排放，不仅会加剧水体污染和河道洪涝灾害，同时也是对水资源的一种浪费。

在城镇的排水管道中接纳的既有生活污水也有工业废水。这种混合污水称为城市污水。在合流制排水系统中，还包括生产废水和截流的雨水。由于城市污水是一种混合污水，其性质变化很大，随着各种污水的混合比例和工业废水中污染物质的特性不同而异。在某些情况下可能是生活污水占多数，而在另一些情况下又可能是工业废水占多数。这类污水需经过处理后才能排入水体、灌溉农田或再利用。

生活污水量和用水量相近，而且所含污染物的数量和成分也比较稳定。工业废水的水量和污染物质浓度差别很大，取决于工业生产过程和工艺过程。

三、废水、污水的最终处理

根据实际条件的不同，经处理后的污水最终去向包括排放水体、灌溉农田、重复利用。

排放水体是污水的自然归宿。水体对污水有一定的稀释与净化能力，也称为水体的自净作用，这是最常用的一种处置方法。灌溉农田是污水利用的一种方式，也是污水处理的一种方法，称为污水的土地处理法。重复利用是最合适的污水处置方式。污水经处理达到无害化再排放并重复利用，是控制水污染、保护水资源的重要手段，也是节约用水的重要途径。城市污水重复利用的方式有以下几种：

（1）自然复用。一条河流往往既做给水水源，也受纳沿河城市排放的污水。流经河流下游城市的污水中,总是掺杂有上游城市排入的污水。因而地面水源中的水,在其最后排入海洋之前,实际已被多次重复使用。

(2)间接复用。将城市污水注入地下补充地下水,作为供水的间接水源,也可防止地下水位下降和地面沉降。

(3)直接复用。可将城市污水直接作为城市饮用水水源、工业用水水源、杂用水水源等重复利用(也称污水回用)。城市污水经过人工处理后直接作为城市饮用水源,这对严重缺水地区来说可能是必要的。

工业废水的循序使用和循环使用也是直接复用。某工序的废水用于其他工序,某生产过程的废水用于其他生产过程,称作循序使用。某生产工序或过程的废水,经回收处理后仍作原用,称作循环使用。不断提高水的重复利用率是可持续发展的必然趋势。

四、排水体制

在城镇和工业企业中通常有生活污水、工业废水和雨水,这些污水既可采用一个管渠系统来排除,又可采用两个或两个以上各自独立的管渠系统来排除。污水的这种不同排除方式所形成的排水系统,称作排水系统的体制(简称排水体制)。排水系统的体制,一般分为合流制排水系统和分流制排水系统两种类型。

(一)合流制排水系统

合流制排水系统是将生活污水、工业废水和雨水混合在同一个管渠内排除的系统,分为直排式和截流式。直排式合流制排水系统,是将排除的混合污水不经处理直接就近排入水体,国内外很多老城市以往几乎都是采用这种合流制排水系统。但这种排除形式污水未经处理就排放,使受纳水体遭受严重污染。现在常采用的是截流式合流制排水系统,这种系统是在临河岸边建造一条截流干管,同时在合流干管与截流干管相交前或相交处设置溢流井,并在截流干管下游设置污水处理厂。晴天和初期降雨时所有污水都送至污水处理厂,经处理后排入水体,随着降水量的增加,雨水径流也增加,当混合污水的流量超过截流干管的输水能力后,就有部分混合污水经溢流井溢出,直接排入水体。截流式合流制排水系统比直排式合流制排水系统大大前进了一步,但仍有部分混合污水未经处理就直接排放,从而使水体遭受污染,这是它的不足之处。国内外在改造老城市的合流制排水系统时,通常采用这种方式。

(二)分流制排水系统

分流制排水系统是将生活污水、工业废水和雨水分别在两个或两个以上各自独立的管渠内排除的系统。

排除生活污水、城市污水或工业废水的系统称为污水排水系统;排除雨水的系统称为雨水排水系统。

根据排除雨水的方式,分流制排水系统又分为完全分流制和不完全分流制两种。完全分流制排水系统,是污水和雨水分别采用独立的排水系统。不完全分流制排水系统,只有污水排水系统,未建雨水排水系统,雨水沿天然地面街道边沟、水渠等原有沟渠系统排泄,或者为了补充原有渠道系统输水能力的不足而修建部分雨水渠道,待城市进一步发展再修建雨水排水系统,使其转变成完全分流制排水系统。

工业企业污水的成分和性质往往很复杂，不但与生活污水不宜混合，而且彼此之间也不宜混合；否则，将造成污水和污泥处理复杂化，并对污水重复利用和回收有用物质造成很大困难。所以，在多数情况下，应采用分质分流、清污分流的几种管道系统来分别排除。若生产污水的水质满足有关规定标准[如《污水排入城镇下水道水质标准》(CJ 343—2010)]的要求，方可进一步按照排放要求做好污水处理。

大多数城市，尤其是较早建成的城市，往往是混合制的排水系统，既有分流制也有合流制。在大城市中，各区域的自然条件及修建情况可能相差较大，因此应因地制宜地采用不同的排水体制。

五、排水体制的选择

合理地选择排水体制，是城市和工业企业排水系统规划和设计的重要问题。它不仅从根本上影响排水系统的设计、施工、维护、管理，而且对城市和工业企业的规划和环境保护影响深远，同时也影响排水系统工程的总投资初期投资及维护管理费用。一般来说，排水系统体制的选择应满足环境保护的需要，根据当地条件，通过技术经济比较确定。而环境保护应是选择排水体制时所考虑的主要问题。下面从不同的角度进一步分析各种排水体制的使用情况。

(一)环境保护方面

如果采用合流制将城市生活污水、工业废水和雨水全部截流送往污水厂进行处理，然后再排放，从控制和防止水体污染的角度来看是较理想的；但这时截流主干管尺寸很大，污水厂容量也要增加很多，建设费用相应地提高。采用截流式合流制排水系统时，在暴雨径流之初，原沉淀在合流管渠的污泥被大量冲起，经溢流井溢入水体，同时雨天时有部分混合污水溢入水体。实践证明，采用截流式合流制排水系统的城市，水体污染日益严重。应考虑将雨天时溢流出的混合污水予以储存，待晴天时再将储存的混合污水全部送至污水厂进行处理，或者将合流制排水系统改建成分流制排水系统等。

分流制排水系统是将城市污水全部送至污水厂处理，但初期雨水未加处理就直接排入水体，对城市水体也会造成污染，这是它的缺点。近年来，国内外对雨水径流水质的研究发现，雨水径流特别是初期雨水径流对水体的污染相当严重。分流制排水系统虽然具有这一缺点，但它比较灵活，比较容易适应社会发展的需要，一般又能符合城市卫生的要求，所以在国内外获得了广泛的应用，而且也是城市排水体制的发展方向。

(二)工程造价方面

国外有的经验认为合流制排水管道的造价比完全分流制一般要低20%～40%，但合流制的泵站和污水厂的造价却比分流制高。从总造价来看，完全分流制比合流制可能要高。从初期投资来看，不完全分流制因初期只建污水排水系统因而既可节省初期投资费用，又可缩短工期，发挥工程效益也快。而合流制和完全分流制的初期投资均大于不完全分流制。

(三)维护管理方面

在合流制管渠内，晴天时污水只是部分充满管道，雨天时才形成满流，因而晴天时合流制管内流速较低，易于产生沉淀。但经验表明，管中的沉淀物易被暴雨冲走，这样合流管道的维护管理费用可以降低。但是,晴天和雨天时流入污水厂的水量变化很大,增加了合流制排水系统污水厂运行管理中的复杂性。而分流制排水系统可以保持管内的流速,不致发生沉淀;同时,流入污水厂的水量和水质比合流制变化小得多,污水厂的运行易于控制。

混合制排水系统的优缺点,介于合流制排水系统和分流制排水系统两者之间。

总之,排水系统体制的选择是一项既复杂又很重要的工作,应根据城镇及工业企业的规划、环境保护的要求、污水利用情况、原有排水设施、水量、水质、地形、气候和水体状况等条件,在满足环境保护的前提下,通过技术经济比较综合确定。新建地区一般应采用分流制排水系统,但在特定情况下采用合流制排水系统可能更为有利。

第四节　排水系统的组成部分与布置形式

一、排水系统的组成部分

(一)城市污水排水系统的主要组成部分

城市污水包括城镇生活污水和工业废水。将工业废水排入城市生活污水排水系统,就组成城市污水排水系统。它由以下几个主要部分组成:①室内污水管道系统及设备;②室外污水管道系统;③污水泵站及压力管道;④污水处理厂;⑤出水口。

1. 室内污水管道系统及设备

室内污水管道系统及设备的作用是收集生活污水,并将其送至室外居住小区的污水管道中。

在住宅及公共建筑内,各种卫生设备既是人们用水的容器,也是承受污水的容器,还是生活污水排水系统的起端设备。生活污水从这里经水封管、支管、竖管和出户管等室内管道系统流入室外街区或居住小区内的排水管道系统。

2. 室外污水管道系统

室外污水管道系统是分布在地面以下,依靠重力流输送污水至泵站污水厂或水体的管道系统。它又分为街区或居住小区污水管道系统及街道污水管道系统。

(1)街区或居住小区污水管道系统。敷设在一个街区或居住小区内,并连接一群房屋出户管或整个小区内房屋出户管的管道系统称街区或居住小区管道系统。

(2)街道污水管道系统。敷设在街道下,用以排除从居住小区管道流来的污水。在一个市区内,它由支管、干管、主干管等组成。支管承受街区或居住小区流来的污水。在排水区界内,常按分水线划分成几个排水流域。在各排水流域内,干管是汇集、输送由支管流来的污水,也常称为流域干管。主干管是汇集、输送由两个或两个以上干管流来的污水,并把污水输送至总泵站、污水处理厂或出水口的管道,一般在污水管道系统设置区的范围之外。

(3)管道系统上的附属构筑物有检查井、跌水井、倒虹管等。

3. 污水泵站及压力管道

污水一般靠重力流排除,但往往由于受地形等条件的限制而难以排除,这时就需要设泵站。压送从泵站出来的污水至高地自流管道或至污水厂的承压管段,称为压力管道。

4.污水处理厂

污水处理厂由处理和利用污水与污泥的一系列构筑物及附属设施组成。城市污水厂一般设置在城市河流的下游地段,并与居民点和公共建筑保持一定的卫生防护距离。

5.出水口

污水排入水体的渠道和出口称为出水口,它是整个城市污水排水系统的终点设备。事故排出口是指在污水排水系统的中途,在某些易于发生故障的组成部分前面,例如在总泵站的前面所设置的辅助性出水渠,一旦发生故障,污水就通过事故排出口直接排入水体。

(二)工业废水排水系统的主要组成部分

在工业企业中用管道将厂内各车间所排出的不同性质的废水收集起来,送至废水回收利用和处理构筑物。经回收处理后的水可再利用、排入水体或排入城市排水系统。

工业废水排水系统,由下列几个主要部分组成:

(1)车间内部管道系统和设备。用于收集各生产设备排出的工业废水,并将其送至车间外部的厂区管道系统中。

(2)厂区管道系统。敷设在工厂内,用以收集并输送各车间排出的工业废水的管道系统。厂区工业废水的管道系统,可根据具体情况设置若干个独立的管道系统。

(3)污水泵站及压力管道。

(4)废水处理站。是厂区内回收和处理废水与污泥的场所。若所排放的工业废水符合《污水排入城镇下水道水质标准》(CJ 343—2010)的要求,可不经处理直接排入城市排水管道中,和生活污水一起排入城市污水厂集中处理。工业企业位于城区内时,应尽量考虑将工业废水直接排入城市排水系统,利用城市排水系统统一排除和处理,这样较为经济,能体现规模效益。当然工业废水排入应不影响城市排水管道和污水厂的正常运行,同时以不影响污水处理厂出水及污泥的排放和利用为原则。当工业企业远离城区,符合排入城市排水管道条件的工业废水,是直接排入城市排水管道或是单独设置排水系统,应根据技术经济比较确定。

生产废水可直接排入雨水管道或循环重复使用。雨水排水系统由下列几个主要部分组成:

(1)建筑物的雨水管道系统和设备。主要是收集工业、公共或大型建筑的屋面雨水,并将其排入室外的雨水管渠系统中。

(2)街区或厂区雨水管渠系统。

(3)街道雨水管渠系统。

(4)排洪沟。

(5)出水口。

收集屋面的雨水由雨水口和天沟经雨落管排至地面;收集地面的雨水经雨水口流入街区或厂区及街道的雨水管渠系统。雨水排水系统的室外管渠系统基本上和污水排水系统相同,而且也设有检查井等附属构筑物。

合流制排水系统的组成与分流制排水系统相似,同样有室内排水设备、室外居住小区及街道管道系统。雨水经雨水口进入合流管道。在合流管道系统的截流干管处设有溢流井。

当然,上述各排水系统的组成不是固定不变的,须结合当地条件来确定排水系统内所需要的组成部分。

二、排水系统的布置形式

排水系统的布置形式应结合地形、竖向规划、污水厂的位置、土壤条件、河流位置及污水的种类和污染程度而定。在实际情况下,较少单独采用一种布置形式,通常是根据当地条件,因地制宜地采用综合布置形式。以下介绍几种主要考虑地形因素的布置形式。

(一)正交式

在地势适当向水体倾斜的地区,各排水流域的干管以最短距离沿与水体垂直相交的方向布置,称为正交式布置。正交式布置的干管长度短、管径小,因而较经济,污水排出也迅速。但是,由于污水未经处理就直接排放,会使水体遭受严重污染。所以,这种布置形式在现代城市中仅用于排除雨水。若沿河岸再敷设主干管,并将各干管的污水截流送至污水厂,这种布置形式称为截流式布置,所以截流式是正交式发展的结果。

(二)平行式

在地势向河流方向有较大倾斜的地区,为避免因干管坡度及管内流速过大,使管道受到严重冲刷,可使干管与等高线及河道基本上平行、主干管与等高线及河道成一定角度敷设,称为平行式布置。

(三)分区式

在地势高差相差很大的地区,当污水不能靠重力流流至污水厂时,可采用分区式布置。这时,可分别在高区和低区敷设独立的管道系统。高区的污水靠重力流直接流入污水厂,而低区的污水用水泵抽送至高区干管或污水厂。这种布置只能用于个别阶梯地形或起伏很大的地区,它的优点是充分利用地形排水,节省电力,如果将高区的污水排至低区,然后用水泵一起抽送至污水厂是不经济的。

(四)环绕式及分散式

在城市周围有河流,或城市中心部分地势高并向周围倾斜的地区,各排水流域的干管常采用辐射状分散布置,各排水流域具有独立的排水系统。这种布置具有干管长度短、管径小、管道埋深浅、便于污水灌溉等优点,但污水厂和泵站(如需要设置)的数量将增多。在地形平坦的大城市,采用辐射状分散布置可能是比较有利的。但考虑到规模效益,不宜建造数量多、规模小的污水厂,而宜建造规模大的污水厂,所以由分散式发展成环绕式布置。这种布置形式是沿四周布置主干管,将各干管的污水截流送往污水厂。

第五节　给水排水工程的意义、作用与任务

水在人们的生活、生产活动中占有重要的地位,是不可缺少和无可替代的,同时水环境也是人民赖以生存的物质基础。给水排水工程的任务就是保证人民生活、工业企业、公共设施、保安消防等的用水供给和废水排除,并安全可靠、经济便利地满足各用户对水的

要求,及时收集输送和处理、利用各用户的污水废水,为人们的生活、生产活动提供安全便利的用水条件,提高人们的生活健康水平,保护人们的生活、生存环境免受污染,以促进国民经济的发展、保障人们的健康和生活的舒适。因此,给水排水工程是现代城市和工业企业建设与发展中重要的、不可缺少的基础设施,在人们的日常生活和国民经济各部门中有着十分重要的意义。

　　人们在日常生活和生产活动中,都要使用大量的各种用途的水,种类很多;并且,各用水户对给水的水质、水量和水压要求也不尽相同。根据用水的目的,概括起来可分为四种类型的用水:生活用水、生产用水、消防用水和市政用水。天然水源的水与各用户用水要求之间往往存在着这样或那样的矛盾,为了保证供水的安全可靠、经济便利,提高人们的生活与健康水平、扑灭火灾,而修建的一整套保证水质、水量和水压满足用户要求的给水系统工程设施即给水工程。另外,水在使用后会受到不同程度的污染成为废水、污水,大量的废水、污水如果直接排入自然水体或土壤,将破坏原有的自然环境,使我们的生存环境恶化;还有城市的雨水、雪水也需及时地排除,以免积水为害。因此,为了保护环境、保证国民经济的可持续发展,现代城市还必须修建一整套的收集、输送、处理和利用污水的排水系统工程设施——排水工程。

第三章　城市给水管网系统的设计计算

本章主要讲述了城市给水管网系统的规划与设计、水力计算及水力模型。

第一节　给水管网系统的规划与设计

给水管网是给水系统的重要组成部分,一般占给水工程总投资的70%～80%。城镇给水管网的设计内容具体包括给水管网布置、给水管道定线、设计用水量、用水量变化、设计用水量预测计算、给水系统的流量和水压关系。

一、给水管网的布置

给水管网的布置合理与否对管网的运行安全性、适用性和经济性至关重要。给水管网的布置包括二级泵站至用水点之间的所有输水管、配水管及闸门、消火栓等附属设备的布置,同时还须考虑调节设备(如水塔或水池)。

(一)给水管网的布置原则

(1)按照城镇规划平面图布置管网,布置时应考虑给水系统分期建设的可能,并留有充分的发展余地。

(2)管网布置必须保证供水安全可靠,当局部管网发生事故时,断水范围应减到最小。

(3)管线遍布在整个给水区内,保证用户有足够的水量和水压。

(4)力求以最短距离敷设管线,以降低管网造价和供水能量。

(二)给水管网的布置形式

给水管网的布置形式基本上分为两种:树状网(或称枝状网)和环状网。树状网一般适用于小城镇和小型工矿企业,这类管网从水厂泵站或水塔到用户的管线布置成树枝状向供水区延伸。树状网布置简单,供水直接,管线长度短,节省投资。但其供水可靠性较差,因为管网中任一段管线损坏时,该管段以后的所有管线就会断水。另外,在树状网的末端因用水量已经很小,管中的水流缓慢甚至停滞不流动,水质容易变坏。

在环状管网中,管线连成环状,当任一管线损坏时,可关闭附近的阀门将管线隔开,进行检修,水还可从其他管线供应用户,断水的区域可以缩小,供水可靠性增加。环状网还可以大大减轻因水锤作用产生的危害,而在树状网中,则往往因水锤而使管线损坏。但是环状网的造价要明显高于树状网。

城镇给水管网宜设计成环状网,当允许间断供水时,可设计为枝状网,但应考虑将来连成环状管网的可能。一般在城镇建设初期可采用树状网,以后发展逐步建成环状网。实际上,现有城镇的给水管网,多数是将树状网和环状网结合起来。供水可靠性要求较高的工矿企业需采用环状网,并用枝状网或双管输水到个别较远的车间。

二、给水管道定线

(一)输水管渠定线

从水源到水厂或水厂到管网的管道或渠道称为输水管渠。输水管渠定线就是选择和确定输水管渠线路的走向和具体位置。当输水管渠定线时,应先在地形平面图上初步选定几种可能的定线方案,然后沿线踏勘了解,从投资、施工、管理等方面,对各种方案进行技术经济比较后再决定。当缺乏地形图时,则需在踏勘选线的基础上,进行地形测量绘出地形图,然后在图上确定管线位置。

输水管渠定线的基本原则:①输水管渠定线时,必须与城市建设规划相结合,尽量缩短线路长度保证供水安全、减少拆迁、少占农田减小工程量,有利施工并节省投资。②应选择最佳的地形和地质条件,最好能全部或部分重力输水。③尽量沿现有道路定线,便于施工和维护工作。④应尽量减少与铁路、公路和河流的交叉,避免穿越沼泽、岩石、滑坡、高地下水位和河水淹没与冲刷地区、侵蚀性地区及地质不良地段等,以降低造价和便于管理,必须穿越时,需采取有效措施,保证安全供水。

为保证安全供水,可以用一条输水管并在用水区附近建造水池进行调节或者采用两条输水管。输水管条数主要根据输水量发生事故时须保证的用水量输水管渠长度、当地有无其他水源和用水量增长情况而定。供水不允许间断时,输水管一般不宜少于两条。当输水量小、输水管长或有其他水源可以利用时,可考虑单管输水另加水池的方案。

输水管渠的输水方式可分成两类:第一类是水源位置低于给水区,如取用江河水,需通过泵站加压输水,根据地形高差、管线长度和水管承压能力等情况,还有可能需在输水途中设置加压泵站;第二类是水源位置高于给水区,如取用蓄水库水,可采用重力管(渠)输水。根据水源和给水区的地形高差及地形变化,输水管渠可以是重力管或压力管。远距离输水时,地形往往起伏变化较大,采用压力管的较多。重力管输水比较经济,管理方便,应优先考虑。重力管又分为暗管和明渠两种。暗管定线简单,只要将管线埋在水力坡线以下并且尽量按最短的距离供水;明渠选线比较困难。

为避免输水管局部损坏,输水量降低过多,可在平行的两条或三条输水管之间设连接管,并装置必要的阀门,以缩小事故检修时的断水范围。

输水管的最小坡度应大于$1:5D$(D为管径,以mm计)。管线坡度小于$1:1\ 000$时,应每隔$0.5\sim1$ km在管坡顶点装置排气阀。即使在平坦地区,埋管时也应人为地铺出上升和下降的坡度,以便在管坡顶点设排气阀,管坡低处设泄水阀。排气阀一般以每千米设一个为宜,在管线起伏处应适当增设。管线埋深应按当地条件确定,在严寒地区敷设的管线应注意防止冰冻。

长距离输水工程应遵守下列基本规定:

(1)应深入进行管线实地勘察和线路方案比选优化。对输水方式、管道根数按不同工况进行技术分析论证,选择安全可靠的运行系统;根据工程具体情况,进行管材、设备的比选,通过计算经济流速确定管径。

(2)应进行必要的水锤分析计算,并对管路系统采取水锤综合防护设计,根据管道纵向布置、管径、设计水量、功能要求,确定空气阀的数量、形式、口径。

（3）应设测流、测压点，并根据需要设置遥测、遥信、遥控系统。

（二）城镇给水管网

城镇给水管网定线是指在地形平面图上确定管线的走向和位置。定线时一般只限于管网的干管及干管之间的连接管，不包括从干管取水再分配到用户的分配管和接到用户的进水管。干管管径较大，用以输水到各地区。分配管是从干管取水供给用户和消火栓，管径较小，常由城镇消防流量决定所需最小管径。

由于给水管线一般敷设在街道下，就近供水给两侧用户，所以管网的形状常随城镇的总平面布置图而定。城镇给水管网定线取决于城镇平面布置，供水区的地形，水源和调节水池的位置，街区和用户（特别是大用户）的分布，河流、铁路、桥梁等的位置等，考虑的要点如下：

（1）定线时，干管延伸方向应和二级泵站输水到水池、水塔、大用户的水流方向一致，循水流方向，以最短的距离布置一条或数条干管，干管位置应从用水量较大的街区通过。干管的间距，可根据街区情况，采用 500～800 m。从经济上来说，给水管网的布置采用一条干管接出许多支管，形成树状网，费用最省；但从供水可靠性考虑，以布置几条接近平行的干管并形成环状网为宜。干管和干管之间的连接管使管网形成环状网。连接管的间距可根据街区的大小考虑在 800～1 000 m。

（2）干管一般按城镇规划道路定线，但应尽量避免在高级路面或重要道路下通过，以减少今后检修时的困难。

（3）城镇生活饮用水管网，严禁与非生活饮用水的管网连接，严禁与自备水源供水系统直接连接。生活饮用水管道应避免穿过有毒物质污染及腐蚀性地段，无法避开时，应采取保护措施。

（4）管线在道路下的平面位置和标高，应符合城镇或厂区地下管线综合设计的要求，包括给水管线和建筑物、铁路及其他管道的水平净距、垂直净距等的要求。

考虑了上述要求，城镇管网通常采用树状网和环状网相结合的形式，管线大致均匀地分布于整个给水区。

管网中还须安排其他一些管线和附属设备，例如在供水范围内的道路下须敷设分配管，以便把干管的水送到用户和消火栓。分配管直径至少为 100 mm，大城市采用 150～200 mm，目的是在通过消防流量时，分配管中的水头损失不致过大，导致火灾地区水压过低。

（三）工业企业管网

根据企业内的生产用水和生活用水对水质和水压的要求，两者可以合用一个管网，或者可按水质或水压的不同要求分建两个管网。即使是生产用水，由于各车间对水质和水压要求也不一定完全一样，因此在同一工业企业内，往往根据水质和水压要求，分别布置管网，形成分质、分压的管网系统。消防用水管网通常不单独设置，而是和生活或生产给水管网合并，由这些管网供给消防用水。生活用水管网不供给消防用水时，可为树状网，分别供应生产车间、仓库、辅助设施等处的生活用水。生活和消防用水合并的管网，应为环状网。生产用水管网可按照生产工艺对给水可靠性的要求，采用树状网、环状网或两者相结合。不能断水的企业，生产用水管网必须是环状网，到个别距离较远的车间可用双管代替环状网。

大型工业企业的各车间用水量一般较大,所以生产用水管网不像城镇管网那样易于划分干管和分配管,定线和计算时全部管线都要加以考虑。

三、设计用水量

给水工程应按远期规划、远近期结合、以近期为主的原则进行设计。近期规划设计年限宜采用5~10年,远期规划设计年限宜采用10~20年。设计用水量是城镇给水系统在设计年限达到的用水量,包括综合生活用水(包括居民生活用水和公共建筑用水)、工业企业用水、浇洒道路和绿地用水、管网漏损水量、未预见用水、消防用水等。

由于用水具有随机性,用水量是时刻变化的,只能按一定时间范围内的平均值进行计算,通常采用以下方式表示:

(1)平均日用水量,即规划年限内,用水量最多一年的日平均用水量。该值一般作为水资源规划和确定城镇污水量的依据。

(2)最高日用水量,即用水量最多一年内,用水量最多一日的总用水量。该值一般作为给水取水与水处理工程规划和设计的依据。

(3)最高日平均时用水量,即最高日用水的每小时平均用水量,实际上只是对最高日用水量进行了单位换算。

(4)最高日最高时用水量,即用水量最多的一年内,用水量最高日中,用水量最大的1 h的总用水量。该值一般作为给水管网规划与设计的依据。

用水量定额是指设计年限内达到的用水水平,是确定设计用水量的主要依据,它可影响给水系统相应设施的规模、工程投资、工程扩建期限、今后水量的保证等方面,因此必须慎重考虑,应结合现状和规划资料并参照类似地区或工业的用水情况确定。

(一)综合生活用水

综合生活用水包括城镇居民日常生活用水和公共建筑及设施用水两部分的总水量。居民日常生活用水指城镇居民的饮用、烹调洗涤、冲厕、洗澡等日常生活用水。公共建筑及设施用水包括娱乐场所、宾馆、浴室、商业、学校和机关办公楼等用水,但不包括城市浇洒道路、绿地和市政等用水。

居民生活用水定额和综合生活用水定额应根据当地国民经济和社会发展、水资源充沛程度、用水习惯在现有用水定额,结合城镇总体规划和给水专业规划,本着节约用水的原则,综合分析确定。

(二)工业企业用水

在城市给水中,工业用水占很大比例,通常在50%左右。工业生产用水一般是指工业企业在生产过程中,用于冷却、空调、制造、加工、净化和洗涤等方面的用水。工业企业用水量应根据生产工艺的要求确定。大工业用水户或经济开发区宜单独进行用水量计算;一般工业企业的用水量可根据国民经济发展规划,结合现有工业企业用水资料分析确定。

工业企业内工作人员生活用水量和淋浴用水量可按《工业企业设计卫生标准》(GBZ 1—2010)确定。工作人员生活用水量应根据车间性质决定,一般车间采用每人每班 25 L,高温车间采用每人每班 35 L。工业企业内工作人员的淋浴用水量,应根据《工业企业设计卫生标准》(GBZ 1—2010)中车间的卫生特征分级确定,一般可采用 40 ~ 60 L/(人·次),淋浴时间在下班后 1 h 内进行。

(三)浇洒道路和绿地用水

浇洒道路和绿地用水量应根据路面绿化、气候和土壤等条件确定。浇洒道路用水可按浇洒面积以 2.0 ~ 3.0 L/(m² · d)计算;浇洒绿地用水可按浇洒面积以 1.0 ~ 3.0 L/(m² · d)计算。干旱地区可酌情增加。

(四)管网漏损水量

城镇配水管网漏损水量一般宜按综合生活用水、工业企业用水、浇洒道路和绿地用水三项用水量之和的 10% ~ 12% 计算,当单位管长供水量小或供水压力高时可适当增加。

(五)未预见用水

未预见用水量应根据水量预测时难以预见因素的程度确定,一般宜按综合生活用水、工业企业用水、浇洒道路和绿地用水、管网漏损水量四项用水量之和的 8% ~ 12% 计算。

(六)消防用水

消防用水只在火灾时使用,历时短暂,但从数量上说,它在城镇用水量中占有一定的比例,尤其在中小城镇,所占比例更大。消防用水量、水压及火灾延续时间等应按《建筑设计防火规范(2018 年版)》(GB 50016—2014)和《建筑设计防水规范》(GB 50016—2014)等设计防火规范执行。

城镇、居住区室外消防用水,应按同时发生的火灾次数和一次灭火的用水量确定。

四、用水量变化

各种用水量都是经常变化的,但它们的变化幅度和规律有所不同。生活用水量随着生活习惯、气候和人们生活节奏等变化。从我国各城市的用水统计情况来看,城市人口越少,工业规模越小,用水量越低,用水量变化越大。工业企业生产用水量的变化一般比生活用水量的变化小,但也是有变化的,而且少数情况下变化还很大,如化工厂、造纸厂等。生产用水量中的冷却用水、空调用水等,受水温、气候和季节影响变化很大。其他用水量变化也都有各自的规律。

通常所说的用水量定额只是一个平均值,在设计时,必须考虑用水量逐日、逐时的变化情况。城市用水量的变化可以用变化系数和变化曲线表示。

在规划设计年限内,一年之内用水最高的 1 d 的用水量称为最高日用水量,在最高日内用水量最大 1 h 的用水量称为最高时用水量。最高日用水量与平均日用水量的比值称为日变化系数;最高日内,最高时用水量与平均时用水量的比值称为时变化系数。

我国大城市的用水情况,1 d 之内 6 ~ 10 时和 17 ~ 20 时是用水高峰,但总的变化是比较平缓的,没有特殊的高峰,这是由于大城市用水量大,用水对象种类和数量多,工业、商业、公用事业和生活用水等各种用水高峰可能错开,使变化系数减小,供水量较为均匀。城镇供水的时变化系数、日变化系数应根据城镇性质和规模、国民经济和社会发展、供水系统布局,结合现状供水曲线和日用水变化分析确定。在缺乏实际用水资料的情况下,最高日城市综合用水的时变化系数宜采用 1.2 ~ 1.6;日变化系数宜采用 1.1 ~ 1.5。大中城市用水比较均匀,可取下限;小城市可取上限或适当放大。

五、设计用水量预测计算

城市用水量预测有多种方法,在工程规划时要根据具体情况,选择合理可行的方法,必要时可以采用多种方法计算,然后比较确定。

(一)分类估算法

城市用水量计算时包括设计年限内该给水管网系统所供应的全部用水量,包括综合生活用水量、工业企业用水量、浇洒道路和绿地用水量、管网漏损水量、未预见水量和消防用水量,但不包括工业自备水源所需的水量。由于消防用水量是偶然发生的,不累计到总用水量中,仅作为设计校核使用。

(1)城镇或居住区最高日生活用水量:

$$Q_1 = \sum (q_j N_j) \tag{3-1}$$

式中　q_j——不同卫生设备的居住区最高日生活用水定额,L/(人·d);

N_j——设计年限内计划用水人数。

参照有关规范规定并结合当地情况合理确定用水量定额,然后根据计划用水人数计算生活用水量。如规划区内,卫生设备、生活标准不同,则需分区计算,然后加起来计算总用水量。生活用水定额分居民生活用水定额和综合生活用水定额,若以前者计算需要单独计算公共建筑用水量 $Q_建$,即

$$Q_建 = \sum (q_j N_j) \tag{3-2}$$

式中　q_j——各公共建筑的最高日用水量定额,L/(人·d);

N_j——各公共建筑的用水单位数,人或床等。

(2)工业企业用水量:

$$Q_2 = \sum (Q_I + Q_{II} + Q_{III}) \tag{3-3}$$

式中　Q_I——各工业企业的生产用水量,m^3/d;

Q_{II}——各工业企业的职工生活用水量,m^3/d;

Q_{III}——各工业企业的职工淋浴用水量,m^3/d。

(3)浇洒道路和绿地用水量:

$$Q_3 = \sum (q_L N_L) \tag{3-4}$$

式中　q_L——用水量定额,L/(m^2·d);

N_L——每日浇洒道路和绿地的面积,m^2。

(4)管网漏损水量:

$$Q_4 = (0.10 \sim 0.12)(Q_1 + Q_2 + Q_3) \tag{3-5}$$

(5)未预见水量:

$$Q_5 = (0.08 \sim 0.12)(Q_1 + Q_2 + Q_3 + Q_4) \tag{3-6}$$

（6）消防用水量：

$$Q_6 = \sum (q_s N_s) \tag{3-7}$$

式中　q_s——次灭火用水量，L/s；

　　　N_s——同一时间内火灾次数，次。

（7）最高日设计用水量：

$$Q_d = Q_1 + Q_2 + Q_3 + Q_4 + Q_5 \quad (m^3/d) \tag{3-8}$$

注：计算时注意将单位统一为 m^3/d。

（8）最高日最高时设计用水量：

$$Q_h = K_h \frac{Q_d}{86\ 400} \quad (m^3/s) \tag{3-9}$$

式中　K_h——时变化系数。

（9）最高日平均时设计用水量：

$$Q_h' = \frac{Q_d}{86\ 400} \quad (m^3/s) \tag{3-10}$$

（二）单位面积法

单位面积法根据城市用水区域面积估算用水量。《城市给水工程规划规范》（GB 50282—2018）给出了城市单位面积综合用水量指标，根据该指标可计算出最高日用水量。

（三）人均综合指标法

根据已有历史数据，城市总用水量与城市人口具有密切的关系，城市人口平均总用水量称为人均综合用水量。

《城市给水工程规划规范》（GB 50282—2018）推荐了我国城市每万人最高日综合用水量，可以折算成人均综合用水量指标。

（四）年递增率法

城市发展进程中，供水量一般呈现逐年递增的趋势，在过去的若干年内，每年用水量可能保持相近的递增比率，可以用如下公式表达：

$$Q_a = Q_0(1 + \delta)^t \tag{3-11}$$

式中　Q_0——起始年份平均日用水量，m^3/d；

　　　Q_a——起始年份后第 t 年的平均日用水量，m^3/d；

　　　δ——用水量年平均增长率（%）；

　　　t——年数。

式（3-11）实际上是一种指数曲线型的外推模型，可用来预测计算未来年份的规划预测总用水量。在具有规律性的发展过程中，用式（3-11）预测计算城市总用水量是可行的。

（五）线性回归法

城市日平均用水量亦可用一元线性回归模型进行预测计算，公式可写为

$$Q_a = Q_0 + \Delta Q t \tag{3-12}$$

式中　ΔQ——日平均用水量的年平均增量，根据历史数据回归计算求得，$m^3/(d \cdot a)$；

　　　其余符号意义同前。

（六）生长曲线法

城市发展规律可能呈现在初始阶段发展很快,总用水量呈快速递增趋势,而后城市发展趋势缓慢增长到稳定甚至适度减少的趋势,生长曲线可用下式表达:

$$Q = \frac{L}{1 + ae^{-bt}} \tag{3-13}$$

式中　a,b——待定参数;

　　　　Q——预测用水量,m^3/d;

　　　　L——预测用水量的上限值,m^3/d。

随着水资源紧缺问题的加剧和国民水资源意识的提高,城市用水总量在不断地发生变化。根据实际情况,合理地确定城市供水总量,是一个值得注意和研究的课题。

城市供水总量受到多种因素的影响,诸如人口增长、生活条件、用水习惯、资源价值观念、科学用水和节约用水、水价及水资源丰富和紧缺程度等。用水量增长到一定程度后将会达到一个稳定水平,甚至出现负增长趋势,这些规律性已经在国内外的用水量统计数据中得到了验证。

我国的《城市给水工程规划规范》(GB 50282—2018)提供的用水量指标显得过高,人均综合用水量远大于国外人均综合用水量,应通过加强科学研究和提高资源利用效率,用节约用水的意识指导给水排水工程规划,可以达到水资源综合利用和可持续发展的目标。

六、给水系统的流量和水压关系

（一）给水系统的流量关系

虽然给水系统各组成部分(如取水、水处理和输配水构筑物)的作用和在系统中所处的位置各不相同,但各组成部分之间联系密切,其流量关系如下:

给水系统中所有构筑物均以最高日用水量 Q_d 为基础进行设计。

(1)取水构筑物、一级泵站、从一级泵站到净水厂的输水管及净水厂的设计流量,均按最高日平均时流量加水厂自用水量设计计算,即

$$Q_1 = \frac{\alpha Q_d}{T} \quad (m^3/d) \tag{3-14}$$

式中　Q_d——最高日设计流量,m^3/d;

　　　　α——水厂自身用水系数,取决于水处理工艺、构筑物类型及原水水质等因素,一般为 1.05~1.10,若取用地下水,同时仅进行消毒处理,可不考虑水厂自身用水;

　　　　T——一级泵站每天工作时间,h。

(2)二级泵站、从二级泵站到管网的输水管的计算流量,应按照有无水塔或高地水池以及其设置位置、用水量变化曲线和二级泵站工作曲线确定。

管网内不设水塔或高地水池时,二级泵站、从二级泵站到管网的输水管应以最高日最高时用水量作为设计流量。

管网内设有水塔或高地水池时,二级泵站的设计供水线应根据用水量变化曲线拟订,且应注意:泵站各级供水线应尽量接近用水线,以减小水塔等的调节容积;二级泵站分级

供水时,分级数一般不应多于三级,以便于水泵机组的运转管理;二级泵站分级供水时,应合理确定每级运行的水泵及其搭配,且同时考虑远近期运行要求。管网内设有水塔或高地水池时,由于它们可以调节水泵供水和用水之间的流量差,因此二级泵站每小时供水量可以不等于用户每小时的用水量,但泵站最高日总供水量应等于用户最高日用水量。

管网起端设水塔或高地水池(网前水塔)时,二级泵站从二级泵站到管网的输水管的设计流量应按二级泵站分级供水时的最大流量确定。

管网中或管网后设水塔或高地水池(网中或网后水塔)时,二级泵站的设计流量仍按二级泵站分级供水时的最大流量确定;从二级泵站到管网的输水管管径,应根据最高时从泵站和水塔输入管网的流量进行计算。

(3)管网始终按最高日最高时流量进行设计计算。

(二)水塔和清水池的容积计算

1. 水塔的容积计算

水塔的主要作用是调节二级泵站供水和用水之间的流量差异,并储存 10 min 的室内消防水量,其有效容积应为

$$W = W_1 + W_2 \tag{3-15}$$

式中　　W——水塔的有效容积,m^3;

　　　　W_1——调节容积,由二级泵站供水线和用户用水量曲线确定,m^3;

　　　　W_2——消防储水量,按 10 min 室内消防用水量计算,m^3。

当缺乏用户用水量变化规律资料时,水塔的有效容积也可凭运转经验确定;当泵站分级供水时,可按最高日用水量的 2.5% ~ 3% 至 5% ~ 6% 确定,城市用水量大时取低值。工业用水可按生产上的要求(调度、事故及消防)确定水塔调节容积。

2. 清水池的容积计算

清水池的作用就是调节一、二级泵站之间的流量差值,并储存消防用水和水厂生产用水。净水厂清水池的有效容积应根据产水曲线、送水曲线、水厂生产水量及消防储备水量等确定,并满足消毒接触时间的要求。其有效容积为

$$W = W_1 + W_2 + W_3 + W_4 \tag{3-16}$$

式中　　W——清水池的有效容积,m^3;

　　　　W_1——调节容积,由产水曲线、送水曲线确定,m^3;

　　　　W_2——消防储备水量,按火灾延续时间计算,m^3;

　　　　W_3——水厂生产用水量,按最高日用水量的 5% ~ 10% 计算,m^3;

　　　　W_4——安全储量,m^3。

当厂外无调节构筑物时,在缺乏资料的情况下,清水池的有效容积,可按水厂最高日设计水量的 10% ~ 20% 计算。对于小水厂,可采用上限值。清水池的个数或分格数量不得少于 2 个,并能单独工作和分别泄空,当有特殊措施能保证供水要求时,亦可修建 1 个。

水塔(或高地水池)和清水池均是给水系统中调节流量的构筑物,两者有着密切的联系。如二级泵站供水线接近用水线,则水塔容积减小,清水池容积会适当增大。

大中城市供水区域较大,供水距离远,为降低水厂送水泵房扬程,节省能耗,当供水区

域有合适的位置和适宜的地形时,可考虑在水厂外建高地水池、水塔或调节水池泵站。其调节容积应根据用水区域供需情况及消防储备水量等确定。当缺乏资料时,也可参照相似条件下的经验数据确定。

(三)给水系统的水压关系

给水系统应保证一定的水压,以供给足够的生活用水或生产用水。控制点是指管网中控制水压的点,往往位于离二级泵站最远或地形最高的点。设计时认为该点压力在最高用水量时达到最小服务水头,整个管网就不会存在低压区。当按直接供水的建筑层数确定给水管网水压时,其用户接管处的最小服务水头,一层为10 m,二层为12 m,二层以上每增加一层增加4 m。

设计时,应以供水区内大多数建筑的层数来确定服务水头。城镇内个别高层建筑或建筑群,或建筑在城镇高地上的建筑物等所需的水压,不应作为管网水压控制的条件。为满足这类建筑物的用水,可单独设置局部加压装置,这样比较经济。

1. 水泵扬程确定

水泵扬程 H_p 等于静扬程和水头损失之和,即

$$H_p = H_0 + \sum h \tag{3-17}$$

静扬程 H_0 需根据抽水条件确定。水头损失 $\sum h$ 包括水泵吸水管、压水管和泵站连接管线的水头损失。

一级泵站水泵按最高日平均时供水流量加水厂自用水量计算确定扬程。

$$H_p = H_0 + h_s + h_d \tag{3-18}$$

式中　H_0——静扬程,即吸水井最低水位和水处理构筑物起端最高水位的高程差,m;

　　　h_s——设计流量下水泵吸水管、压水管和泵房内的水头损失,m;

　　　h_d——设计流量下输水管水头损失,m。

二级泵站从清水池取水直接送向用户或先送入水塔(或高位水池),而后流进用户。二级泵站水泵按最高日最高时流量计算确定扬程。

无水塔的管网由泵站直接输水到用户时,静扬程等于清水池最低水位与管网控制点所需水压标高的高程差,水头损失包括吸水管、压水管、输水管和管网等水头损失之和。无水塔时二级泵站扬程为:

$$H_p = Z_c + H_c + h_s + h_c + h_n \tag{3-19}$$

式中　Z_c——管网控制点 c 的地面标高和清水池最低水位的高程差,m;

　　　H_c——控制点所需的最小服务水头,m;

　　　h_s——吸水管中的水头损失,m;

　　　h_c, h_n——输水管和管网中的水头损失,m。

当管网中设有网前水塔时,二级泵站只需供水到水塔,而由水塔高度来保证管网控制点的最小服务水头,这时静扬程等于清水池最低水位和水塔最高水位的高程差,水头损失为吸水管压水管、泵站到水塔的管网水头损失之和水泵扬程的计算可参照式(3-19)。

二级泵站扬程除满足最高用水时的水压外,还应满足消防流量时的水压要求。在消防时,管网中额外增加了消防流量,因而增加了管网的水头损失。水泵扬程可按式(3-19)

计算,但控制点应选在设计时假设的着火点,并代入消防时管网允许的水压(不低于 10 m)与通过消防流量时的管网水头损失。消防时计算出的水泵扬程如比最高日计算出的值高,则根据两种扬程的差别大小,有时需在泵站内设置专用消防泵,或者放大管网中个别管段直径以减少水头损失而不专设专用消防泵。

2. 水塔高度确定

水塔在管网中的位置,可靠近水厂、位于管网中间或靠近管网末端等。不管哪类水塔,其水塔底高于地面的高度均可按下式计算:

$$H_t = H_c + h_n - (Z_t - Z_c) \tag{3-20}$$

式中 H_c——控制点要求的最小服务水头,m;

h_n——按最高时用水量计算的从水塔到控制点的管网水头损失,m;

Z_t——设置水塔处的地面标高,m;

Z_c——控制点的地面标高。

从式(3-20)看出,建造水塔处的地面标高 Z_t 越高,则水塔高度 H_t 越低,这就是水塔建在高地的原因。离二级泵站越远、地形越高的城市,水塔可能建在管网末端而形成对置水塔的管网系统。这种系统的给水情况比较特殊,在高用水量时,管网用水由泵站和水塔同时供给,两者各有自己的给水区,在给水区分界线上,水压最低。求对置水塔管网系统中的水塔高度时,式(3-20)中的 H_c 和 Z_c 分别指水压最低点服务水头和地面标高。这里,水头损失和水压最低点的确定必须通过管网水力计算确定。

第二节　给水管网系统水力计算

一、给水管网水力计算

新建和扩建的城镇管网按最高日最高时供水量计算,据此求出所有管段的直径、水头损失、水泵扬程和水塔高度(当设置水塔时),并在此管径基础上,按下列几种情况和要求进行校核:

(1)发生消防时的流量和水压的要求。

(2)最大转输时的流量和水压的要求。

(3)最不利管段发生故障时的事故用水量和水压要求。

通过校核计算可以知道按最高日最高时确定的管径和水泵扬程能否满足其他用水时的水量和水压要求,并对水泵的选择或某些管段管径进行调整,或对管网设计进行大的修改。

如同管网定线一样,管网计算只计算经过简化的干管网。要将实际的管网适当加以简化,只保留主要的干管,略去一些次要的、水力条件影响小的管线。但简化后的管网基本上能反映实际用水情况,使计算工作量可以减轻。管网图形简化是在保证计算结果接近实际情况的前提下,对管线进行的简化。

无论是新建管网、旧管网扩建或是改建,给水管网的计算步骤都是相同的,具体包括:求沿线流量和节点流量;求管段计算流量;确定各管段的管径和水头损失;进行管网水力计算或技术经济计算;确定水塔高度和水泵扬程。

(一)管段流量

1.沿线流量

在城镇给水管网中,干管和配水管上接出许多用户,沿管线配水。在水管沿线既有工厂、机关旅馆等大量用水单位,也有数量很多但用水量较少的居民用水,情况比较复杂。

如果按照实际情况来计算管网,非但难以实现,并且因用户用水量经常变化也没有必要。因此,计算时往往加以简化,即假定用水量均匀分布在全部干管上,由此得出干管线单位长度的流量叫比流量。

根据比流量,可计算出管段的配水流量,称为沿线流量。

长度比流量按用水量全部均匀分布于干管上的假定求出,忽视了沿线供水人数和用水量的差别,存在一定的缺陷。为此,也可按该管段的供水面积来计算比流量,即假定用水量全部均匀分布在整个供水面积上,由此得出面积比流量。

对于干管分布比较均匀、干管间距大致相同的管网,不必采用按供水面积计算比流量的方法,改用长度比流量比较简便。

在此应该指出,给水管网在不同的工作时间内,比流量数值是不同的,在管网计算时需分别计算。城镇内人口密度或房屋卫生设备条件不同的地区,也应根据各区的用水量和管线长度,分别计算比流量,这样比较接近实际情况。

2.节点流量

管网中任一管段的流量包括沿线配水的沿线流量 q_1 和通过该管段输送到以后管段的转输流量 q_t。转输流量沿整个管段不变,沿线流量从管段起端开始循水流方向逐渐减小至零。对于流量变化的管段,难以确定管径和水头损失,所以有必要再次进行简化,将沿线流量转化为从节点流出的流量,使得管段中的流量不再变化,从而可确定管径。简化的原理是求出一个沿程不变的折算流量 q,使它产生的水头损失等于沿管线变化的流量产生的水头损失。

城市管网中,工业企业等大用户所需流量,可直接作为接入大用户节点的节点流量。工业企业内的生产用水管网,水量大的车间用水量也可直接作为节点流量。这样,管网图上只有集中在节点的流量,包括由沿线流量折算的节点流量和大用户的集中流量。

(二)管段的计算流量

在确定了节点流量之后,就可以进行管段的计算流量确定。确定管段计算流量的过程,实际上是一个流量分配的过程。在这个过程中,可以假定离开节点的管段流量为正,流向节点的流量为负,流量分配遵循节点流量平衡原则,即流入和流出之和应为零。这一原则同样适用于树状网和环状网的计算。

单水源树状网中,从水源到各节点,只能按一个方向供水,任一管段的计算流量等于该管段以后(顺水流方向)所有节点流量总和,每一管段只有唯一的流量。

对于环状网而言,若人为进行流量分配,每一管段得不到唯一的流量值。管段流量、管径及水头损失的确定需要经过管网水力计算来完成。但也需要进行初步的流量分配,其基本原则如下:

(1)按照管网的主要供水方向,拟订每一管段的水流方向,并选定整个管网的控制点。

（2）在平行干管中分配大致相同的流量。

（3）平行干管间的连接管，不必分配过大的流量。

对于多水源管网，应由每一水源的供水量定出其大致供水范围，初步确定各水源的供水分界线，然后从各水源开始，根据供水方向按照节点流量平衡原则，进行流量分配。分界线上各节点由几个水源同时供给。

（三）管径、管速确定

管径应按分配后的流量确定。对于圆形管道，各管段的管径按下式计算：

$$D = \sqrt{\frac{4q}{\pi v}} \tag{3-21}$$

式中　D——管段直径，m；

　　　q——管段流量，m^3/s；

　　　v——流速，m/s。

由式（3-21）可知，管径不仅与计算流量有关，还与采用的流速有关。流速的选择成为一个重要的问题。为了防止管网因水锤现象出现事故，最大设计流速不应超过 2.5 ~ 3.0 m/s；在输送浑浊的原水时，为了避免水中悬浮杂质在管道内沉积，最小流速通常不得小于 0.6 m/s，可见技术上允许的流速变化范围较大。因此，须在上述流速范围内，再根据当地的经济条件，考虑管网的造价和经营管理费用，来确定经济合理的流速。

当流量一定时，如选用流速过小，虽然水头损失较小、输水电费节省，但管径大，管网造价高；如选用流速过大，虽然管径小、造价低，但水头损失大，输水费用大。因此，需兼顾管网造价和输水电费，按不同的流量范围，选用根据一定计算年限 t 年（称为投资偿还期）内管网造价和经营管理费用（主要为电费）两者总和为最小的流速（称为经济流速）来确定管径。若以 G 表示管网造价，以 Y 表示每年管理费用，以 t 表示投资偿还期（以年计），以 v 表示流速，则当流量一定时，可按当地管网造价和电价资料，整理绘出 $tY \sim v$ 和 $G \sim v$ 两条曲线，并进而得到总费用（$G + tY$）$\sim v$ 曲线。总费用最小时的流速 v_e 称为经济流速，相应的管径称为经济管径 D_e。

各城市的经济流速值应按当地条件（如水管材料及价格、施工费用、电费等）来确定，不能直接套用其他城市的数据。另外，由于水管有标准管径且分档不多，按经济管径算出的不一定是标准管径，这时可选用相近的标准管径。再者，管网中各管段的经济流速也不一样，须随管网图形、该管段在管网中的位置、管段流量和管网总流量的比例等决定。因为计算复杂，有时简便地应用界限流量表确定经济管径。

每种标准管径不仅有相应的最经济流量，并且有其界限流量，在界限流量的范围内，只要选用这一管径都是经济的。确定界限流量的条件是相邻两个商品管径的年总费用值相等。各地区因管网造价、电费、用水规律的不同，所用水头损失公式的差异，所以各地区的界限流量不同。

由于实际管网的复杂性，加之流量、管材价格、电费等情况在不断变化，从理论上计算管网造价和年管理费用相当复杂且有一定难度。在条件不具备时，设计中也可采用平均经济流速来确定管径，得出的是近似经济管径。一般大管可取大经济流速，小管的经济流速较小。

　　以上是指水泵供水时的经济管径的确定方法,在求经济管径时,考虑了抽水所需的电费。重力供水时,由于水源水位高于给水区所需水压,两者的高差可使水在管内重力流动。此时,各管段的经济管径或经济流速应按输水管和管网通过设计流量时的水头损失之和等于或略小于可以利用的高差来确定。

(四)水头损失计算

　　确定管网中管段的水头损失也是设计管网的主要内容,在知道管段的设计流量和经济管径之后就可以进行水头损失的计算。管(渠)道总水头损失,一般可按式(3-22)计算:

$$h_z = h_y + h_j \qquad (3-22)$$

式中　h_z——管(渠)道总水头损失,m;

　　　　h_y——管(渠)道沿程水头损失,m;

　　　　h_j——管(渠)道局部水头损失,m。

　　1. 管(渠)道局部水头损失

　　管(渠)道的局部水头损失宜按式(3-23)计算:

$$h_j = \sum \xi \frac{v^2}{2g} \qquad (3-23)$$

式中　ξ——管(渠)道局部水头损失系数。

　　管道局部水头损失和管线的水平及竖向平顺等情况有关。调查国内几项大型输水工程的管道局部水头损失数值,一般占沿程水头损失的5%~10%。所以,一些工程在可研阶段,根据管线的敷设情况,管道局部水头损失可按沿程水头损失的5%~10%计算。

　　配水管网水力平差计算,一般不考虑局部水头损失。因为配件和附件(如弯管、渐缩管和阀门等)的局部水头损失,与沿程水头损失相比很小,通常忽略不计,由此产生的误差极小。

　　对短管,如水泵站内的管道或取水结构的重力进水管等,需计算局部阻力损失。

　　2. 管(渠)道沿程水头损失

　　(1)塑料管及内衬与内涂塑料的钢管采用魏斯巴赫－达西(Weinbach－Darccy)公式计算沿程水头损失,该公式是一个半理论半经验的水力计算公式,适用于层流和紊流,也适用于管流和明渠。

$$h_y = \lambda \frac{l}{d} \times \frac{v^2}{2g} \qquad (3-24)$$

式中　λ——沿程阻力系数,与管道的相对当量粗糙度(Δ/d_j)和雷诺数(Re)有关,其中Δ为管道当量粗糙度,mm;

　　　　l——管段长度,m;

　　　　d——管道计算内径,m;

　　　　v——管道断面水流平均流速,m/s;

　　　　g——重力加速度,m/s^2。

　　塑料管材的管壁光滑,管内水流大多处在水力光滑区和紊流过渡区,所以沿程阻力系数λ的计算,应选择相应的计算公式。

《埋地聚氯乙烯给水管道工程技术规程》(CECS 17:2 000)规定水力摩阻系数 λ 按勃拉休斯公式计算:

$$\lambda = \frac{0.304}{Re^{0.239}} \tag{3-25}$$

《埋地硬聚氯乙烯给水管道工程技术规程》(CECS 17:2000)规定水力摩阻系数 λ 按柯列布鲁克 – 怀特公式计算:

$$\frac{1}{\sqrt{\lambda}} = -21g\left(\frac{2.51}{Re\sqrt{\lambda}} + \frac{\Delta}{3.72d}\right) \tag{3-26}$$

(2)混凝土管(渠)道及采用水泥砂浆内衬的金属管道采用舍齐公式计算沿程水头损失,该公式可用在紊流阻力平方区的明渠和管流。

$$i = \frac{h_y}{l} = \frac{v^2}{C^2 R} \tag{3-27}$$

式中　i——管道单位长度的水头损失(水力坡降);

　　　C——流速系数,$C = \frac{1}{n} R^y$,n 为管(渠)道的粗糙系数;

　　　R——水力半径,m。

上述公式中 y 值的计算可根据水力条件,选用巴甫洛夫公式:

$$y = 2.5\sqrt{n} - 0.13 - 0.75\sqrt{R}(\sqrt{n} - 0.1)$$

$$(0.1 \leqslant R \leqslant 3.0; 0.011 \leqslant n \leqslant 0.040)$$

或者 y 取 1/6,即 $C = \frac{1}{n} R^{\frac{1}{6}}$,按曼宁公式计算。管道沿程水力计算一般情况下多采用曼宁公式。式(3-27)国内多用在输水管道的水头损失计算中。

(3)输配水管道及配水管网水力平差计算可采用海曾 – 威廉公式,目前国内使用的管网平差软件和工程实际大多数采用该公式。

$$i = \frac{h_y}{l} = \frac{10.67 q^{1.852}}{C_h^{1.852} d^{4.87}} \tag{3-28}$$

式中　i——管道单位长度的水头损失(水力坡降);

　　　d——管道计算内径,m;

　　　q——设计流量,m³/s;

　　　C_h——海曾 – 威廉系数。

(4)上述几种沿程水头损失计算公式中都有一个重要的水力摩阻系数(n,C_h,Δ)。摩阻系数与水流雷诺数 Re 和管道的相对粗糙度有关,也就是管道的摩阻系数与管道的流速、管道的直径、内壁光滑程度及水的黏度有关。

(五)树状网的水力计算

流向任何节点的流量只有一个。可利用节点流量守恒原理确定管段流量,根据经济流速确定水头损失、管径等。

(六)环状网的水力计算

在平面图上进行干管定线之后,干管环状网的形状就确定下来,然后进行计算。

环状网水力计算步骤为:①计算总用水量。②确定管段计算长度。③计算比流量、沿线流量和节点流量。④拟定各管段供水方向,按连续性方程进行管网流量的初步分配。进行流量分配时,要考虑沿最短的路线将水供至最远地区,同时考虑一些不利管段故障时的处置。⑤按初步分配的流量确定管段的管径,应注意主要干线之间的管段连接管管径的确定。⑥管网平差。由于是人为进行的流量分配,同时在确定管径的过程中按经济流速、界限流量或平均经济流速采用的标准管径,使得环状网内闭合基环的水头损失代数和不为零,从而产生了闭合差,为了消除闭合差,需对原有的流量分配进行修正,使管段流量达到真实的流量,这一过程就是管网平差。⑦计算管段水头损失、节点水压、自由水头,绘制等水压线,确定泵站扬程。

环状网计算原理为:管网计算的目的在于求出各水源节点(如泵站、水塔等)的供水量、各管段中的流量和管径以及全部节点的水压。首先分析环状网水力计算的条件,对于任何环状网,管段数 P、节点数 J(包括泵站、水塔等水源节点)和环数量 L 之间存在下列关系:

$$P = J + L - 1 \tag{3-29}$$

对于树状网,因环数 $L = 0$,所以 $P = J - 1$,即树状网管段数等于节点数减一。

管网计算时,节点流量、管段长度、管径和阻力系数等为已知,需要求解的是管网各管段的流量或水压,所以 P 个管段就有 P 个未知数。环状网计算时必须列出 P 个方程,才能求出 P 个流量。

管网计算原理是基于质量守恒和能量守恒,环状网计算就是联立求解连续性方程、能量方程和压降方程。

1.连续性方程

任一节点,流向该节点的流量等于从该节点流出的流量。假定从节点流出的流量为正,流向节点的流量为负,得

$$q_i + \sum q_{ij} = 0 \tag{3-30}$$

式中 q_i——节点流量,L/s;

q_{ij}——该节点上的各管段流量,L/s。

连续性方程式和流量成一次方的关系,若管网中有 J 个节点,可写出 $(J-1)$ 个独立方程。

2.能量方程

管网每一环中各管段的水头损失的总和等于零。一般假定,水流顺时针方向的管段,水头损失为正,逆时针方向的为负,得

$$\sum h_{ij} = 0 \tag{3-31}$$

式中 h_{ij}——管段水头损失,m。

若管网中有 L 个基环,就可以写出 L 个独立的方程。

3.压降方程

表示管段流量和水头损失的关系,按曼宁公式为

$$q_{ij} = \left(\frac{H_i - H_j}{S_{ij}} \right)^{\frac{1}{2}} \tag{3-32}$$

式中　H_i——节点 i 对某一基准点的水压,m;

　　　H_j——节点 j 对某一基准点的水压,m;

　　　S_{ij}——管段摩阻。

若管网中有 P 个管段,就可以写出 P 个独立的方程。

在管网水力计算时,根据求解的未知数无论是管段流量还是节点水压,可以分为解环方程、解节点方程和解管段方程三类。

(1)解环方程。经流量分配后,各节点已可满足连续性方程,可由该流量求出各管段的水头损失,但可能不同时满足 L 个环的能量方程,用校正流量 Δq 调整管段流量,使其满足能量方程。可写出 L 个能量方程,求 L 个校正流量 Δq,理论上可解。一般假定,校正流量 Δq 以顺时针方向为正,逆时针方向为负。解环方程时,哈代－克罗斯法是手工计算时的主要方法。

(2)解节点方程。假定每一节点水压的条件下,应用连续性方程及管段压降方程,通过计算调整,求出每一节点的水压。再据此求出管段的水头损失和流量。该法以节点水压为未知数,将压降方程代入连续性方程可列出 $J-1$ 个方程。环状网中的节点数比管段数少,相应的节点方程数比管段方程数少。解节点方程是应用计算机求解管网计算问题时,应用最广的一种算法。

(3)解管段方程。应用连续性方程和能量方程联立求解管网中 P 个管段的流量。以管段流量为未知数,须列出 P 个方程,包括由节点得出的 $J-1$ 个连续性方程和由环得出的 L 个能量方程,共计 $J+L-1$ 个方程,联立求解可求得全部管段流量。大中城镇的给水管网,管段数多达百余条甚至数百条,须借助计算机才能快速求解。

(七)环状网的设计计算

环状网计算多采用解环方程组的哈代－克罗斯法,即管网平差计算方法,主要计算步骤如下:

(1)根据城镇供水情况,拟订环状网各管段水流方向,根据连续性方程,并考虑供水可靠性要求进行流量分配,得到初步分配的管段流量 q_{ij}。这里 i、j 表示管段两端的节点编号。

(2)根据管段流量 q_{ij},按经济流速确定管径。

(3)求各管段的摩阻系数 $s_{ij}(s_{ij}=a_{ij}l_{ij})$,然后求水头损失得

$$h_{ij} = s_{ij}q_{ij}^{b} \tag{3-33}$$

(4)假定各环内水流顺时针方向管段的水头损失为正,水流逆时针方向管段的水头损失为负,计算各环内管段水头损失代数和 $\sum h_{ij}$。$\sum h_{ij}$ 不等于零时,以 Δh_i 表示,称为闭合差。$\Delta h_i > 0$ 时,说明顺时针方向各管段中初步分配的流量多了些,逆时针方向管段中分配的流量少了些;$\Delta h_i < 0$ 时,则顺时针方向管段中初步分配的流量分配少了些,而逆时针方向管段中分配的流量多了些。

(5)按式(3-34)计算各环的校正流量 Δq_i,若闭合差为正,校正流量为负;反之,校正流量为正。

$$\Delta q_i = - \frac{\Delta h_i}{b \sum |s_{ij} q_{ij}^{b-1}|} \tag{3-34}$$

式中,对于海曾威廉公式,$b = 1.852$;对于曼宁公式,$b = 2$。

(6)设校正流量 Δq_i,符号以顺时针方向为正,逆时针方向为负。凡是流向和校正流量 Δq_i 方向相同的管段,加上校正流量;否则,减去校正流量。据此调整各管段流量,得到校正后的管段流量。

(7)按校正后的管段流量再进行计算,如果闭合差未能达到允许的精度,再从第(3)步进行反复计算直到闭合差满足要求。这一过程称为管网的平差计算。对管网平差计算精度的要求是手工计算时,每环闭合差小于 0.5 m,大环闭合差小于 1.0 m;计算机平差时闭合差的大小可以达到任何要求的精度,但可考虑采用 0.01 ~ 0.05 m。

(八)多水源管网特点

许多大、中城镇随着用水量的增长,逐步发展成为多水源给水系统。多水源管网的计算原理虽然和单水源相同,但有其特点。

(1)各水源有其供水范围,分配流量时应按每一水源的供水量和用水情况确定大致的供水范围,经过管网平差得出供水分界线的确切位置。

(2)从各水源节点开始,按经济和供水可靠性考虑分配流量,每一个节点符合流量连续性方程的条件。

(3)位于分界线上的各节点的流量,由几个水源供给,也就是说,各水源供水范围内的节点流量总和加上分界线上由该水源供给的节点流量之和,等于该水源供水量。

(九)多水源管网计算

(1)应用虚环的概念,可将多水源管网转化成单水源管网。方法是任意拟定一个虚节点,用虚线将各水源与虚节点连成环。虚环数等于水源(包括泵站、水塔等)数减一。

(2)最高用水时管网用水由几个水源同时供给,供水分界线通过8、12和5,见图3-1;从虚节点0流向泵站的流量 Q_p 等于泵站供水量,到水塔的流量 Q_t 等于水塔供水量。最高用水时虚节点0的流量平衡条件为

$$Q_p + Q_t = \sum Q \tag{3-35}$$

也就是各水源供水量之和等于管网的最高时用水量。

(3)管网设水塔(或高地水池)时,还有转输的情况,即当二级泵站供水量大于用水量时,多余水量通过管网进入水塔储存,这时转输流量从水塔通过虚管段流向虚节点0。最大转输时的虚节点流量平衡条件为

$$Q'_p + Q'_t = \sum Q' \tag{3-36}$$

式中　Q'_p——最大转输时的泵站供水量,L/s;

　　　Q'_t——最大转输时进入水塔的流量,L/s;

　　　$\sum Q'$——最大转输时管网用水量,L/s。

(4)虚节点水压可假设为零。虚管段中没有流量,不考虑摩阻,只表示按某一基准面算起的水泵扬程或水塔水压,虚管段水压规定:流向虚节点的管段,水压为正;流离虚节点的管段,水压为负。最高用水时虚环的水头损失平衡条件见图3-1(a)。

(5)虚环和实环同时平差,计算方法和单水源管网相同。

(十)给水管网设计校核

管网的管径和水泵的扬程按设计年限内最高日最高时的用水量和水压要求决定。但

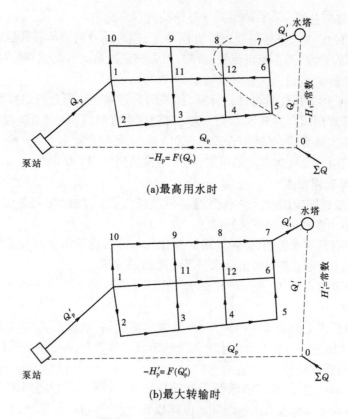

(a)最高用水时

(b)最大转输时

图 3-1　对置水塔的工作情况

是用水量是发展的,也是经常变化的,为了核算所定的管径和水泵能否满足不同工作情况下的要求,就须进行其他用水量条件下的计算,以确保经济合理地供水。管网的核算条件如下:

(1)消防时的水量和水压要求。消防时的管网核算,是以最高时用水量确定的管径为基础按最高用水时另行增加消防时的流量进行分配求出消防时的管段流量和水头损失。按照消防要求仅为一处失火时,计算时只在控制点额外增加一个集中的消防流量即可;按照消防要求同时有两处失火时,则可以从经济和安全等方面考虑,将消防流量一处放在控制点,另一处放在离二级泵站较远或靠近大用户和工业企业的节点处。虽然消防时比最高时所需自由水压要小得多,但因消防时通过管网的流量增大,各管段的水头损失相应增加,按最高用水时确定的水泵扬程有可能不能满足消防时的需要,这时须放大个别管段的管径,以减小水头损失。个别情况下因最高用水时和消防时的水泵扬程相差很大,须设专用消防水泵供消防时使用。

(2)转输时的流量和水压要求。设对置水塔的管网,在最高用水时,由水泵和水塔同时向管网供水,但在一天抽水量大于用水量的一段时间里,多余的水将送进水塔内储存,因此这种管网还应按最大转输时的流量来核算,以确定水泵能否将水送入水塔。核算时节点流量须按最大转输时的用水量求出。因节点流量随用水量的变化成比例地增减,所以最大转输时的各节点流量可按下式计算:

$$最大转输时节点流量 = \frac{最大转输时用水量}{最高时用水量} \times 最高用水时该节点的流量$$

然后按最大转输时的流量进行分配和平差计算,方法和最高用水时相同。

(3)不利管段发生故障时的事故用水量和水压要求。管网主要管线损坏时必须及时检修,在检修时间内供水量允许减少。一般按最不利管段损坏而需断水检修的条件,核算发生事故时的流量和水压是否满足要求。至于发生事故时应有的流量,在城镇为设计用水量的70%,在工业企业按有关规定考虑。

经过核算不符合要求时,应在技术上采取措施。如当地给水管理部门有较强的检修力量,损坏的管段能迅速修复,且断水产生的损失较小时,事故时的管网核算要求可适当降低。

二、输水管设计

从水源至净水厂的原水输水管(渠)的设计流量,应按最高日平均时供水量确定,并计入输水管(渠)的漏损水量和净水厂自用水量。从净水厂至管网的清水输水管道的设计流量,应按最高日最高时用水条件下,由净水厂负担的供水量计算确定。上述输水管(渠)若还负担消防给水任务,应包括消防补充流量或消防流量。

输水干管不宜少于两条,当有安全储水池或其他安全供水措施时,也可修建一条。输水干管和连通管的管径及连通管根数,应按输水干管任何一段发生故障时仍能通过事故用水量计算确定,城镇的事故用水量为设计水量的70%。

输水管(渠)计算的任务是确定管径和水头损失。确定大型输水管渠的尺寸时,应考虑到具体埋设条件、所用材料、附属构筑物数量和特点、输水管渠条数等,通过方案比较确定。

第三节　给水管网系统水力模型

一、给水管网的模型化

给水管网是一个规模大且复杂多变的网络系统,为便于规划、设计和运行管理,应将其简化并抽象为便于用图形和数据表达和分析的系统,称为给水管网模型。给水管网模型主要表达系统中各组成部分的拓扑关系和水力特性,将管网简化和抽象为管段和节点两类元素并赋予工程属性,以便用水力学图论和数学分析理论等进行表达和分析计算。

所谓简化,就是从实际系统中去掉一些比较次要的给水设施,使分析和计算集中于主要对象;所谓抽象,就是忽略所分析和处理对象的一些具体特征,而将它们视为模型中的元素,只考虑它们的拓扑关系和水力特性。

给水管网的简化包括管线的简化和附属设施的简化,根据简化的目的不同,简化的步骤、内容和结果也不完全相同。

(一)给水管网的简化

1.简化原则

将给水管网简化为管网模型,把工程实际转化为数学问题,最终结果还要应用到实际

的系统中去。要保证最终应用具有科学性和准确性,简化必须满足下列原则:

(1)宏观等效原则。对给水管网某些局部简化以后,要保持其功能,各元素之间的关系不变。宏观等效的原则也是相对的,要根据应用的要求与目的不同来灵活掌握。例如,当你的目标是确定水塔高度或泵站扬程时,两条并联的输水管可以简化为一条管道,但当你的目标是设计输水管的直径时,就不能将其简化为一条管道了。

(2)小误差原则。简化必然带来模型与实际系统的误差,但只要将误差控制在一定范围,就是允许的。简化的允许误差也应灵活具体地掌握,一般要满足工程上的要求。

2. 管线简化的一般方法

管线的简化主要有以下措施:

(1)删除次要管线(如管径较小的支管、配水管、出户管等),保留主干管线和干管线。次要管线、干管线和主干管线的确定也是相对的,当系统规模小或计算精度要求高时,可以将较小管径的管线定为干管线;当系统规模大或计算精度要求低时,可以将较大管径的管线定为次要管线。另外,当计算工具先进,如采用计算机进行计算时,可以将更多的管线定为干管线。干管线定得越多,则计算工作量越大,但计算结果越精确;反之,干管越少,计算越简单,计算误差也越大。

(2)当管线交叉点很近时,可以将其合并为同一交叉点。相近交叉点合并后可以减少管线的数目,使系统简化。特别对于给水管网,为了施工便利和减小水流阻力,管线交叉处往往用两个三通代替四通(实际工程中很少使用四通),不必将两个三通认为是两个交叉点,仍应简化为四通交叉点。

(3)将全开的阀门去掉,将管线从全闭阀门处切断。所以,全开和全闭的阀门都不必在简化的系统中出现。只有调节阀、减压阀等需要给予保留。

(4)如管线包含不同的管材和规格,应采用水力等效原则将其等效为单一管材和规格。

(5)并联的管线可以简化为单管线,其直径采用水力等效原则计算。

(6)在可能的情况下,将大系统拆分为多个小系统,分别进行分析计算。

3. 附属设施简化的一般方法

给水管网的附属设施包括泵站、调节构筑物(水池、水塔等)、消火栓、减压阀等,均可进行简化。具体措施包括:

(1)删除不影响全局水力特性的设施,如全开的闸阀、排气阀、泄水阀、消火栓、检查井等。

(2)将同一处的多个相同设施合并,如同一处的多个水量调节设施(清水池、水塔和调节池等)合并、并联或串联工作的水泵或泵站合并等。

(二)给水管网的抽象

经过简化的给水管网需要进一步抽象,使之成为仅由管段和节点两类元素组成的管网模型。在管网模型中,管段与节点相互关联,即管段的两端为节点,节点之间通过管段连通。

1. 管段

管段是管线和泵站等简化后的抽象形式,它只能输送水量,而不允许改变水量,即管段中间不允许有流量输入或输出,但管段中可以改变水的能量,如具有水头损失,可以加压或降压等。管段中间的流量应运用水力等效的原则折算到管段的两端节点上,通常给水管网将管段沿线配水流量一分为二分别转移到管段两端节点上。给水管网的这种处理方法误差较小。

当管线中间有较大的集中流量时,无论是流出或是流入,应在集中流量点处划分管段,设置节点,因为大流量不能移位;否则,会造成较大的水力计算误差。同理,沿线出流或入流的管线较长时,应将其分成若干条管段,以避免将沿线流量折算成节点流量时出现较大误差。泵站、减压阀、非全开阀门等则应设于管段上,因为它们的属性与管段相同,即它们只通过流量而不改变流量,且具有水的能量损失。

2. 节点

节点是管线交叉点、端点或大流量出入点的抽象形式。节点只能传递能量,不能改变水的能量,即节点上水的能量(水头值)是唯一的,但节点可以有流量的输入或输出,如用水的输出、水量调节等。

泵站、减压阀及阀门等改变水流能量或具有阻力的设施不能置于节点上,因为它们不符合节点的属性,即使这些设施的实际位置可能就在节点上,或者靠近节点,也必须认为它们处于管段上。给水泵站,一般都是从水池吸水,则吸水井处为节点,泵站内的水泵和连接管道简化后置于管段上靠近吸水井节点端。

3. 管段和节点的属性

管段和节点的特征包括构造属性、拓扑属性和水力属性三个方面。构造属性是拓扑属性和水力属性的基础,拓扑属性是管段与节点之间的关联关系,水力属性是管段和节点在系统中的水力特征的表现。构造属性通过系统设计确定,拓扑属性采用数学图论表达,水力属性则运用水力学理论进行分析和计算。

管段的构造属性有:①管段长度,简称管长,一般以 m 为单位。②管段直径,简称管径,一般以 m 或 mm 为单位,非圆管可以采用当量直径表示。③管段粗糙系数,表示管道内壁粗糙程度,与管道材料有关。

管段的拓扑属性有:①管段方向,是一个设定的固定方向(不是流向,也不是泵站的加压方向,但当泵站加压方向确定时一般取其方向)。②起端节点,简称起点。③终端节点,简称终点。

管段的水力属性有:①管段流量,是一个带符号值,正值表示流向与管段方向相同,负值表示流向与管段方向相反,单位常用 m^3/s 或 L/s。②管段流速,即水流通过管段的速度,是一个带符号值,其方向与管段流量相同,单位常用 m/s。③管段扬程,即管段上泵站传递给水流的能量,是一个带符号值,正值表示泵站加压方向与管段方向相同,负值表示泵站加压方向与管段方向相反,单位常用 m。④管段摩阻,表示管段对水流阻力的大小。⑤管段压降,表示水流从管段起点输送到终点后,其机械能的减小量,因为忽略了流速水头,所以称为压降,意为压力水头的降低量,单位常用 m。

节点的构造属性有:①节点高程,即节点所在地点附近的平均地面标高,单位为 m。②节点位置,可用平面坐标(x,y)表示。

节点的拓扑属性有:①与节点关联的管段及其方向。②节点的度,即与节点关联的管段数。

节点的水力属性有:①节点流量,即从节点流入或流出系统的流量,是一个带符号值,正值表示流出节点,负值表示流入节点,单位常用 m³/s 或 L/s。②节点水头,表示流过节点的单位重量的水流所具有的机械能,一般采用与节点高程相同的高程体系,单位为 m,对于非满流,节点水头即管渠内水面高程。③自由水头,仅对有压流,指节点水头高出地面高程的高度,单位为 m。

(三)管网模型的标识

将给水管网简化和抽象为管网模型后,应该对其进行适当的标识,以便于以后的分析和计算。标识的内容包括节点与管段的命名或编号、管段方向设定与节点流向设定等。

1. 节点和管段编号

节点和管段编号,就是要给节点和管段命名,命名的目的是便于引用,所以可以用任意符号命名。为了便于计算机程序处理,通常采用正整数进行编号(如 1,2,3,…)。同时编号时应尽量连续使用编号,以便于用程序顺序操作。采用连续编号的另一个好处是,最大的管段编号就是管网模型中的管段总数,最大的节点编号就是管网模型中的节点总数。

为了区分节点和管段编号,一般在节点编号两边加上小括号,如(1),(2),(3),…而在管段编号两边加上中括号,如[1],[2],[3],…

2. 管段方向的设定

管段的一些属性是有方向性的,如流量、流速、压降等,它们的方向都是根据管段的设定方向而定的,只有当给出管段设定方向后,才能将管段两端节点分别定义为起点和终点,即管段设定方向总是从起点指向终点。

需要特别说明的是,管段设定方向不一定等于管段中水的流向,因为有些管段中的水流方向是可能发生变化的,而且有时在计算前还无法确定流向,必须先假定一个方向,如实际流向与设定方向不一致,则采用数学手段处理,即用负值表示。也就是说,当管段流量、流速、压降等为负值时,表明它们的方向与管段设定方向相反。从理论上讲,管段方向的设定可以任意,但为了不出现太多的负值,一般应尽量使管段的设定方向与流向一致。

3. 节点流向设定

节点流量的方向,总是假定以流出节点为正,所以管网模型中以一个离开节点的箭头标示。如果节点流量实际上为流入节点,则认为节点流量为负值。如给水管网的水源供水节点。

需要指出,有些国家习惯以流入节点流量为正,所以节点流量符号与我国的规定正好相反。参阅国外文献和使用国外管网计算软件时请注意。

二、管网模型的水力特性

虽然给水管网中的实际水流状态是复杂和多变的,但是为了便于分析计算,通常假设它们处于恒定均匀流状态,由此可能造成一些误差,但长期的实践表明,这一假设所带来的误差一般在工程允许的范围内。因此,在以后的论述中,除有特别说明外,都是建立在这一假设基础之上的。

质量守恒定律、能量守恒定律和动量守恒定律可以用于描述各类物质及其运动规律,也是给水管网中水流运动的基本规律。质量守恒定律主要体现在节点处流量的分配作用;能量守恒定律在水力学中具体化为伯努利方程,主要体现在管段的动能与压能消耗和传递作用;动量守恒定律则可以用来解决水流与边界(管道)的力学作用问题。下面仅考虑前两类作用。

(一)节点流量方程

在管网模型中,所有节点都与若干管段相关联,其关系可以用上节提出的关联集描述。对于管网模型中的任意节点 j,将其作为隔离体取出,根据质量守恒规律,流入节点的所有流量之和应等于流出节点的所有流量之和,可以一般地表示为

$$\sum_{i \in S_j} (\pm q_i) Q_j = 0 \quad (j = 1, 2, 3, \cdots, N) \tag{3-37}$$

式中 q_i ——管段 i 的流量;

       Q_j ——节点 j 的流量;

       S_j ——节点 j 的关联集;

       N——管网模型中的节点总数;

       $\sum_{i \in S_j} \pm$——表示对节点 j 关联集中管段进行有向求和,当管段方向指向该节点时取负号,否则取正号,即管段流量流出节点时取正值,流入节点时取负值。

该方程称为节点的流量连续性方程,简称节点流量方程。管网模型中所有 N 个节点方程联立,组成节点流量方程组。

在列节点流量方程时要注意以下几点:①管段流量求和时要注意方向,应按管段的设定方向考虑(指向节点取正号,反之取负号),而不是按实际流向考虑,因为管段流向与设定方向不同时,流量本身为负值;②节点流量假定流出节点流量为正值,流入节点的流量为负值;③管段流量和节点流量应具有同样的单位,一般采用 L/s 或 m³/s 作为流量单位。

(二)管段能量方程

在管网模型中,所有管段都与两个节点关联,若将管网模型中的任意管段 i 作为隔离体取出,根据能量守恒规律,该管段两端节点水头之差,应等于该管段的压降,可以一般性地表示为

$$H_{F_i} - H_{T_i} = h_i \quad (i = 1, 2, 3, \cdots, M) \tag{3-38}$$

式中 F_i, H_{F_i} ——管段 i 的上端点编号和上端点水头;

       T_i, H_{T_i} ——管段 i 的下端点编号和下端点水头;

       h_i ——管段 i 的压降;

       M——管网模型中的管段总数。

该方程称为管段的能量守恒方程,简称管段能量方程。管网模型中所有 M 条管段的能量方程联立,组成管段能量方程组。

在列管段能量方程时要注意以下几点:①应按管段的设定方向判断上端点和下端点,而不是按实际流向判断,因为管段流向与设定方向相反时,管段压降本身为负值。②管段压降和节点水头应具有同样的单位,一般采用 m。

（三）恒定流基本方程组

给水管网模型的节点流量方程组与管段能量方程组联立,组成描述管网模型水力特性的恒定流基本方程组,即

$$
\begin{cases}
\sum_{i \in S_j} (\pm q_i) Q_j = 0 & (j = 1,2,3,\cdots,N) \\
H_{F_i} - H_{T_i} = h_i & (i = 1,2,3,\cdots,M)
\end{cases}
\tag{3-39}
$$

恒定流基本方程组是在管网模型的拓扑特性基础之上建立起来的,它反映了管网模型组成元素——节点与管段之间的水力关系,是分析求解给水管网规划设计及运行调度等各种问题的基础,很多应用问题都归结于求解该方程组。

三、给水管网模型软件

在实际应用中,由于管网模型的计算量非常大,因此往往通过计算机软件来完成。利用管网模型软件,可以方便地对管网拓扑结构进行简化,通过输入管道长度、管道口径、管道摩阻系数及节点标高、节点流量等参数,可以计算出节点压力、管道流量等参数。管网模型软件技术极大地推动了管网模型的应用,目前国内许多自来水公司已经开展管网建模工作,在管网规划、供水调度等方面发挥了重要作用。

常用的模型软件有美国环保署开发的 EPANET 软件、英国 Wallingford 集团公司开发的 InforWorks 等,国产软件有上海三高宏扬等。其中,美国环保署开发的 EPANET 软件可以从网上免费下载,比较适合于管网模型的初学者。

四、给水管网水力模型的建立与应用

（一）水力建模的准备阶段

数据是建立水力模型的基础。建立水力模型所需要的数据可以分为静态数据与动态数据两大类。静态数据指的是模型中各组成部分所固有的属性,如管道的管径、水泵的特性曲线、用户的基本用水量等。动态数据是指随时间的改变而改变的数据,如用户的用水量变化、水泵的启停状态等。

静态数据是水力模型建立的基础,动态数据是水力模型校核的基础,两者缺一不可。

1. 水力建模所需要的主要静态数据

（1）水厂泵站信息,包括清水池池底标高、水泵标高、水泵特性曲线、蓄水池容积蓄水池池底标高、内部管道拓扑关系、内部测压测流和水质点位置及标高、内部阀门的开关信息等。

（2）给水管网信息,包括管网的拓扑结构、管网各节点标高、管网中阀门的开关状态、管网中用户的位置信息等。

（3）用户用水量数据。

（4）测压点信息,包括测压点所在的位置、标高等。

（5）测流点信息,包括测流点所在的管道,以及管道方向与测流方向等信息。

2. 水力建模所需要的主要动态数据

（1）水厂泵站的运行模式,包括水厂泵站内水泵的运行数据、水池的液位数据、流量

压力数据等。

（2）用户的用水模式，包括工业用户的用水模式、普通用户的用水模式或不同区域的用水模式。

（3）测压测流水质点的实时数据。

3. 静态数据的主要获取途径

（1）完备的 GIS 信息。GIS 内管道的位置、连接关系、管径、材质等提供了模型所需要的管道信息；GIS 用户的分布信息为模型的水量分配提供了信息。

（2）营业收费信息。营业收费系统可以提供用户的用水量信息，通过对用户各个时期的用水量的统计得到其平均用水量也即基础用水量。

（3）现场调查。对水厂、泵站测压测流水质点的现场调查和定位，可以获得模型所需要的位置信息、标高信息、连接关系等。

（4）现场测试。某些模型所需的参数需要通过现场测量的方法来获得，如水泵的特性曲线等。

4. 动态数据的主要获取途径

（1）SCADA 数据。完备的 SCADA 数据包含了水厂泵站的运行数据、各测压测流数值点的实时数据以及水厂内部的液位、压力、流量、水质数据。将 SCADA 数据标准化成模型可辨识的动态数据，即可对模型进行动态校核。

（2）现场测试。对于某些未装有自动仪表的管道或用户，可以在现场对其进行长时间连续测定，以获得相关数据，如连续的压力测试、用水量测试等。

（二）水力模型的建立阶段

当有了完备且详细的静、动态数据后就可以建立水力模型。水力模型的建立过程就是将所获得的静态数据输入到水力模型平台软件上的过程。

1. 管网数据输入

（1）数据导入。将管网图形文件导入到模型软件并转换成有连接关系的模型文件。

（2）数据检查。主要是拓扑关系的检查，因为模型软件图形文件对管道连接有连通性等要求。

2. 水厂泵站数据输入

（1）现场信息数据化。将现场所获得的信息进行输入和设置，如水泵的设置等。

（2）选择合理的模型形式。指水厂泵站等元素在模型中的简化，以便于模型数据的输入和计算。

3. 用水量分配

（1）大用户水量分配。大用户的用水量占用水总量的比例较高，所以准确地对大用户的水量进行分配在很大程度上决定了水量分配的合理性。

（2）区域水量分配。对于实行了管网分区计量的管网，可以按不同区域分别进行水量分配，进一步优化水量分配的合理性。

（3）其他水量分配。其他水量包括漏损水量等，对于有分区计量的管网，可以按比例分配在不同的区域。

４．用水模式

工业用户、普通用户的用水模式会有较大不一样,主要体现在普通用户的用水遵循生活规律,而工业用户的用水模式遵循生产规律。工业用户往往是大用户,所以掌握工业用户的用水模式,对模型中水量在时间上的分配很有帮助。

不同用水模式的确定可以通过安装实时远传水表等手段,对其用水数据进行连续采集,以统计出该类型用户普遍适用的用水规律。

（三）水力模型的校核

水力模型的校核是水力建模的重要步骤,只有校核后符合实际情况的水力模型才能为生产服务。

１．模型校核

校核从对象上可以分为压力校核和流量校核。

校核的目的是使模型模拟值与实际值的偏差在允许范围之内。

２．模型校核不准的常见原因

（1）静态数据不准确。静态数据是模型的基础,若静态数据缺乏或不准确会直接导致模拟结果与实际值出现较大偏差。

（2）用水量分配失真。如果用水量分配出现比较大的失真也会导致压力校核不准,更会导致流量校核不准。

３．模型的调整

通过不断地复核静态数据、检查动态数据、实地补充测量等方式,实现对模型的调整。

（四）水力模型的应用

（1）管网规划水力模型可以根据设计水量进行模拟计算,为未来的管道敷设及水厂泵站布置等工作提供设计依据,使规划更科学更合理。

（2）优化调度水力模型可以在不改变实际管网状况和调度方式的同时,对关阀、停泵等各种工况进行模拟,提供各工况下合理的调度方案。

（3）辅助决策。水力模型可以对各种预设方案进行模拟计算,为管理者提供决策依据,如分析大型水厂的投产、关闭、新水源的切换等所带来的管网运营风险。

（4）其他应用。水力模型在节能降耗、区域计量、水龄分析等方面也能给出合理化建议。

第四章　城市排水管道系统的设计计算

　　城市生活和生产大量用水后产生了各种各样受污染的水,其物理、生物、化学性质以及成分发生了改变,这种水称为污水或废水,统称为城镇排水。城镇区域的降水(包括降雨、冰雪融化水)也需要有组织地及时排放,习惯上这也包括在城镇排水范围内。污水如不加控制,直接排入江、河、湖、海、地下水等水体或土壤,将破坏自然生态环境,引起环境和健康问题;降水如任意排放将影响城镇正常秩序,甚至威胁人们生命财产安全。各类城镇排水均需及时妥善地收集、处理、排放或回收利用。

第一节　排水系统的整体规划设计

　　排水工程的设计对象是需要新建、改建或扩建排水工程的城市、工业企业和工业区。主要任务是对排水管道系统和污水厂进行规划与设计。排水工程的规划与设计是在区域规划及城市和工业企业的总体规划基础上进行的,应以区域规划及城市和工业企业的规划与设计方案为依据,确定排水系统的排水区界、设计规模、设计期限。

一、排水工程规划设计原则

　　(1)排水工程的规划应符合区域规划及城市和工业企业的总体规划。城市和工业企业的道路规划、地下设施规划、竖向规划、人防工程规划等单项工程规划对排水工程的规划设计都有影响,要从全局观点出发,合理解决,构成有机的整体。

　　(2)排水工程的规划与设计,要与邻近区域内的污水和污泥的处理和处置相协调。一个区域的污水系统,可能影响邻近区域,特别是影响下游区域的环境质量,故在确定规划区的处理水平和处置方案时,必须在较大区域范围内综合考虑。根据排水规划,有几个区域同时或几乎同时修建时,应考虑合并起来处理和处置的可能性。

　　(3)排水工程规划与设计,应处理好污染源治理与集中处理的关系。城市污水应以点源治理与集中处理相结合,以城市集中处理为主的原则加以实施。

　　(4)城市污水是可贵的淡水资源,在规划中要考虑污水经再生后回用的方案。城市污水回用于工业用水是解决缺水城市资源短缺和水环境污染的可行之路。

　　(5)如设计排水区域内尚需考虑给水和防洪问题,污水排水工程应与给水工程协调,雨水排水工程应与防洪工程协调,以节省总投资。

　　(6)排水工程的设计应全面规划,按近期设计,考虑远期发展有扩建的可能。并应根据使用要求和技术经济的合理性等因素,对近期工程做出分期建设的安排。排水工程的建设费用很大,分期建设可以更好地节省初期投资,并能更快地发挥工程建设的作用。分期建设应首先建设最急需的工程设施,使它尽早地服务于最迫切需要的地区和建筑物。

　　(7)对城市和工业企业原有的排水工程进行改建和扩建时,应从实际出发,在满足环境保护的要求下,充分利用和发挥其效能,有计划、有步骤地加以改造,使其逐步达到完善和合理化。

(8)在规划与设计排水工程时,必须认真贯彻执行国家和地方有关部门制定的现行有关标准、规范或规定。

二、设计资料的调查

排水工程设计应先了解、研究设计任务书或批准文件的内容,弄清本工程的范围和要求,然后赴现场勘踏,分析、核实、收集、补充有关的基础资料。进行排水工程设计时,通常需要有以下几方面的基础资料:

(1)明确任务的资料。与本工程有关的城镇(地区)的总体规划;道路、交通、给水、排水、电力、电信、防洪、环保、燃气、园林绿化等各项专业工程的规划;需要明确本工程的设计范围、设计期限、设计人口数;拟用的排水体制;污水处置方式;受纳水体的位置及防治污染的要求;各类污水量定额及其主要水质指标;现有雨水、污水管道系统的走向,排出口位置和高程及其存在的问题;与给水、电力、电信燃气等工程管线及其他市政设施可能的交叉;工程投资情况等。

(2)自然因素方面的资料。主要包括地形图气象资料、水文资料、地质资料等。

(3)工程情况的资料。道路的现状和规划,如道路等级、路面宽度及材料;地面建筑物和地铁、其他地下建筑的位置和高程;给水、排水、电力、电信电缆、燃气等各种地下管线的位置;本地区建筑材料、管道制品、电力供应的情况和价格;建筑、安装单位的等级和装备情况等。

三、设计方案的确定

在掌握了较为完整可靠的设计基础资料后,设计人员可根据工程的要求和特点,对工程中一些原则性的、涉及面较广的问题提出不同的解决办法,这些问题包括:排水体制的选择问题;接纳工业废水并进行集中处理和处置的可能性问题;污水分散处理或集中处理问题;近期建设和远期发展如何结合问题;设计期限的划分与相互衔接问题;与给水、防洪等工程协调问题;污水出水口位置与形式选择问题;污水处理程度和污水、污泥处理工艺的选择问题;污水管道的布局、走向、长度、断面尺寸、埋设深度、管道材料,与障碍物相交时采取的工程措施的问题;中途泵站的数目与位置等。

为使确定的设计方案体现国家现行方针政策,既技术先进,又切合实际,安全适用,具有良好的环境效益、经济效益和社会效益,必须对提出的设计方案进行技术经济比较,进行优选。技术经济比较内容包括:排水系统的布局是否合理,是否体现了环境保护等各项方针政策的要求;工程量、工程材料、施工运输条件、新技术采用情况;占地、搬迁、基建投资和运行管理费用多少;操作管理是否方便等。

四、城市排水系统总平面布置

(一)影响排水系统布置的主要因素

城市、居住区或工业企业的排水系统在平面上的布置应依据地形、竖向规划、污水厂的位置、土壤条件、河流情况,以及污水的种类和污染程度等因素而定。在工厂中,车间的位置、厂内交通运输线及地下设施等因素都将影响工业企业排水系统的布置。上述这些因素中,地形因素常常是影响系统平面布置的主要因素。

(二)排水系统的主要布置形式

1. 正交布置

在地势向水体适当倾斜的地区,各排水流域的干管可以最短距离沿与水体垂直相交的方向布置,这种布置也称正交布置。

正交布置的优点是干管长度短、管径小,因而经济,污水排出也迅速;缺点是由于污水未经处理就直接排放,会使水体遭受严重污染,影响环境。在现代城市中,这种布置形式仅用于排除雨水。

2. 截流式布置

若沿河岸再敷设主干管,并将各干管的污水截送至污水厂,这种布置形式称为截流式布置,所以截流式是正交式发展的结果。对减轻水体污染、改善和保护环境有重大作用。

截流式布置的优点是若用于分流制污水排水系统,除具有正交式的优点外,还解决了污染问题;缺点是若用于截流式合流制排水系统,因雨天有部分混合污水排入水体,造成水体污染。它适用于分流制排水系统和截流式合流制排水系统。

3. 平行式布置

在地势向河流方向有较大倾斜的地区,为了避免因干管坡度及管内流速过大,使管道受到严重冲刷,可使干管与等高线及河道基本上平行、主干管与等高线及河道成一定斜角敷设,这种布置称为平行式布置。

平行式布置的优点是减少管道冲刷,便于维护管理;缺点是干管长度增加。它适用于分流制及合流制排水系统,地面坡度较大的情况。

4. 分区布置

在地势高低相差很大的地区,当污水不能靠重力流流至污水厂时,可分别在高地区和低地区敷设独立的管道系统。高地区的污水靠重力流直接流入污水厂,而低地区的污水用水泵抽送至高地区干管或污水厂。这种布置形式叫作分区布置形式。

其优点是能充分利用地形排水,节省电力,但这种布置只能用于个别阶梯地形或起伏很大的地区。

5. 辐射状分散布置

当城市周围有河流,或城市中央部分地势高、地势向周围倾斜的地区,各排水流域的干管常采用辐射状分散布置,各排水流域具有独立的排水系统。

这种布置的优点是具有干管长度短、管径小、管道埋深浅、便于污水灌溉。缺点是污水厂和泵站(如需要设置时)的数量将增多。在地势平坦的大城市,采用辐射状分散布置可能是比较有利的。

6. 环绕式布置

近年来,由于建造污水厂用地不足,以及建造大型污水厂的基建投资和运行管理费用也较建小型厂更经济等因素,故不希望建造数量多、规模小的污水厂,而倾向于建造规模大的污水厂,所以由分散式发展成环绕式布置。这种形式是沿四周布置主干管,将各干管的污水截流送往污水厂。

第二节　污水管道系统的设计计算

污水管道系统是由管道及其附属构筑物组成的。它的设计是依据批准的当地城镇（地区）总体规划及排水工程总体规划进行的。设计的主要内容和深度应按照基本建设程序及有关的设计规定、规程确定，并以可靠的资料为依据。

污水管道系统设计的主要内容包括：①设计基础数据（包括设计地区的面积、设计人口数、污水定额、防洪标准等）的确定；②污水管道系统的平面布置；③污水管道设计流量计算和水力计算；④污水管道系统上某些附属构筑物，如污水中途泵站、倒虹吸管、管桥等的设计计算；⑤污水管道在街道横断面上位置的确定；⑥绘制污水管道系统平面图和纵剖面图。

一、污水量计算

污水管道系统的设计流量是污水管道及其附属构筑物能保证通过的最大流量。通常以最大日最大时流量作为污水管道系统的设计流量，其单位为 L/s。它主要包括生活污水设计流量和工业废水设计流量两大部分。就生活污水而言又可分为居民生活污水、公共设施排水和工业企业内生活污水和淋浴污水三部分。

（一）生活污水设计流量

城市生活污水量包括居住区生活污水量和工业企业生活污水量两部分。

1. 居住区生活污水的设计流量计算

居住区生活污水设计流量按下式计算：

$$Q_1 = \frac{nNK_z}{24 \times 3\,600} \tag{4-1}$$

式中　Q_1——居住区生活污水设计流量，L/s；

　　　n——居住区生活污水定额，L/（人·d）；

　　　N——设计人口数；

　　　K_z——生活污水量总变化系数。

1）生活污水定额

生活污水定额可分为居民生活污水定额或综合生活污水定额。居民生活污水定额是指居民每人每天日常生活中洗涤、冲厕、洗澡等产生的污水量[L/（人·d）]，它与用水量标准、室内卫生设备情况、气候、居住条件、生活水平及其他地方条件等许多因素有关。综合生活污水定额是指居民生活污水和公共设施（包括娱乐场所、宾馆、浴室、商业网点、学校和机关办公室等）排出污水两部分的总和[L/（人·d）]，具体按设计区域的特点选用。

城市污水主要来源于城市用水，因此污水定额与城市用水量定额之间有一定的比例关系，该比例称为排放系数。由于水在使用过程中的蒸发、形成工业产品等因素，部分生活污水或工业废水不再被收集到排水管道，在一般情况下，生活污水和工业废水的污水量小于用水量。但有的情况下也可能使污水量超过给水量，如当地下水位较高，地下水有可能经污水管道接头处渗入,雨水经污水检查井流入。所以,在确定污水量标准时,应对具体情况进行分析。居民生活污水定额可以根据当地的用水定额结合建筑内部给水排水设施水平和排放系统普及程度等因素确定。在按用水定额确定污水定额时,对给水排水系统完善的地区,排放系数可按90%计,一般地区可按80%计,具体可结合当地的实际情况选用。

　2)设计人口

　　设计人口是指污水排水系统设计期限终期的规划人口数,是计算污水设计流量的基本数据。该值是由城镇(地区)的总体规划确定的。在计算污水管道服务的设计人口时,常用人口密度与服务面积相乘得到。

　　人口密度表示人口分布的情况,是指居住在单位面积上的人口数,以人/hm²表示。若人口密度所用的地区面积包括街道、公园、运动场、水体等在内,该人口密度称作总人口密度。若所用的面积只是街区内的建筑面积,该人口密度称作街区人口密度。在规划或初步设计时,计算污水量是根据总人口密度计算,而在技术设计或施工图设计时,一般采用街区人口密度计算。

　3)生活污水量总变化系数

　　居住区生活污水定额是平均值,因此根据设计人口和生活污水定额计算所得的是污水平均流量。而实际上流入污水管道的污水量时刻都在变化。污水量的变化程度通常用变化系数表示。变化系数分日、时及总变化系数。

　　日变化系数(K_d):一年中最大日污水量与平均日污水量的比值。

　　时变化系数(K_h):最大日最大时污水量与该日平均时污水量的比值。

　　总变化系数(K_z):最大日最大时污水量与平均日平均时污水量的比值。

　　显然

$$K_z = K_d K_h \tag{4-2}$$

　　通常,污水管道的设计断面是根据最大日最大时污水流量确定的,因此需要求出总变化系数。然而一般城市缺乏日变化系数和时变化系数的数据,要直接采用式(4-2)求总变化系数有困难。实际上,污水流量的变化情况随着人口数和污水量定额的变化而定。若污水定额一定,流量变化幅度随人口数增加而减小;若人口数一定,流量变化幅度随污水量定额增加而减小。因此,在采用同一污水量标准的地区,上游管道由于服务人口少,管道中出现的最大流量与平均流量的比值较大。而在下游管道中,服务人口多,来自各排水地区的污水由于流行时间不同,高峰流量得到削减,最大流量与平均流量的比值较小,流量变化幅度小于上游管道。也就是说,总变化系数与平均流量之间有一定的关系,平均流量愈大,总变化系数愈小。

　　生活污水量总变化系数值,是我国自1972年起,先后在北京19个点进行1年观测,长春4个点进行4个月观测和广州1个点进行2个月观测,以及郑州、鞍山和广州的历史观测资料,共27个观测点的2 000多个数据,经综合分析后得出的。同时,各地区普遍认为,当污水平均日流量大于1 000 L/s时,总变化系数至少应为1.3。居住区生活污水量总变化系数值也可按综合分析得出的总变化系数与平均流量间的关系式求得,即

$$K_z = \frac{2.7}{Q^{0.11}} \tag{4-3}$$

式中　Q——污水平均日流量，L/s。

当 $Q < 5$ L/s 时，$K_z = 2.3$；当 $Q > 1\,000$ L/s 时，$K_z = 1.3$。

2. 工业企业生活污水及淋浴污水的设计流量计算

工业企业的生活污水及淋浴污水主要来自生产区的食堂、卫生间、浴室等。其设计流量的大小与工业企业的性质、污染程度、卫生要求有关。一般按下式进行计算：

$$Q_2 = \frac{A_1 B_1 K_1 + A_2 B_2 K_2}{3\,600T} + \frac{C_1 D_1 + C_2 D_2}{3\,600} \tag{4-4}$$

式中　Q_2——工业企业生活污水及淋浴污水设计流量，L/s；

A_1——一般车间最大班职工人数，人；

A_2——热车间最大班职工人数，人；

B_1——一般车间职工生活污水定额，以 25 L/（人·班）计；

B_2——热车间职工生活污水定额，以 35 L/（人·班）计；

K_1——一般车间生活污水量时变化系数，以 3.0 计；

K_2——热车间生活污水量时变化系数，以 2.5 计；

C_1——一般车间最大班使用淋浴的职工人数，人；

C_2——热车间最大班使用淋浴的职工人数，人；

D_1——一般车间的淋浴污水定额，以 40 L/（人·班）计；

D_2——高温、污染严重车间的淋浴污水定额，以 60 L/（人·班）计；

T——每班工作时数，h。

淋浴时间以 60 min 计。

（二）工业废水设计流量

工业废水设计流量按下式计算：

$$Q_3 = \frac{mM K_z}{3\,600T} \tag{4-5}$$

式中　Q_3——工业废水设计流量，L/s；

m——生产过程中每单位产品的废水量，L/单位产品；

M——产品的平均日产量；

K_z——总变化系数；

T——每日生产时数，h。

生产单位产品或加工单位数量原料所排出的平均废水量，也称作生产过程中单位产品的废水量定额。工业企业的工业废水量随各行业类型、采用的原材料、生产工艺特点和管理水平等有很大差异。《污水综合排放标准》（GB 8978—1996）对矿山工业、焦化企业（煤气厂）、有色金属冶炼及金属加工、石油炼制工业、合成洗涤剂工业、合成脂肪酸工业、湿法生产纤维板工业、制糖工业、皮革工业、发酵及酿造工业、铬盐工业、硫酸工业（水洗法）黏胶纤维工业（单纯纤维）铁路货车洗刷、电影洗片、石油沥青工业等部分行业规定了最高允许排水量或最低允许水重复利用率。在排水工程设计时,可根据工业企业的类别、生产工艺特点等情况,按有关规定选用工业废水量定额。

在不同的工业企业中,工业废水的排出情况很不一致。某些工厂的工业废水是均匀排出的,但很多工厂废水排出情况变化很大,甚至一些个别车间的废水也可能在短时间内一次排放。因而工业废水量的变化取决于工厂的性质和生产工艺过程。工业废水量的日变化一般较少,其日变化系数可取1。某些工业废水量的时变化系数大致如下(可供参考用):冶金工业1.0~1.1,化学工业1.3~1.5,纺织工业1.5~2.0,食品工业1.5~2.0,皮革工业1.5~2.0,造纸工业1.3~1.8。

(三)地下水渗入量

在地下水位较高地区,因当地土质、管道、接口材料及施工质量等因素的影响,一般均存在地下水渗入现象,设计污水管道系统时宜适当考虑地下水渗入量。地下水渗入量 Q_4 一般以单位管道长(m)或单位服务面积(hm^2)计算。为简化计算,也可按每人每日最大污水量的10%~20%计地下水渗入量。

(四)城镇污水设计总流量计算

城市污水管道系统的设计总流量一般采用直接求和的方法进行计算,即直接将上述各项污水设计流量计算结果相加,作为污水管道设计的依据,城市污水管道系统的设计总流量可用下式计算:

$$Q = Q_1 + Q_2 + Q_3 + Q_4 \quad (L/s) \tag{4-6}$$

上述求污水总设计流量的方法,是假定排出的各种污水,都在同一时间内出现最大流量。但在设计污水泵站和污水厂时,如果也采用各项污水最大时流量之和作为设计依据,将很不经济。因为各种污水量最大时流量同时发生的可能性较少,各种污水流量汇合时,可能互相调节,而使流量高峰降低。因此,为了正确地、合理地决定污水泵站和污水厂各处理构筑物的最大污水设计流量,就必须考虑各种污水流量的逐时变化。即知道一天中各种污水每小时的流量,然后将相同小时的各种流量相加,求出一日中流量的逐时变化,取最大时流量作为总设计流量。按这种综合流量计算法求得的最大污水量,作为污水泵站和污水厂处理构筑物的设计流量,是比较经济合理的。但这需要污水量逐时变化资料,往往实际设计时无此条件而不便采用。

(五)服务面积法计算设计管道的设计流量

排水管道系统的设计管段是指两个检查井之间的坡度、流量和管径预计不改变的连续管段。

服务面积法具有不需要考查计算对象(某一特定设计管段)的本段流量、转输流量,过程简单,不容易出错的优点,其计算步骤如下:①按照专业要求和经验划分排水流域。②进行排水管道定线和布置。③划分设计管段并进行编号。④计算每一设计管段的服务面积。每一设计管段的服务面积就是该管段受纳排水的区域面积。⑤分别计算设计管段服务面积内的生活污水设计流量和其他排水的流量,求和即得该设计管段的设计流量。

特别指出的是,生活污水设计流量需要特别列出单独计算,因为生活污水流量的变化规律经过统计分析已在《室外排水设计规范(2016年版)》(GB 50014—2006)中予以明确。其他排水如工业污水,其变化规律与工业企业的规模、行业和技术水平密切相关,千差万别,故需要另外予以计算,然后求和得出设计管段的设计流量。

二、污水管道水力计算与设计

(一)污水管道中污水流动的特点

污水由支管流入干管,由干管流入主干管,再由主干管流入污水处理厂,管道由小到大,分布类似河流,呈树枝状,与给水管网的环流贯通情况完全不同。污水在管道中一般是靠管道两端的水面高差,即靠重力流流动,管道内部不承受压力。流入污水管道的污水中含有一定数量的有机物和无机物,比重小的漂浮在水面并随污水漂流;较重的分布在水流断面上并呈悬浮状态流动;最重的沿着管底移动或淤积在管壁上。这种情况与清水的流动略有不同。但总的说来,污水含水率一般在 99% 以上,可按照一般水体流动的规律,并假定管道内水流是均匀流。但在污水管道中实测流速的结果表明管内的流速是有变化的。这主要是因为管道中水流流经转弯、交叉、变径、跌水等地点时水流状态发生改变,流速也就不断变化,同时流量也在变化。因此,污水管道内水流不是均匀流。但在直线管段上,当流量没有很大变化又无沉淀物时,管内污水的流动状态可接近均匀流。如果在设计与施工中,注意改善管道的水力条件,则可使管内水流尽可能接近均匀流。所以,在污水管道设计中采用均匀流相关水力学计算方法是合理的。

(二)水力计算的基本公式

污水管道水力计算的目的,在于经济合理地选择管道断面尺寸、坡度和埋深。由于这种计算是根据水力学规律,所以称作管道的水力计算。根据前面所述,如果在设计与施工中注意改善管道的水力条件,可使管内污水的流动状态尽可能地接近均匀流。

明渠均匀流水力计算的基本公式是谢才公式,即

$$v = C \sqrt{RI} \tag{4-7}$$

由于明渠均匀流水力坡度 I 与管渠底坡 i 相等,$I = i$,故谢才公式可写为

$$v = C \sqrt{Ri} \tag{4-8}$$

若明渠过流断面面积为 A,则流量为

$$Q = CA \sqrt{Ri} = K \sqrt{i} \tag{4-9}$$

式中　　v——过流断面平均流速,m/s;

　　　　C——谢才系数,综合反映断面形状、尺寸和渠壁粗糙情况对流速的影响,一般由经验公式求得,$m^{1/2}/s$;

　　　　R——水力半径,m;

　　　　I——水力坡度;

　　　　i——管渠底坡度;

　　　　Q——过流断面流量,m^3/s;

　　　　K——流量模数,m^3/s。

流量模数综合反映渠道断面形状、尺寸和壁面粗糙程度对明渠输水能力的影响,当渠壁粗糙系数 n 一定时,K 仅与明渠的断面形状、尺寸及水深有关。

由于土木工程中明渠水流多处于紊流粗糙区,因此谢才系数 C 可采用曼宁公式计

算,即

$$C = \frac{1}{n} R^{\frac{1}{6}} \tag{4-10}$$

式中:n——粗糙系数,反映渠道壁面粗糙程度的综合系数。

对于人工渠道,可根据人们的长期工程经验和实验资料确定其粗糙系数 n 值。该值根据管渠材料而定。混凝土和钢筋混凝土污水管道的管壁粗糙系数一般采用0.014。

将式(4-10)代入式(4-8)及式(4-9)得

$$v = \frac{1}{n} R^{\frac{2}{3}} I^{\frac{1}{2}} \tag{4-11}$$

$$Q = \frac{1}{n} A R^{\frac{2}{3}} I^{\frac{1}{2}} \tag{4-12}$$

(三)污水管道水力计算的设计数据

基本变量有直径 D、水深 h、充满度 α 或充满角 θ。其中,充满度定义为

$$\alpha = \frac{h}{D} \tag{4-13}$$

充满度与充满角的关系为

$$\alpha = \sin^2 \frac{\theta}{4} \tag{4-14}$$

导出量则分别为过水断面面积 A、湿周 χ 和水力半径 R、水面宽度 B,即

$$A = \frac{D^2}{8} \tag{4-15}$$

$$\chi = \frac{D}{2} \theta \tag{4-16}$$

$$\chi = \frac{D}{4}\left(1 - \frac{\sin\theta}{\theta}\right) \tag{4-17}$$

$$B = D\sin\left(\frac{\theta}{2}\right) \tag{4-18}$$

从水力计算公式可知,设计流量与设计流速及过水断面积有关,而流速则是管壁粗糙系数、水力半径和水力坡度的函数。为了保证污水管道的正常运行,在《室外排水设计规范(2016 年版)》(GB 50014—2006)中对这些因素做了规定,在污水管道进行水力计算时应予以遵守。

1. 设计充满度

当无压圆管均匀流的充满度接近1时,均匀流不易稳定,一旦受外界波动干扰,则易形成有压流和无压流的交替流动,且不易恢复至稳定的无压均匀流的流态。工程上进行无压圆管断面设计时,其设计充满度并不能取到输水性能最优充满度或是过流速度最优充满度,而应根据有关规范的规定,不允许超过最大设计充满度。

这样规定的原因是:①有必要预留一部分管道断面,为未预见水量的介入留出空间,避免污水溢出妨碍环境卫生。因为污水流量时刻在变化,很难精确计算,而且雨水可能通过检查井盖上的孔口流入,地下水也可能通过管道接口渗入污水管道。②污水管道内沉积的污泥可能厌氧降解释放出一些有害气体。此外,污水中如含有汽油、苯、石油等易燃

液体时,可能产生爆炸性气体,故需留出适当的空间,以利管道的通风,及时排除有害气体及易爆气体。③便于管道的疏通和维护管理。

2. 设计流速

与设计流量、设计充满度相对应的水流平均速度称为设计流速。污水在管内流动缓慢时,污水中所含杂质可能下沉,产生淤积;当污水流速增大时,可能产生冲刷现象,甚至损坏管道。为了防止管道中产生淤积或冲刷,设计流速不宜过小或过大,应在最小设计流速和最大设计流速范围内。

最小设计流速是保证管道内不致发生沉淀淤积的流速。这一最低的限值与污水中所含悬浮物的成分和粒度有关,与管道的水力半径、管壁的粗糙系数有关。从实际运行情况看,流速是防止管道中污水所含悬浮物沉淀的重要因素,但不是唯一的因素。根据国内污水管道实际运行情况的观测数据并参考国外经验,污水管道的最小设计流速定为 0.6 m/s。含有金属、矿物固体或重油杂质的生产污水管道,其最小设计流速宜适当加大,其值要根据试验或运行经验确定。最大设计流速是保证管道不被冲刷损坏的流速。该值与管道材料有关,通常金属管道的最大设计流速为 10 m/s,非金属管道的最大设计流速为 5 m/s。

3. 最小管径

一般污水在污水管道系统的上游部分,设计污水流量很小,若根据流量计算,则管径会很小。根据养护经验,管径过小极易堵塞,比如 150 mm 支管的堵塞次数,有时达到 200 mm 支管堵塞次数的两倍,使养护管道的费用增加。而 200 mm 与 150 mm 管道在同样埋深下,施工费用相差不多。此外,因采用较大的管径,可选用较小的坡度,使管道埋深减小。因此,为了养护工作的方便,常规定一个允许的最小管径。在街坊和厂区内最小管径为 200 mm,在街道下为 300 mm。在进行管道水力计算时,上游管段由于服务的排水面积小,因而设计流量小、按此流量计算得出的管径小于最小管径,此时就采用最小管径值。因此,一般可根据最小管径在最小设计流速和最大充满度情况下能通过的最大流量值,进一步估算出设计管段服务的排水面积。若设计管段的服务面积小于此值,即直接采用最小管径和相应的最小坡度而不再进行水力计算,这种管段称为非计算管段。在这些管段中,当有适当的冲洗水源时,可考虑设置冲洗井,以保证这类小管径管道的畅通。

4. 最小设计坡度

在污水管道系统设计时,通常使管道埋设坡度与设计地区的地面坡度基本一致,但管道坡度造成的流速应等于或大于最小设计流速,以防止管道内产生沉淀。这一点在地势平坦或管道走向与地面坡度相反时尤为重要。因此,将对应于管内流速为最小设计流速时的管道坡度叫作最小设计坡度。

从水力计算公式看出,设计坡度与设计流速的平方成正比,与水力半径的 4/9 次方成反比。由于水力半径又是过水断面积与湿周的比值,因此当在给定设计充满度条件下管径越大,相应的最小设计坡度值也就越小。所以,只需规定最小管径的最小设计坡度值即可。具体规定是,管径 200 m 的最小设计坡度为 0.004;管径 300 mm 的最小设计坡度为 0.003。

在给定管径和坡度的圆形管道中,满流与半满流运行时的流速是相等的,处于满流和半满流之间的理论流速则略大一些,而随着水深降至半满流以下,则其流速逐渐下降。所以,在确定最小管径的最小坡度时采用的设计充满度为0.5。

(四)污水管道水力计算基本问题

无压圆管过流能力的计算式为

$$Q = \frac{i^{1/2}}{n} \frac{\left[\frac{D^2}{8} (\theta - \sin\theta) \right]^{5/3}}{\left[\frac{D}{2}\theta \right]^{2/3}} \tag{4-19}$$

无压圆管均匀流的水力计算问题就是在其他各量均已知的条件下,求解流量 Q、管径 D 或底坡 i 中的任一个,实际工程中无压圆管的水力计算问题可分为三类。

1. 验算输水能力

因为管道已经建成,管道直径 D、管壁粗糙系数 n 及管道坡度 i 都已知,充满度 α 由《室外排水设计规范(2016 年版)》(GB 50014—2006)确定。只需按已知 D 和 α,根据表4-1求得相应的 A 和 R,并算出谢才系数 C,代入基本公式便可算出通过流量,也可直接根据式(4-19)计算。

表 4-1　无压圆管过流断面的几何要素

充满度 α	过流断面面积 $A(\text{m}^2)$	水力半径 $R(\text{m})$	充满度 α	过流断面面积 $A(\text{m}^2)$	水力半径 $R(\text{m})$
0.05	$0.014\,7D^2$	$0.032\,6D$	0.55	$0.442\,6D^2$	$0.264\,9D$
0.10	$0.040\,0D^2$	$0.063\,5D$	0.60	$0.492\,0D^2$	$0.277\,6D$
0.15	$0.073\,9D^2$	$0.092\,9D$	0.65	$0.540\,4D^2$	$0.288\,1D$
0.20	$0.111\,8D^2$	$0.120\,6D$	0.70	$0.587\,2D^2$	$0.296\,2D$
0.25	$0.153\,5D^2$	$0.146\,6D$	0.75	$0.631\,9D^2$	$0.301\,7D$
0.30	$0.198\,2D^2$	$0.170\,9D$	0.80	$0.673\,6D^2$	$0.304\,2D$
0.35	$0.245\,0D^2$	$0.193\,5D$	0.85	$0.711\,5D^2$	$0.303\,3D$
0.40	$0.293\,4D^2$	$0.214\,2D$	0.90	$0.744\,5D^2$	$0.298\,0D$
0.45	$0.342\,8D^2$	$0.233\,1D$	0.95	$0.770\,7D^2$	$0.286\,5D$
0.50	$0.392\,7D^2$	$0.250\,0D$	1.00	$0.785\,4D^2$	$0.250\,0D$

2. 确定管道坡度

管道直径 D、充满度 α、管壁粗糙系数 n 及通过流量 Q 已知,只需按已知 D 和 α,根据表4-1求得相应的 A 和 R,计算出谢才系数 C,代入基本公式便可算出管道坡度 i,也可直接由式(4-19)写出底坡 i 的表达式:

$$Q = \frac{Q^2 n^2 \left[\frac{D}{2}\theta \right]^{4/3}}{\left[\frac{D^2}{8} (\theta - \sin\theta) \right]^{10/3}} \tag{4-20}$$

3. 设计管道直径

通过流量 Q、管道坡度 i、管壁粗糙系数 n 为已知,充满度 α 按《室外排水设计规范(2016 年版)》(GB 50014—2006)确定的条件下,求管道直径 D。按所设定的充满度 α,将

A、R 与直径 D 的关系代入基本公式便可解出管道直径 D，也可直接由式(4-19)写出计算直径 D 的迭代公式：

$$D_{j+1} = \frac{i^{3/4}}{n^{3/2}} \frac{\left[\dfrac{D_j^2}{8}(\theta - \sin\theta)\right]^{5/2}}{Q^{2/3}\theta} \tag{4-21}$$

(五)污水管道的埋设深度

通常,污水管网占污水工程总投资的 50% ~ 75%,而构成污水管道造价的挖填沟槽、沟槽支撑、湿土排水、管道基础、管道敷设各部分的比重,与管道的埋设深度及开槽支撑方式有很大关系。在实际工程中,同一直径的管道,采用的管材、接口和基础形式均相同,因其埋设深度不同,管道单位长度的工程费用相差较大。因此,合理地确定管道埋深对于降低工程造价是十分重要的。在土质较差、地下水位较高的地区,若能设法减小管道埋深,对于降低工程造价尤为明显。

管道埋设深度有两种表示方法:①覆土厚度是指管道外壁顶部到地面的距离;②埋设深度是指管道内壁底部到地面的距离。

这两个数值都能说明管道的埋设深度。为了降低造价,缩短施工期,管道埋设深度愈小愈好。但覆土厚度应有一个最小的限值;否则,就不能满足技术上的要求。这个最小限值称为最小覆土厚度。污水管道的最小覆土厚度,一般应满足下述三个因素的要求:

(1)防止冰冻膨胀而损坏管道。生活污水温度较高,即使在冬天水温也不会低于 4 ℃。很多工业废水的温度也比较高。此外,污水管道按一定的坡度敷设,管内污水经常保持一定的流量,以一定的流速不断流动。因此,污水在管道内是不会冰冻的,管道周围的土壤也不会冰冻。所以,不必把整个污水管道都埋设在土壤冰冻线以下。但如果将管道全部埋设在冰冻线以上,则可能因土壤冰冻膨胀损坏管道基础,从而损坏管道。《室外排水设计规范(2016 年版)》(GB 50014—2016)规定,冰冻层内污水管道的埋设深度,应根据流量、水温、水流情况和敷设位置等因素确定,对于无保温措施的生活污水管道或水温与生活污水接近的工业废水管道,管底可埋设在冰冻线以上 0.15 m。

(2)必须防止管壁因地面荷载而受到破坏。埋设在地面下的污水管道承受着覆盖其上的土壤静荷载和地面上车辆运行产生的动荷载。为了防止管道因外部荷载影响而损坏,首先要注意管材质量,另外必须保证管道有一定的覆土厚度。因为车辆运行对管道产生的动荷载,其垂直压力随着深度增加而向管道两侧传递,最后只有一部分集中的轮压力传递到地下管道下。从这一因素考虑并结合各地埋管经验,车行道下管道最小覆土厚度不宜小于 0.7 m。非车行道下的污水管道若能满足管道衔接的要求及无动荷载的影响,其最小覆土厚度值也可适当减少。

(3)必须满足街区污水连接管衔接的要求。城市住宅公共建筑内产生的污水要能顺畅排入街道污水管网,就必须保证街道污水管网起点的埋深大于或等于街坊污水管终点的埋深。而街区污水管起点的埋深又必须大于或等于建筑物污水出户管的埋深,以便接入支管。对于气候温暖又地势平坦地区而言,确定在街道管网起点的最小埋深或覆土厚度是很重要的因素。从安装技术方面考虑,要使建筑物首层卫生设备的污水能顺利排出,污水出户管的最小埋深一般采用 0.5 ~ 0.7 m,所以街区污水管道起点最小埋深也应有

0.6~0.7 m。街区污水管道起点最小埋设深度可根据下式计算：

$$H = h + IL + Z_1 - Z_2 + \Delta h \qquad (4\text{-}22)$$

式中　H——街道污水管网起点的最小埋深，m；

h——街区污水管起点的最小埋深，m；

I——街区污水管和连接支管的坡度；

L——街区污水管和连接支管的总长度，m；

Z_1——街道污水管起点检查井处地面标高，m；

Z_2——街区污水管起点检查井处地面标高，m；

Δh——连接支管与街区污水管的管内底高差，m。

对于每一个具体管道，从上述三个不同的因素出发，可以得到三个不同的管底埋深或管顶覆土厚度值。这三个数值中的最大一个值就是这一管道的允许最小覆土厚度或最小埋设深度。

除考虑管道的最小埋深外，还应考虑最大埋深问题。污水在管道中依靠重力从高处流向低处。当管道的坡度大于地面坡度时，管道的埋深就愈来愈大，尤其在地形平坦的地区更为突出。埋深愈大，则造价愈高，施工期也愈长。管道埋深允许的最大值称为最大允许埋深。该值的确定应根据技术经济指标及施工方法而定，一般在干燥土壤中，最大埋深不超过7~8 m；在多水、流砂、石灰岩地层中，一般不超过5 m。

（六）污水管道的衔接

管道衔接时应遵循以下两个原则：①尽可能提高下游管道的高程，以减小管道的埋深，降低造价；②避免在上游管段中形成回水而造成淤积。

污水管道衔接的方法，通常有水面平接和管顶平接两种。水面平接是指在水力计算中，使污水管道上游管段终端和下游管段起端在设计充满度条件下的水面相平，即上游管段终端与下游管段起端的水面标高相同。一般用于上下游管径相同的污水管道的衔接。管顶平接是指在水力计算中，使上游管段终端和下游管段起端的管内顶标高相同。一般用于上下游管径不同的污水管道的衔接。

（七）污水管道水力计算与设计的方法

污水管道水力计算的目的在于合理、经济地选择管道断面尺寸、坡度和埋深。一般情况下是已知污水设计流量，求管道的断面尺寸和敷设坡度。计算时，必须认真分析设计地区的地形等条件，充分考虑水力计算设计数据的有关规定。所选择的管道断面尺寸，必须要在规定的设计充满度和设计流速的情况下，能够排泄设计流量。管道坡度应参照地面坡度和最小坡度的规定确定。一方面要使管道尽可能与地面坡度平行敷设，这样可不增大埋深。但同时管道坡度又不能小于最小设计坡度的规定，以免管道内流速达不到最小设计流速而产生淤积。当然也应避免管道坡度太大，使流速大于最大设计流速而导致管壁受冲刷。

在具体计算中，已知设计流量 Q 及管道粗糙系数，需要求管径 D、水力半径 R、充满度 h/D、管道坡度 I 和流速 v。在两个方程式［式(4-7)、式(4-10)］中，有 5 个未知数，因此必须先假定 3 个求其他 2 个，这样的数学计算极为复杂。为了简化计算，常采用水力计算图，这种将流量、管径、坡度、流速、充满度、粗糙系数各水力因素之间关系绘制成的水力计算图使用较为方便。

在进行管道水力计算时,应注意下列问题:

(1)必须进行深入细致的研究,慎重地确定管道系统的控制点。

(2)必须细致分析管道敷设坡度与管线经过地段的地面坡度之间的关系,使确定的管道敷设坡度,在满足最小设计流速要求的前提下,既不使管道的埋深过大,又便于旁侧支管顺畅接入。

(3)在水力计算自上游管段依次向下游管段进行时,随着设计流量的逐段增加,设计流速也应相应增加。如流量保持不变,流速也不应减小。只有当坡度大的管道接到坡度小的管道时,如下游管段的流速已大于 1 m/s(陶土管)或 1.2 m/s(混凝土、钢筋混凝土管),设计流速才允许减小。设计流量逐段增加,设计管径也应逐段增大;如设计流量变化不大,设计管径也不能减小;但当坡度小的管道接到坡度大的管道时,管径可以减小,但缩小的范围不得超过 50~100 mm,同时不得小于最小管径的要求。

(4)在地面坡度太大的地区,为了减小管内水流速度,防止管壁遭受冲刷,管道坡度往往需要小于地面坡度。这就有可能使下游管段的覆土厚度无法满足最小限值的要求,甚至超出地面,因此应在适当的位置处设置跌水井,管段之间采用跌水井衔接。在旁侧支管与干管的交汇处,若旁侧支管的管内底标高比干管的管内底标高大得太多,此时为保证干管有良好的水力条件,应在旁侧支管上先设跌水井,然后与干管相接。反之,则需在干管上先设跌水井,使干管的埋深增大后,旁侧支管再接入。

(5)水流通过检查井时,常引起局部水头损失。为了尽量降低这项损失,检查井底部在直线管段上要严格采用直线,在管道转弯处要采用匀称的曲线。通常直线检查井可不考虑局部水头损失。

(6)在旁侧支管与干管的连接点上,要保证干管的已定埋深允许旁侧支管接入。同时,为避免旁侧支管和干管产生逆水和回水,旁侧支管中的设计流速不应大于干管的设计流速。

(7)为保证水力计算结果的正确可靠,同时便于参照地面坡度确定管道坡度和检查管道间衔接的标高是否合适等,在水力计算的同时应尽量绘制管道的纵剖面草图。在草图上标出所需要的各个标高,以使管道水力计算正确、衔接合理。

(8)初步设计时,只进行主要干管的水力计算。技术设计和施工图设计时,要进行所有管段的水力计算。

(9)污水管道设计图是设计计算的最终成果,包括污水管道的平面图和纵断面图。根据所处的设计阶段,图纸的表现深度,即详细程度会不一样。

第三节　雨水管渠系统及防洪工程设计计算

降落在地面上的雨水,一部分被植物和地面的洼地截留,一部分渗入土壤,余下的一部分沿地面流入雨水管渠,这部分进入管渠的雨水量在排水工程中称为径流量。为防止暴雨径流的危害,保证城镇居住区与工业企业不被洪水淹没,保障生产、生活和人民生命财产安全,需修建雨水管渠系统,以便有组织地及时将暴雨径流排入水体。

一、雨水管渠系统设计概述

雨水管渠系统是由雨水口、雨水管渠、检查井、出水口等构筑物组成的一整套工程设施。雨水管渠设计的主要内容包括：①确定暴雨强度公式。②划分排水流域与排水方式，管渠定线，确定雨水泵站位置。③确定设计方法和设计参数。④计算设计流量和进行水力计算，确定每一设计管段的断面尺寸、坡度、管底标高及埋深。⑤绘制管渠平面图和纵剖面图。

雨水管渠设计的主要原则是：①采用当地暴雨强度公式。②根据地形地貌划分排水流域，根据流域的具体条件、建筑密度与暴雨频繁程度确定排水方式。③雨水管渠定线，应尽量利用地形，就近重力流排入水体。④设计雨水管渠时，可结合城市规划，利用湖泊、池塘调节雨水。⑤雨水口出口的布置方式，应根据出口的水体距离流域远近、水体水位变化幅度来确定。出口水体距离流域很近、水体水位变化不大，宜采用分散出口，使雨水就近排入水体，这样经济实用，反之则宜采用集中出口。⑥根据《室外排水设计规范（2016年版）》（GB 50014—2006）的规定，采用推理公式计算设计流量。

二、雨水管渠设计流量的确定

雨水设计流量是确定雨水管渠断面尺寸的前提条件。城镇和工厂中排除雨水的管渠，由于汇集雨水径流的面积较小，采用推理公式来计算雨水管渠的设计流量。

（一）雨水管渠设计流量计算公式

城市、厂矿中雨水管渠由于汇水面积小，雨水设计流量采用下式：

$$Q = \psi q F \tag{4-23}$$

式中　Q——雨水设计流量，L/s；

　　　ψ——径流系数，其值常小于1；

　　　q——设计暴雨强度，L/(s·hm^2)；

　　　F——汇水面积，hm^2。

设计暴雨强度，是在各地雨量气象资料分析整理的基础上，按照水文学的方法推求出来的，我国常用的暴雨强度公式形式为

$$q = \frac{167 A_1 (1 + C \lg P)}{(t + b)^n} \tag{4-24}$$

式中　q——设计暴雨强度，L/(s·hm^2)；

　　　P——设计重现期，年；

　　　A_1, C, n, b——参数，根据统计方法进行计算确定；

　　　t——降雨历时，min。

降雨历时，是指一场降雨的全部时间或其中个别的特征连续时段，q 是 t 的递减函数。由于降雨历时是随机变量，实际不好确定，在设计计算时，常通过设计管段所服务的汇水面积的集水时间来确定。所谓集水时间，是雨水从设计管段服务面积最远点达到设计管段起点断面的集流时间。

式（4-24）是根据一定的假设条件，由雨水径流成因加以推导而得出的，是半经验半理

论的公式,故称为推理公式。

（二）径流系数 ψ 的确定

径流量与降水量的比值称为径流系数 ψ,其值常小于1。径流系数的值因汇水面积的地面覆盖情况、地面坡度、地貌、建筑密度的分布、路面铺砌等情况的不同而异。

（三）设计重现期 P 的确定

雨水管渠设计重现期,应根据汇水地区性质、地形特点和气候特征等因素确定。同一排水系统可采用同一重现期或不同重现期。重现期一般采用 0.5~3 年。重要干道、重要地区或短期积水即能引起较严重后果的地区,一般采用 3~5 年。并应与道路设计协调。特别重要地区和次要地区可酌情增减。

（四）降雨历时 t 的确定

设计中我们用设计管段服务的全部汇水面积的雨水均流达设计断面时的集水时间作为降雨历时。《室外排水设计规范（2016 年版）》（GB 50014—2006）规定:雨水管渠的降雨历时,应按下列公式计算:

$$t = T_0 + m \sum T_{n-n+1} \tag{4-25}$$

式中　t——降雨历时,min;

　　T_0——地面集水时间,视距离长短、地形坡度和地面铺盖情况而定,一般采用 5~15 min;

　　m——折减系数,暗管折减系数 $m=2$,明渠折减系数 $m=1.2$,在陡坡地区暗管折减系数 $m=1.2~2$;

　　T_{n-n+1}——管渠内雨水流行时间,min;

　　n——雨水检查井编号。

1.地面集水时间 T_0 的确定

地面集水时间受地形坡度、地面铺砌、地面种植情况、水流路程、道路纵坡和宽度等因素的影响,这些因素直接决定着水流沿地面或边沟的流动速度。此外,也与暴雨强度有关,因为暴雨强度大,水流时间就短。但在上述各因素中,地面集水时间主要取决于雨水流行距离的长短和地面坡度。

为了寻求地面集水时间 T_0 的通用计算方法,不少学者做了大量的研究工作,但在实际的设计工作中,要准确地计算 T_0 值是困难的,故一般不进行计算,而采用经验数据。《室外排水设计规范（2016 年版）》（GB 50014—2006）规定:地面集水时间视距离长短、地形坡度和地面铺盖情况而定,一般采用 5~15 min。

按照经验,一般对建筑密度较大、地形较陡、雨水口分布较密的地区或街区内设置的雨水暗管,宜采用较小的 T_0 值,可取 $T_1=5~8$ min。而在建筑密度较小、汇水面积较大、地形较平坦、雨水口布置较稀疏的地区,宜采用较大值,一般可取 $T_0=10~15$ min。起点井上游地面流行距离以不超过 120~150 m 为宜。

在设计工作中,应结合具体条件恰当地选定。如 T_0 选用过大,将会造成排水不畅,以致使管道上游地面经常积水;选用过小,又使雨水管渠尺寸加大而增加工程造价。

2.管渠内雨水流行时间的求定

T_{n-n+1} 是指雨水在某一管渠内的流行时间,即

$$T_{n-n+1} = L_{n-n+1}/(60v) \quad （\text{min}） \tag{4-26}$$

式中　L_{n-n+1}——第 n 雨水井到第 $n+1$ 雨水井的管段长度，m；

　　　v——各管段满流时的水流速度，m/s；

　　　60——单位换算系数，1 min = 60 s。

3. 折减系数 m 的含义

降雨历时计算公式中的折减系数值 m，是根据我国对雨水空隙容量的理论研究成果提出的数据。它包含下面两层含义：

（1）管渠内实际的雨水流行时间大于设计计算的流行时间。雨水管渠按满流设计，但根据推理公式的原理，当降雨历时等于集流时间时，设计断面的雨水流量才达到最大值。因此，雨水管渠中的水流并非一开始就达到设计状况，而是随着降雨历时的增长才能逐渐形成满流，其流速也是逐渐增大到设计流速的。这样就出现了按满流时的设计流速计算所得的雨水流行时间小于管渠内实际雨水流行时间的情况。

（2）为利用管道内调蓄能力。雨水管渠设计最大流量实际上是个瞬时流量，对整套管道系统来讲，并不是同一时间任何断面都处于满流状态。有研究认为既然任一管段发生设计流量时，其他管段都不是满流，所以上游管段就出现了一个空隙容量，如果将此空隙充满，就可起到调蓄管段内最大流量的作用。然而这种调蓄作用，只有在当该管段内水流处于压力流条件下，才可能实现。因为只有处于压力流的管段的水位高于其上游管段未满流时的水位足够大时，才能在此水位差作用下形成回水，迫使水流逐渐向上游管段空隙处流动而充满其空隙。由于这种水流回水造成的滞流状态，使管道内实际流速低于设计流速，也就是使管内的实际水流时间增大。为了利用这一因素产生的管道调蓄能力，可用大于1的系数乘以用满流时流速算得的管内流行时间。

综上所述因素，m 值的含义为采用增长管道中流行时间的办法，以适当折减设计流量，进而缩小管道断面尺寸和减少工程投资。

《室外排水设计规范（2016 年版）》（GB 50014—2006）建议：暗管折减系数 $m=2$；明渠折减系数 $m=1.2$；在陡坡地区，暗管折减系数 $m=1.2\sim2$。

（五）特殊情况雨水管道设计流量的确定

按照推理公式计算雨水管渠的设计流量时，假定设计管段所服务的汇水面积是从上游到下游均匀增长。按照式（4-23）和式（4-24）可知，设计流量 Q 随汇水面积呈正比，但暴雨强度 q 随降雨历时 t 递减。在实际中，当汇水面积的轮廓形状很不规则，即汇水面积的水文形状呈畸形（不均匀增长）时，可能发生管道的最大流量不是发生在全部面积参与径流时，因为全面积参与径流时对应的降雨历时很长，导致按式（4-23）得出的设计流量反而减小，这显然是不合理的，这是推理公式的局限。在这种情况下，应首先在划分各设计管段的汇水面积时，尽量均匀，若调整汇水面积的划分困难，出现服务汇水面积大的下游管段的设计流量反而小于服务汇水面积小的上游管段的设计流量时，应该以上游管段的设计流量作为下游管段的设计流量。

三、雨水管渠系统的设计和计算

雨水管渠系统设计的基本要求是能通畅、及时地排走城镇或工厂汇水面积内的暴雨径流量。设计人员应深入现场进行调查研究,勘踏地形,了解排水走向,收集当地的设计基础资料,作为选择设计方案及设计计算的可靠依据。

(一)雨水管渠系统平面布置

1.充分利用地形,就近排入水体

地形坡度较大时,雨水干管宜布置在地面标高较低处;地形平坦时,雨水干管宜布置在排水流域的中间;当雨水管渠接入池塘或河道时,采用分散出水口式的管道布置;当河流水位变化很大,或管道出口离水体较远,需要提升泵站时,采用集中出水口式的管道布置。同时也宜在雨水进泵站前的适当地点设置调节池,以保证泵站运行安全。

2.根据城市规划布置雨水管道

通常应根据建筑物的分布、道路布置、街区内部的地形等布置雨水管道,使街区内绝大部分雨水以最短距离排入街道低侧的雨水管道。雨水管道应以平行道路布设,且宜布置在人行道或草地带下,而不宜布置在快车道下,以免积水时影响交通或维修管道时破坏路面,若道路宽度大于 40 m,可考虑在道路两侧分别设置雨水管道。

雨水管道的平面布置与竖向布置应考虑与其他地下构筑物的协调配合。在有池塘、坑洼的地方,可考虑雨水的调蓄。在有连接条件的地方,应考虑两个管道系统之间的连接。

3.合理设置雨水口,保证路面雨水排除畅通

雨水口应根据地形及汇水面积确定。一般来说,在道路交叉口的汇水点、低洼地段、道路直线段一定距离处(25~50 m)均应设置雨水口。

4.雨水管渠采用明渠或暗管,应结合具体条件确定

在城市市区或工厂内,建筑密度较高,交通量较大,雨水管道一般应采用暗管。在地形平坦地区,埋设深度或出水口深度受限制地区,可采用盖板渠排除雨水。在城郊,建筑密度较低,交通量较小的地方,可考虑采用明渠,以节省工程费用,降低造价。但明渠容易淤积,滋生蚊蝇,影响环境卫生。在每条雨水干管的起端,应尽可能采用道路边沟排除路面雨水。雨水暗管和明渠衔接处需采取一定的工程措施,以保证连接处良好的水力条件。

5.设置排洪沟排除设计地区以外的雨洪径流

对于靠近山麓建设的工厂和居住区,除在厂区和居住区设雨水道外,尚应考虑在设计地区周围或超过设计区设置排洪沟,以拦截从分水岭以内排泄下来的雨洪,引入附近水体,保证工厂和居住区的安全。

(二)雨水管渠水力计算的设计数据

为保证雨水管渠的正常运行,《室外排水设计规范(2016 年版)》(GB 50014—2006)对相关水力计算参数做了相应的技术规定,需要遵守。

1.设计充满度

雨水中主要含有泥沙等无机物质,不同于污水的性质,加以暴雨径流量大,而相应较高设计重现期的暴雨强度的降雨历时一般不会太长。所以,管道设计充满度按满流考虑,即 $h/D=1$。明渠则应有等于或大于 0.20 m 的超高。街道边沟应有等于或大于 0.30 m 的超高。

2.设计流速

雨水中往往泥沙含量大于污水,特别是初降雨水,为避免雨水所挟带的泥沙等无机物质在管渠内沉淀而堵塞管道,雨水管渠的最小设计流速应大于污水管道,满流时管道内最小设计流速为 0.75 m/s;明渠内最小设计流速为 0.40 m/s。

为防止管壁受到冲刷而损坏,雨水管渠的最大设计流速规定为:金属管最大流速为 10 m/s,非金属管最大流速为 5 m/s。

3.最小管径和最小设计坡度

雨水管最小管径为 300 mm,相应的最小坡度为 0.003;雨水口连接管最小管径为 200 mm,最小坡度为 0.01。

4.最小埋深与最大埋深

具体规定同污水管道。

（三）雨水管渠水力计算方法

计算目的是合理确定管径、坡度和埋深。所选管道断面尺寸必须能够在规定的设计流速下,排泄设计流量。

雨水管渠水力计算仍按均匀流考虑,其水力计算公式与污水管道相同,但按满流即 $h/D=1$ 计算。在实际计算中,通常采用根据公式制成的水力计算图或水力计算表。

在计算中,通常 n,Q 为已知数值。所求的只有 3 个未知数 D,v 及 i。在实际应用中,可以参照地面坡度 i,假定管底坡度 i,从水力计算图或水力计算表中求得 D 及 v 值,并使所求得的 D,v,i 各值符合水力计算基本数据的技术规定。

（四）雨水管渠系统的设计步骤和水力计算

首先要收集和整理设计地区的各种原始资料作为基本的设计数据。然后根据具体情况进行设计。

1.划分排水流域和管道定线

应根据城市的总体规划图或工厂的总平面图,按实际地形划分排水流域。为了充分利用街道边沟的排水能力,每条干管起端 100 m 左右可视具体情况敷设雨水暗管。雨水支管一般设在街坊较低侧的道路下。

2.划分设计管段

根据管道的具体位置,在管道转弯处、管径或坡度改变处、有支管接入处或两条以上管道交汇处及超过一定距离的直线管段上都应设置检查井。把两个检查井之间流量没有变化且预计管径和坡度也没有变化的管段定为设计管段,并从管段上游往下游按顺序进行检查井的编号。

3.均匀划分并计算各设计管段的汇水面积

各设计管段汇水面积应结合地形坡度、汇水面积的大小及雨水管道布置等情况而划定。地形较平坦时,可按就近排入附近雨水管道的原则划分汇水面积;地形坡度较大时,应按地面雨水径流的水流方向划分汇水面积,并将每块面积进行编号,计算其面积的数值注明在图中。汇水面积除街区外,还包括街道绿地。

4.确定各排水流域的平均径流系数值

通常根据排水流域内各类地面的面积数或所占比例,计算出该排水流域的平均径流系数。也可根据规划的地区类别,采用区域综合径流系数。

5.确定设计重现期 P 和地面集水时间 T_0

根据地形坡度、地区重要性、地面覆盖、汇水面积大小等情况确定 P 和 T_0。

6.列表进行雨水干管的设计流量和水力计算

以求得各管段的设计流量及确定各管段的管径、坡度、流速、管底标高和管道埋深值等。

计算时需先定管道起点的埋深或是管底标高。雨水管道衔接一般采用管顶平接。若有旁侧管道接入,应选择管底标高低的那一根,如高差较大,应考虑跌水措施。

7.绘制图纸

图纸包括平面图和剖面图。

(五)立体交叉道路排水

随着国民经济和城市化建设的不断发展,城市道路的功能得到不断完善,复杂的城市道路网络具有越来越多的城市立交桥。而立交排水问题也已逐渐成为一个影响城市交通安全顺畅运行的重要因素,受到有关部门的重视。立体交叉道路排水应排除汇水区域的地面径流水和影响道路功能的地下水,其形式应根据当地规划、现场水文地质条件、立交形式等工程特点确定。

立交雨水排水系统的作用是有效地排除立交范围内汇集的大量雨水,维持城市道路安全顺畅的运行。由于立交两侧引道纵坡一般都较大,具有降雨时聚水较快的特点,若排除不及时就会威胁行车行人安全,以致中断道路交通,而众多立交一般又位于城市道路系统的咽喉部位,一旦交通中断往往影响很大,所以对其排水要求高于一般的雨水排水系统。立交雨水排水系统由雨水收集系统和雨水泵站组成。

由于立交引道坡度较大(通常为 2%~3.5%),造成雨水的地面径流流速较大,接近甚至超过管道排放的流速,在引道上设置雨水井效果并不理想,所以一般采取在立交最低处设置多箅集水井来收集雨水,就近进入泵站集水池。多箅集水井的个数是雨水设计流量与单个集水井容纳流量的比值,并考虑 1.2~1.5 的堵塞系数。近几年的设计与运行经验表明,利用潜水泵的立交排水泵站在实践中取得的效果较好,这是由潜水泵及潜水泵站的优点所决定的,其优点如下:

(1)工程投资省,一般可节省 40%~60%,工期可以缩短 1/2~2/3。

(2)安装维护方便,可临时安装。

(3)运行安全可靠,辅助设备少,降低了故障率。

(4)运行条件大为改善,泵房与控制室分开,振动、噪声小。

(5)自动化程度高,潜水泵机组启动程序简单、操作程序简化。

(6)泵房结构简化。

立交雨水排水系统设计与城市雨水排水系统的设计原理相同,但有其特殊性。立交道路雨水排水系统因其整个系统较周围环境要低,需要重点考虑排水安全性,故其设计参数较一般排水系统要相应提高,在《室外排水设计规范(2016年版)》(GB 50014—2006)中对立体交叉道路的雨水管道设计参数有明确的规定,即重要干道、地区或短期积水即能引起严重后果的地区,重现期一般选用3~5年。立体交叉道路排水的地面径流量计算,宜符合下列规定:

(1)设计重现期不小于3年,重要区域标准可适当提高,同一立体交叉工程的不同部位可采用不同的重现期。

(2)地面集水时间宜为5~10 min。

(3)径流系数宜为0.8~1.0。

(4)汇水面积应合理确定,宜采用高水高排、低水低排互不连通的系统,并应有防止高水进入低水系统的可靠措施。

(5)立体交叉地道排水应设独立的排水系统,其出水口必须可靠。

(6)当立体交叉地道工程的最低点位于地下水位以下时,应采取排水或控制地下水的措施。

(7)高架道路雨水口的间距宜为20~30 m。每个雨水口单独用立管引至地面排水系统。雨水口的入口应设置格网。

第四节　合流制管渠系统的规划设计

一、合流制管渠系统的布置特点

合流制管渠系统有三种类型,即直流式、截流式及雨污水全部处理的形式。直流式合流制是最古老的合流制,其布置特点与雨水管渠类似,由于其对水体污染严重,是必须进行改造的旧合流制排水系统。雨污水全部处理的合流制管渠系统中,需要建设大型雨水调节池,工程投资巨大,在我国目前的情况下,还不太适宜。在旧合流制管渠系统的改造中,常用的是截流式合流制。

截流式合流制管渠系统的布置特点如下:

(1)管渠的布置应使所有服务面积上的生活污水、工业废水和雨水都能合理地排入管渠,并能以可能的最短距离坡向水体。

(2)沿水体岸边布置与水体平行的截流干管,在截流干管的适当位置上设置溢流井,使超过截流干管设计输水能力的那部分混合污水能顺利地通过溢流井并就近排入水体。

(3)合理地确定溢流井的数目和位置,以便尽可能地减少对水体的污染、减少截流干管的尺寸和缩短排入渠道的长度。

(4)在合流制管渠系统的上游排水区域内,充分利用地面坡度排除雨水。如果雨水可沿地面的街道边沟排泄,则该区域可只设置污水管道。只有当雨水不能沿地面排泄时,才考虑布置合流管渠。

二、合流制排水系统的设计流量

(一) 第一个溢流井上游管渠的设计流量

图 4-1 为截流式合流制排水系统示意图,1、5、6 为检查井,2、3、4 为溢流井。理论上,溢流井上游管渠(1—2 管段)的设计流量为生活污水设计流量(Q_s)、工业废水设计流量(Q_i)与雨水设计流量(Q_r)之和,即

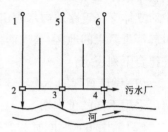

**图 4-1　截流式合流制
排水系统示意图**

$$Q = Q_s + Q_i + Q_r \tag{4-27}$$

实际进行水力计算时,如果生活污水与工业废水量之和比雨水设计流量小很多,其流量一般可以忽略不计。即使生活污水量和工业废水量较大,也没有必要把三部分设计流量之和作为合流管渠的设计流量,因为这三部分设计流量同时发生的可能性很小。所以,一般以雨水的设计流量(Q_r)、生活污水的平均流量(Q'_s)、工业废水最大班的平均流量(Q'_i)之和作为合流管渠的设计流量,即

$$Q = Q'_s + Q'_i + Q_r \tag{4-28}$$

$Q'_s+Q'_i$ 为晴天的设计流量,称旱流流量 Q_f。由于 Q_f 相对较小,因此按 Q(三部分之和)计算所得的管径、坡度和流速,应用晴天的旱流流量 Q_f 进行校核,检查管道在输送旱流流量时是否满足不淤的最小流速要求。

(二) 溢流井下游管渠的设计流量

合流制排水管渠在截流干管上设置了溢流井后,不从溢流井泄出的雨水量,通常按旱流流量 Q 的指定倍数计算,该指定倍数称为截流倍数 n。如果流到溢流井的雨水流量超过 nQ,则超过的水量由溢流井溢出,并经排放渠道泄入水体溢流井下游管渠(如图 4-1 中的 2—3 管段)的雨水设计流量,即

$$Q_r = n_0(Q'_s + Q'_i) + Q_1 \tag{4-29}$$

式中　Q_1——溢流井下游本段汇水面积上的雨水设计流量,按此汇水面积的集水时间算得。

溢流井下游管渠的设计流量是上述雨水设计流量与生活污水平均流量及工业废水最大班平均流量之和,即

$$Q = (n_0 + 1)Q_f + Q_1 + Q_2 \tag{4-30}$$

式中　Q_2——溢流井下游排水面积上的生活污水平均流量与工业废水最大班平均流量之和。

三、合流制排水管渠的水力计算

(一) 水力计算内容

合流制排水管渠一般按满流设计。水力计算的设计数据,包括设计流速、最小坡度和最小管径等,基本上和雨水管渠的设计相同。合流制排水管渠的水力计算内容包括:①溢流井上游合流管渠的计算;②截流干管和溢流井的计算;③按旱季流量情况校核流速,一般不宜小于 0.35～0.5 m/s,当不能满足时,可修改设计管渠断面尺寸和坡度。

(二)水力计算要点

溢流井上游合流管渠的计算与雨水管渠的计算基本相同,但设计流量要包括雨水、生活污水和工业废水。合流管渠的雨水设计重现期一般应比同一情况下雨水管渠的设计重现期适当提高,有人认为可提高 10%~25%。因为虽然合流管渠中混合废水从检查井溢出街道的可能性不大,但合流管渠泛滥时溢出的混合污水比雨水管渠泛滥时溢出的雨水所造成的损失要大些,为了防止可能出现这样的情况,合流管渠的设计重现期和允许的积水程度一般都需要从严掌握。

截流干管和溢流井的计算,主要是要合理地确定所采用的截流倍数 n_0。截流倍数 n_0 应根据旱流污水的水质和水量及总变化系数,水体的卫生要求,水文、气象条件等因素确定。我国《室外排水设计规范(2016 年版)》(GB 50014—2006)规定截流倍数采用 1~5,采用的截流倍数必须经当地卫生主管部门的同意,在工作实践中,我国多数城市一般都采用截流倍数 $n_0=3$。

溢流井是截流干管上最重要的构筑物。溢流井的位置,应根据污水截流干管位置、合流管渠位置、溢流管下游水位高程和周围环境等因素确定。溢流井宜采用槽式,也可采用堰式、槽堰结合式。溢流井溢流水位,应在设计洪水位以上,当不能满足要求时,应设置闸门等防倒灌设施。溢流井内宜设流量控制设施。

晴天旱流流量的校核,应使旱流时的流速能满足污水管渠最小流速的要求。当不能满足这一要求时,可修改设计管段的管径和坡度。上游管段旱流校核时往往不易满足最小流速的要求,此时可在管渠底设低流槽以保证旱流时的流速,或者加强养护管理,利用雨天流量刷洗管渠,以防淤塞。

第五节　常用排水管渠材料及附属构筑物

一、常用排水管材及制品

(一)排水管材的断面

1.排水管渠系统断面形式的基本要求

排水管渠的断面形式除必须满足静力学、水力学方面的要求外,还应经济和便于养护。在静力学方面,管道必须有较大的稳定性,在承受各种荷载时是稳定和坚固的。在水力学方面,管道断面应具有最大的排水能力,并在一定的流速下不产生沉淀物。在经济方面,管道单位长度造价应该是最低的。在养护方面,管道断面应便于冲洗和清通淤积。

2.常用的管渠断面形式

最常用的管渠断面形式是圆形,半椭圆形、马蹄形、矩形、梯形和蛋形等也常见。

(二)常用排水管渠材料

1.对管渠材料的要求

(1)排水管渠必须具有足够的强度,以承受外部的静荷载和动荷载及内部水压。

(2)排水管渠应具有能抵抗污水中杂质的冲刷和磨损的作用及抗腐蚀的性能。

(3)排水管渠必须不透水,以防止污水渗出或地下水渗入。

（4）排水管渠的内壁应整齐光滑,使水流阻力尽量减少。

（5）排水管渠应就地取材,并考虑到预制管件及快速施工的可能。

《室外排水设计规范(2016 年版)》(GB 50014—2006)规定,输送腐蚀性污水的管渠必须采用耐腐蚀材料,其接口及附属构筑物必须采取相应的防腐蚀措施。

2.常用排水管道的材料及制品

1)混凝土管和钢筋混凝土管

混凝土管和钢筋混凝土管适用于排除雨水、污水。管口通常有承插式、企口式、平口式三种。

2)陶土管

陶土管是由塑性黏土制成的。根据需要可制成无釉、单面釉、双面釉的陶土管。若采用耐酸黏土和耐酸填充物,还可以制成特种耐酸陶土管。陶土管一般制成圆形。

3)金属管

常用的金属管有铸铁管及钢管。室外重力流排水管道一般很少采用金属管,只有当排水管道承受高内压、高外压或对渗漏要求特别高的地方采用,如排水泵站的进出水管、穿越铁路和河道的倒虹管等。

4)聚氯乙烯塑料硬质管(PVC 管)

聚氯乙烯塑料硬质管(PVC 管)近年在排水工程中得到了广泛应用。PVC 管材质量轻,便于施工和搬运;PVC 管具有优异的耐酸、耐碱和耐腐蚀性能,特别适用于酸碱废水和腐蚀性废水;另外,PVC 管道水力条件较好。

3.大型排水管渠

一般情况下,当排水管渠设计直径大于 2 m 时,可以在现场建造排水管渠。建造大型排水管渠的常用材料有砖、石、陶土块、混凝土块、钢筋混凝土块和钢筋混凝土。

大型排水管渠的断面形式有矩形、圆形、半椭圆形等。

二、排水管渠系统上的附属构筑物

为了排除污水,除管渠本身外,还需在管渠系统上设置某些附属构筑物,这些构筑物包括雨水口、连接暗井、溢流井、检查井、跌水井、水封井、换气井、倒虹管、冲洗井、防潮门、出水口等。

(一)雨水口、连接暗井、溢流井

1.雨水口

雨水口是在雨水管渠或合流管渠上收集雨水的构筑物。街道路面上的雨水首先经雨水口通过连接管流入排水管渠。

雨水口的形式、数量和布置,应按汇水面积所产生的流量、雨水口的泄水能力及道路形式确定。

雨水口间距宜为 25~50 m。连接管串联雨水口个数不宜超过 3 个。雨水口连接管长度不宜超过 25 m。

当道路纵坡大于 0.02 时,雨水口的间距可大于 50 m,其形式数量和布置应根据具体情况和计算确定。坡段较短时可在最低点处集中收水,其雨水口的数量或面积应适当增加。

雨水口深度不宜大于 1 m,并根据需要设置沉泥槽。当遇特殊情况需要浅埋时,应采取加固措施。有冻胀影响地区的雨水口深度,可根据当地经验确定。

2.连接暗井

雨水口以连接管与街道排水管渠的检查井相连。当排水管直径大于 800 mm 时,也可在连接管与排水管连接处不另设检查井,而设连接暗井。

3.溢流井

溢流井是截流干管上最重要的构筑物。最简单的溢流井是在井中设置截流槽,槽顶与截流干管的管顶相平,也可采用溢流堰式或跳跃堰式的溢流井。

(二)检查井、跌水井、水封井、换气井

1.检查井

检查井的位置,应设在管道交汇处、转弯处、管径或坡度改变处、跌水处以及直线管段上每隔一定距离处。

检查井一般采用圆形,由井底(包括基础)、井身和井盖(包括盖底)三部分组成,是排水管道上的重要附属设施。我国仅建筑小区每年就需要构筑约 1 000 万个排水用检查井,这些检查井多为砖砌,耗费大量黏土实心砖,而且施工养护难,井体容易渗漏。在建筑小区内采用塑料排水检查井替代传统的砖砌检查井,将节约大量宝贵的土地资源、节约人工、加快施工进度、提高排水管道防渗漏性能,具有显著的经济效益、社会效益和环境效益。城镇建设行业标准《建筑小区排水用塑料检查井》(CJ/T 233—2016)已于 2006 年发布实施。

2.跌水井

跌水井是设有消能设施的检查井。当管渠跌水水头为 0.5~2.0 m 时,宜设跌水井;当管渠跌水水头大于 2.0 m 时,必须设跌水井。管渠转弯处不宜设跌水井。

跌水井的进水管管径不大于 200 mm 时,一次跌水水头高度不得大于 6 m;管径为 300~600 mm 时,一次不宜大于 4 m。跌水方式一般可采用竖管或矩形竖槽。管径大于 600 mm 时,其一次跌水水头高度及跌水方式应按水力计算确定。

3.水封井

当工业废水能产生引起爆炸或火灾的气体时,其管道系统中必须设置水封井。水封井位置应设在产生上述废水的排出口处及其干管上每隔适当距离处。

水封深度不应小于 0.25 m,井上宜设通风设施,井底应设沉泥槽。水封井以及同一管渠系统中的其他检查井,均不应设在车行道和行人众多的地段,并应适当远离产生明火的场地。

4.换气井

污水中的有机物常在管渠中沉积而厌氧发酵,发酵产物分解产生的甲烷、硫化氢、二氧化碳等气体,如与一定体积的空气混合,在点火条件下将产生爆炸,甚至引起火灾。为防止此类偶然事故的发生,同时也为保证在检修排水管渠时工作人员能较安全地进行操作,有时在街道排水管的检查井上设置通风管,使此类有害气体随同空气沿庭院管道、出户管及竖管排入大气中,这种设有通风管的检查井称为换气井。

（三）倒虹管、出水口

1.倒虹管

排水管渠遇到河流、山涧、洼地或地下构筑物等障碍物时,不能按原有的坡度埋设,而是按下凹的折线方式从障碍物下通过,这种管道称为倒虹管。通过河道的倒虹管,一般不宜少于两条;通过谷地、旱沟或小河的倒虹管可采用一条。通过障碍物的倒虹管,还应符合与该障碍物相交的有关规定。

倒虹管的设计,应符合下列要求:

（1）最小管径宜为 200 mm。

（2）设计流速应大于 0.9 m/s,并应大于进水管内的流速;当管内设计流速不能满足上述要求时,应加定期冲洗措施,冲洗时流速不应小于 1.2 m/s。

（3）倒虹管的管顶距规划河底距离一般不宜小于 1.0 m,通过航运河道时,其位置和管顶距规划河底距离应与当地航运管理部门协商确定,并设置标志,遇冲刷河床应考虑防冲措施。

（4）倒虹管宜设置事故排出口。

（5）合流管道设倒虹管时,应按旱流污水量校核流速。

2.出水口

排水管渠排入水体的出水口的位置和形式,应根据污水水质、下游用水量情况、水体的水位变化幅度、水流方向、地形变迁和主导风向等因素确定。出水口应采取防冲刷、消能、加固等措施,并视需要设置标志。出水口与水体岸边连接处应采取防冲、加固等措施,一般用浆砌块石做护墙和铺底,在受冻胀影响的地区,出水口应考虑用冻胀材料砌筑,其基础必须设置在冰冻线以下。

（四）冲洗井、防潮门

1.冲洗井

当污水管内流速不能保证自清时,为防止淤塞,可设置冲洗井。冲洗井的主要形式有人工冲洗和自动冲洗（一般为虹吸式,构造复杂,造价高,不常用）。人工冲洗井较简单,是一个具有一定容积的普通检查井。冲洗井出流管道上设有闸门,井内设有溢流管道以防止井中水深过大。冲洗水可用上游来水或自来水。用自来水时,供水管的出口必须高于溢流管管顶,以免污染自来水。冲洗井一般适用于小于 400 mm 管径的较小管道上,冲洗管道的长度一般为 250 m 左右。

2.防潮门

临海城市的排水管渠往往受潮汐的影响,为防止涨潮时潮水倒灌,在排水管渠出水口上游的适当位置上应设置装有防潮门（或平板闸门）的检查井。临河城市的排水管渠,为防止高水位时河水倒灌,有时也采用防潮门。

第六节　基于海绵城市理念的城市排水设计

"海绵城市"即为城市的雨洪管理,对城市的降雨、排水进行有效地监控与管理,在国外一般称其为城市雨水管理。它采用多种途径,控制城市的屋顶、道路、绿地、广场等不同性质下垫面所产生的雨水径流,最终达到削减城市地表的洪峰流量、降低城市降雨的地表径流量、延迟雨水汇流时间,同时增加城市地下水补给量,降低城市的热岛效应,提升城市生态环境质量等目的。海绵城市建设应遵循规划引领、生态优先、安全为重、因地制宜和统筹建设等原则,将自然途径与人工措施相结合,在确保城市防涝安全的前提下,最大限度地实现雨水在城市区域的积存、渗透和净化,促进雨水资源利用和生态环境保护。海绵城市建设的技术模式突破了“以排为主”的传统雨水管理理念,它强调构建低影响开发(low impact develop ment,LID)雨水系统,结合源头减排、城市雨水管渠系统及超标雨水径流排放系统实现城市现代雨洪管理。

一、海绵城市建设的主要内容

(一)源头减排

源头减排即狭义的低影响开发技术,其核心是采取源头、分散式措施维持场地开发前后水文特征不变,如径流总量、峰值流量、峰现时间等。源头减排主要应对中小降雨量,强调的是在进入雨水管道之前,通过源头减排措施的渗透、储存、调节、转输与截污净化等功能,从源头控制径流量。发生降雨时可以将雨水下渗消化掉,以减少地表径流,同时也降低了径流峰值;再通过调蓄等措施,进一步减少外排径流量;还可以结合一些滞留措施,如植草沟减缓径流速度,从而达到进一步削减径流峰值的目的。

(二)雨水管渠系统

雨水管渠系统,即传统的城市雨水管网系统,是城市排水防涝的重要组成部分,由雨水口、雨水管渠、检查井、提升泵站、出水口、调节池等设施组成。它主要担负重现期为1~10年降雨的安全排放,保证城市的安全运行。在设计过程中,我国要求一般地区雨水管网设计重现期为1~3年,重要地区为3~5年,特别重要地区采用10年或以上。使用的重现期越大,排水管网系统设计规模相应增大,排水顺畅,但投资较高;反之,投资较小,但安全性较差。另外,针对排水负荷大的已建城区,单纯使用提标改造的方法仍难以应对更大的暴雨。因此,仅靠提高城市雨水管渠规模无法解决城市内涝问题,还需源头减排和超标雨水径流排放系统的共同作用。

(三)超标雨水径流排放系统

超标雨水径流排放系统主要是指应对超标暴雨或极端天气下特大暴雨的蓄排系统,发达国家一般按100年一遇的暴雨进行校核,我国在超标雨水径流系统方面没有明确的设计要求。超标雨水径流排放系统一般通过自然水体、多功能调蓄水体、行泄通道、大型调蓄池、深层隧道等自然途径或人工设施构建。当遭遇超过雨水管渠系统排水能力的特大暴雨时,通过地面或地下输送、暂存等措施缓解城市内涝,以保证城市交通等重要设施的正常运行和人民出行安全。

二、基于海绵城市理念的排水设计应用

(一)海绵城市渗水设计

1.透水景观铺装设计

传统城市在建设过程中,主要是对市政公共区域景观、居住区景观进行铺装,且铺装

时,大多采用透水性比较差的材料,进一步使得雨水渗透能力变差,如果想要改善这一问题,既可以采用透水铺装设计,也可以最大限度的利用沟渠、水渠,将雨水引流到周边街道的滞水设备中,有效解决雨水渗透问题。

2.透水道路铺装设计

建设城市时,道路占用的面积在传统城市面积中有很大比例,能够达到 10% ~ 25%,修建传统道路时所使用的铺装材料质量不达标,是造成雨水渗透能力弱的主要因素。铺装景观过程中,可以采用透水铺装,一方面有效提高雨水的渗透能力;另一方面用透水混凝土逐步代替居住区、园区的道路、停车场的铺装材料,使得雨水的渗透量逐渐增大,地表径流逐渐减少,同一时间,雨水渗透到地下流进地下储蓄池,完成存储步骤,然后对流入河道和补充地下水的水资源进行净化,使得对水资源的污染程度大大降低。

(二)海绵城市蓄水设计

1.蓄水模块

雨水的蓄水模块是一种新型产品,具有的承压力非常好,不仅可以对水资源进行存储,占据的空间也不会很多,为了使得蓄水能力更好,蓄水模块的设计增加了许多镂空空间,这些镂空空间大约占 95%。另外,为了更好地配合蓄水和排水,要与防水布、土工布充分的结合,与此同时,在结构内部,要充分设置好出水管、进水管、检查井、水泵的位置。将这些雨水资源充分储存起来,经过处理,不仅仅可以用来清洁路面、水景补水、冲刷厕所、浇灌花草,还可以用作消防用水或循环冷却水。

2.地下蓄水池

收集雨水资源的过程中,主要包含八个组成部分:池体、出水井、沉沙井、高位通气帽、低位通气帽、进水水管、出水水管、溢流管、曝气系统等。依据选用植物的不同,蓄水层的处理也相应的存在差别。当选择的绿色植物为灌木、乔木等大型植物类时,选择的蓄积材料多为轻质多孔的粗骨料,且粗骨料的粒径要大于或等于 25 mm,蓄水层(包括水、骨料)的深度要大于或等于 60 mm,当选择的绿色植物为绿篱、藤本植物等的小型植物类时,选择的蓄积材料可以为 80 mm 厚 15~20 陶粒,内铺穿孔 PVC 管,可以尽量保持土壤层的相对含水量。

(三)海绵城市滞水设计

1.雨水花园

如果一些园林区可以种植树木、灌木,对雨水的滞留作用会更好。花园的设计,不仅使得地表的径流量降低,还能对地下水源起到涵养作用,利用吸附、降解的功能,减少水循环过程中产生的污染。土壤更好地促进雨水渗入地下,如果城市出现暴雨积水现象,可以起到很好的缓解作用。

2.生态滞留区设计

所谓的生态滞留区,是指通过浅水的洼地进行水资源的储存或者对雨水径流的方式进行控制。生态滞留区设计,就是利用植草沟、雨水湿地、雨水塘等方式,促进雨水渗入地下。生态滞留区的设计,最大化地利用土壤和植被,改善径流,治理径流,同时实现方式多种多样。

三、海绵城市建设的国际启迪与借鉴

(一)英国

英国政府通过《住房建筑管理规定》等法律规定,积极鼓励在居民家中、社区和商业建筑设立雨水收集利用系统,雨水直接从屋顶收集,并通过导水管简单过滤或者更为复杂的自净过滤系统后导入地下储水罐储存。2015 年之后,英国政府为更有针对性地控制水资源利用效率,直接要求单一住号单元的居民每天设计用水量不超过获得开工许可,要求开发商和居民更加积极地在家中建立雨水回收系统。同时,英国也在大力推动大型市政建筑和商业建筑的雨水利用,最为典型的就是伦敦奥林匹克公园,园内主体建筑和林地在建设过程中建立了完善的雨水收集系统。通过回收雨水和废水再利用等方式,这一占地 225 hm² 的公园灌溉用水完全来自雨水和经过处理的中水。此外,公园还将回收的雨水和中水供给周边居民,使周边街区用水量较其他类似街区下降了 40%。英国政府和雨水再利用管理协会调研认为,英国利用雨水回收系统在提升水资源利用率方面仍有巨大的潜力。

(二)法国

法国全年降雨量较为充沛,其境内不少主要城市的排水、防涝以及雨水循环处理的设计思路各具形态特色。这些不同的地表水处理体系如同海绵一般,既使得城市免受了内涝之苦,还提升了水循环利用率。在法国诸多具备良好城市水循环的城市中,巴黎与里昂是典范代表,巴黎的城市水循环设计思路源自人体,里昂的水循环处理则是因地制宜,充分借助了自然的力量。首都巴黎的水循环系统堪称世界范围内大都市中的典范。1852 年,著名设计师奥斯曼主持改造了被法国人誉为"最无争议"并基本沿用至今的水循环系统。目前,法国投资额高达 1 000 亿欧元的"大巴黎改造计划",会进一步完善维护既有的城市水循环系统,同时还将在巴黎市的多个地点增添蓄水净水处理中心,提高整个城市对雨水的收集与再利用。相比于巴黎,里昂的城市水循环并不过分突出地下排水管的作用,城市中的数个社区区域内各有低洼地面,其雨水收集充分借助了地面走势的特点,让雨水通过精密设计的水渠流入这些低洼地域。里昂中央公园特意留出了一个容量为 870 m³ 的储水池,池内不仅安装了现代化的雨水净化系统,还种植了许多水生植被以辅助净化,经过净化后的水被重新引入到城市绿化区中灌溉植被。法国童话小镇科尔马也拥有设计精妙的水循环系统。这种让冰冷的混凝土河堤与水电站被设计精妙的植被与大片绿化带代替,既有利于城市内水的自然循环,也有助于环保,实现人类与自然的和谐共处。

(三)德国

德国城市地下管网的发达程度与排污能力处于世界领先地位。以柏林为例,其地下水道长度总计约 9 646 km,其中一些有近 140 年历史,管道多为混合管道系统,可以同时处理污水和雨水。而在郊区,主要采用污水和雨水分离管道系统,以提高水处理的针对性,提高效率。近年来,德国开始广泛推广"洼地—渗渠系统",使各个就地设置的洼地、渗渠等设施与带有孔洞的排水管道相连,形成了分散的雨水处理系统。低洼的草地能短期储存下渗的雨水,渗渠则能长期储存雨水,从而减轻城市排水管道的负担。

从上述发达国家海绵城市建设实践看,海绵城市建设有三个方面的内涵:第一,从资

源利用的角度看,海绵城市建设应该遵循城市自身水资源特点及建筑的自然规律,按照建筑屋面—绿地—硬化道路—雨水管渠—城市河道五位一体式的排水系统来保障雨水在城市中循环,使得城市降雨能够被系统地收集、存储、净化与利用;第二,从城市防涝减灾的角度分析,要求城市建筑能够与雨水和谐共存的城市制度体系能够较好地预防、响应城市洪涝,以减少灾害损失;第三,从生态环境保护的角度看,要求城市建设与自然和谐发展,降低城市建设的生态风险。可见,海绵城市建设是贯穿国内外城镇化和城市群发展历史进程中不可或缺的永恒主题,更是我国等发展中国家城市建设发展战略的新兴趋势和资源环境可持续发展的必由之路。

四、我国海绵城市建设的试点例析

相比发达国家的城市雨洪管理系统建设,中国在"海绵城市"的研究及实践方面起步相对较晚,因此汲取全球人类智慧精华,正视生态灾害的影响警示及其严峻挑战,借鉴国际上成功的建设经验与实践案例,结合我国的国情、气候、地理等因素的差异,研究我国"海绵城市"理论的内容目标、技术方法、构建途径及其实施策略,对我国海绵城市的构建具有积极而重大的现实意义。

(一)厦门海绵城市建设试点实践

海绵城市建设是对传统城市建设模式排水方式进行深刻反思的重要成果,是城市生态文明不可或缺的组成部分。厦门是一座"一岛一带双核多中心"的组团式海湾城市,在早期城市建设过程中,厦门主要流域人为干扰严重,填塘平沟、裁弯取直、天然水道屡遭破坏,河道硬质化,渠道暗涵化,明沟"三面光",造成渗、蓄、净能力降低,造成水生动植物生存条件差,环境容量有限,环境承载力不足,生态系统脆弱。改革开放以来都是以湾区为重点发展。而湾区水体是潮水的末端,污染物质不易扩散,水体自净能力弱;城市初期雨水和部分合流污水沿地面径流和排水系统进入湾区,常常造成近岸水体污染;暴雨与高潮遭遇容易产生洪涝灾害。因此,厦门的湾区既是城市景观的亮点,也是城市水问题集中凸显的地方,这严重制约了各湾区城市品质的进一步提升。

按海绵城市建设要求,建设低影响开发雨水系统是解决厦门水资源、水安全、水环境、水生态面临的问题的必由之路。根据《美丽厦门·共同缔造——厦门市海绵城市建设试点城市实施方案》,厦门将马銮湾片区选作"海绵城市"建设试点区域。马銮湾试点区包含了建成区、建设区、水域整治区和溪流治理区。"方案中规划项目总数达到 59 个,2015～2017 年的专项总投资为 557 亿元。包括新建、改造小区绿色屋顶、可渗透路面及自然地面;建设下凹式绿地和植草沟保护、恢复和改造城市建成区内河湖水域、湿地,来增强城市蓄水能力,以及建设沿岸生态护坡等。涵盖"渗、滞、蓄、净、用、排"六大方面的工程内容。"渗"工程共有 37 个项目,主要包括建设或改造建筑小区绿色屋顶、可渗透路面及自然地面等,主要目的是从源头减少径流,净化初雨污染。"滞"工程共 3 个项目,主要包括建设下凹式绿地、植草沟等,主要目的是延缓径流峰值出现时间。"蓄"工程共 5 个项目,主要包括保护、恢复和改造城市建成区内河湖水域、湿地并加以利用,因地制宜建设雨水收集调蓄设施等,主要目的是降低径流峰值流量,为雨水利用创造条件。"净"工程主要包括建设污水处理设施及管网、综合整治河道、建设沿岸生态缓坡及开展海湾清淤,主要目的是减少面源污染,改善城市水环境。"用"工程为建设污水再生利用设施及部分片区调蓄水池雨水利用,主要目的是缓解水资源短缺、节水减排。试点区域污水再生利用工程为马銮湾再生水水厂,其近期规模 5 万 m³/d,远期 15 万 m³/d;调蓄水池雨水利用规模计划为 1 万 m³/d。"排"工程主要包括村庄雨污分流管网改造、低洼积水点的排水设施提标改造等,主要目的是使城市竖向与人工机械设施相结合、排水防涝设施与天然水系河道相结合以及地面排水与地下雨水管渠相结合,通过高标准高起点建设马銮湾,不仅可以为厦门已建湾区的改造提升提供经验,为厦门新建湾区的开发建设提供示范,还可以为全国滨海城市建设提供全新的样板。

(二)哈尔滨群力湿地公园、六盘水明湖湿地及金华燕尾洲的消纳、减速与适应实验工程

实际上,"海绵城市"的理念是建立在反思工业化城市建设模式基础上的新概念,反对片面强调用单一目标的工程技术来解决诸如雨涝、干旱、地下水下降、水体污染、生物栖息地消失、城市绿地缺乏等问题,是强调用人水共生的理念,用系统的方法和整合的生态技术,来解决城市中突出的各种与水相关的问题;同时"海绵城市"也为城市的建筑与基础设施建设如何与自然(如洪涝)过程相适应的新策略。该 3 个实验工程通过消纳、减速与适应三个关键技术组合运用,形成"源头消纳滞蓄,过程减速消能,末端弹性适应"的基本模式。

第五章　新型给水排水管材及其连接方式

本章主要介绍球墨铸铁管及其连接方式、高密度聚乙烯管及其连接方式与玻璃钢夹砂管及其连接方式。

第一节　新型给水排水管材概述

给水排水管网的现状,在一定程度上代表了国家经济发展的水平,而给水排水管材的优劣,是管网运行状况的重要制约条件。随着生产技术的进步,在有机化学工业的推动下,大批新型给水排水塑料管材及复合材料管材相继涌现。从事给水排水工程设计施工、维护管理等岗位的技术人员应及时掌握这些新型管材的性能、类型及管道连接等应用技能。在本节中,着重介绍目前应用比较成熟的新型管材及其连接技术。

一、管材的分类

管材分类方法很多,按材质可分为金属管、非金属管和钢衬非金属复合管。非金属管主要有橡胶管、塑料管、石棉水泥管、玻璃钢管等。给水排水管材品种繁多,随着经济高速的发展,新型管材也层出不穷。下面简要介绍给水排水管道常用管材的类别。

(一)按管道材质分

1.金属管

1)焊接钢管

钢管按其制造方法分为无缝钢管和焊接钢管两种。焊接钢管,也称有缝钢管,一般由钢板或钢带以对缝或螺旋缝焊接而成。按管材的表面处理形式分为镀锌和不镀锌两种。表面镀锌的发白色,又称为白铁管或镀锌钢管;表面不镀锌的即普通焊接钢管,也称为黑铁管。焊接钢管的连接方法较多,有螺纹连接、法兰连接和焊接。法兰连接中又分螺纹法兰连接和焊接法兰连接,焊接方法中又分为气焊和电弧焊。

2)无缝钢管

无缝钢管在工业管道中用量较大,品种规格很多,基本上可分为流体输送用无缝钢管和带有专用性的无缝钢管两大类,前者是工艺管道常用的钢管,后者如锅炉专用钢管、热交换器专用钢管等。无缝钢管按材质可分为碳素无缝钢管、铬钼无缝钢管和不锈、耐酸无缝钢管等。按公称压力可分为低压(≤1.0 MPa)、中压(1.0~10 MPa)、高压(≥10 MPa)三类。

3)铸铁管

铸铁管是由生铁制成的。铸铁管按制造方法不同可分为离心铸管和连续铸管。按所用的材质不同可分为灰口铁管、球墨铸铁管及高硅铁管。铸铁管多用于给水、排水和煤气等管道工程,主要采用承插连接,还有法兰连接、钢制卡套式连接等。

4)有色金属管

有色金属管在给水排水中常见的是铜管。铜管在给水方面应用较久,优点较多,管材和管件齐全,接口方式多样,现在较多地应用在室内热水管路中。铜管的连接主要是螺纹连接、焊接连接及法兰连接等方式。

2.混凝土管

混凝土管包括普通混凝土管、自应力混凝土管、预应力钢筋混凝土管、预应力钢筒混凝土管。自应力混凝土管是我国自行研制成功的,其原理是用自应力水泥在混凝土中产生的膨胀张拉钢筋,使管体呈受压状态,可用于中小口径的给水管道;预应力钢筋混凝土管是人为地在管材内产生预应力状态,用以减小或抵消外荷载所引起的应力以提高其强度的管材,在同直径的条件下,预应力钢筋混凝土管比钢管节省钢材60%~70%,并具有足够的刚度;预应力钢筒混凝土管是在混凝土中加一层薄钢板,具备了混凝土管和钢管的特性,能承受较高压力和耐腐蚀,是大输水量较理想的管道材料。钢筋混凝土管可采用承插式橡胶圈密封接头。

3.塑料管

塑料管所用的塑料并不是一种纯物质,它是由许多材料配制而成的。其中高分子聚合物(或称合成树脂)是塑料的主要成分,此外,为了改进塑料的性能,还要在聚合物中添加各种辅助材料,如填料、增塑剂、润滑剂、稳定剂、着色剂等,才能成为性能良好的塑料。塑料管材按成型过程分为两大类:热塑性塑料管材和热固性塑料管材。热塑性塑料(thermoplastic pipe)是在温度升高时变软,温度降低时可恢复原状,并可反复进行,加工时可采用注塑或挤压成型。常见的塑料管均属热塑性塑料管道,如硬聚氯乙烯(UPVC)管、聚乙烯(PE)管、交联聚乙烯(PEX)管、聚丙烯(PP)塑料管、ABS塑料管等。热固性塑料(thermosetting plastic pipe)是在加热并添加固化剂后进行模压成型,一旦固化成型后就不再具有塑性,如玻璃纤维强热固性树脂夹砂管属于热固性塑料管道。

4.复合管

复合管材有铝塑复合管、钢塑复合管塑复铜管、孔网钢带塑料复合管等。常用的铝塑复合管是由聚乙烯(或交联聚乙烯)热溶胶—铝—热溶胶—聚乙烯(或交联聚乙烯)五层构成,具有良好的力学性能、抗腐蚀性能、耐温性能和卫生性能,是环保的新型管材;钢塑复合管是以普通镀锌钢管为外层,内衬聚乙烯管,经复合而成。钢塑管结合了钢管的强度、刚度及塑料管的耐腐蚀、无污染、内壁光滑、阻力小等优点,具有优越的价格性能比。

5.玻璃钢管

玻璃钢又称为玻璃纤维增强塑料,玻璃钢管是由玻璃纤维、不饱和聚酯树脂和石英砂填料组成的新型复合管道。管道制造工艺主要有纤维缠绕法和离心浇铸法。连接形式主要有承插、对接、法兰连接等。

6.石棉水泥管

石棉水泥管是20世纪初,首先在欧美开始使用的,其成分构成为15%~20%石棉纤维,48%~51%水泥和32%~34%硅石。石棉是一系列纤维状硅酸盐矿物的总称,这些矿物有着不同的金属含量、纤维直径、柔软性和表面性质。石棉可能是种致癌物质,对人体健康有着严重影响。由于环保和健康问题,尽量避免采用。

(二)按变形能力分

1.刚性管道

刚性管道主要是依靠管体材料强度支撑外力的管道,在外荷载作用下其变形很小,管道的失效由管壁强度控制。如钢筋混凝土、预(自)应力混凝土管道。

2.柔性管道

在外荷载作用下变形显著的管道,竖向荷载大部分由管道两侧土体所产生的弹性抗力所平衡,管道的失效通常由变形而不是管壁的破坏造成。如塑料管道和柔性接口的球墨铸铁管。

二、各种塑料管简介

(一)硬聚氯乙烯(UPVC)管

硬聚氯乙烯属热塑性塑料,具有良好的化学稳定性和耐候能力。硬聚氯乙烯管是各种塑料管道中消费量最大的品种,其抗拉、抗弯、抗压缩强度较高,但抗冲击强度相对较低。UPVC 管的连接方式主要采用黏结连接和柔性连接两种。一般来说,口径在 63 mm以下的多采用黏结连接,更大口径的则更多地采用柔性连接。

UPVC 实壁管主要适用于供水管道以及排水管道。

(二)聚乙烯管(PE 管)

PE 管也是一种热塑性塑料,可多次加工成型。聚乙烯本身是一种无毒塑料,具有成型工艺相对简单,连接便利,卫生环保等优点。PE 树脂是由单体乙烯聚合而成,由于在聚合时因压力、温度等聚合反应条件不同,可得出不同密度的树脂,因而有低密度聚乙烯(LDPE)、中密度聚乙烯(MDPE)、高密度聚乙烯(HDPE)管道之分。国际上把聚乙烯管的材料分为 PE32、PEA0、PE63、PE80、PE100 五个等级,而用于给水管的材料主要是PE80 和 PE100。

PE 管的连接通常采用电熔焊连接及热熔连接两种方式。PE 管适用于室内外供水管道,并要求水温不高于 40 ℃(即冷水用管)。PE 原料技术、连接安装工艺的发展极大地促进了 PE 管材在建筑工程中的广泛应用,并在旧管网的修复当中起着越来越重要的作用。

(三)聚丙烯及共聚物管材

聚丙烯种类包括均聚聚丙烯(PP-H)、嵌段共聚聚丙烯(PP-B)和无规共聚聚丙烯(PP-R)三种。三种材料的性能是不一样的,总体来说,PP-R 材料整体性能要优于前两种,因此市场上用于塑料管道的主要为 PP-R 管。PP-R 无毒、卫生、可回收利用。最高使用温度为 95 ℃,长期使用温度为 70 ℃,属耐热、保温节能产品。

PP-R 管及配件之间可采用热熔连接。PP-R 管与金属管件连接时,则采用带金属嵌件的聚丙烯管件作为过渡。

PP-R 管主要适用于建筑物室内冷热水供应系统,也适用于采暖系统。

(四)铝塑复合管

铝塑复合管由中间铝管、内外层 PE 以及铝管 PE 之间的热熔胶共挤复合而成。由于结构的特点,铝塑复合管具有良好的金属特性和非金属特性。

铝塑复合管的生产现有两种工艺,分别是搭接式和对接式。搭接式是先做搭焊式纵向铝管,然后在成型的铝管上再做内外层塑料管,一般适用于口径在 32 mm 以下的管道。对接式是先做内层的塑料管,然后在上面做对焊的铝管,最后在外面包上塑料层,适用于口径在 32 mm 以上的管道。

铝塑复合管材连接须采用金属专用连接件,适用于建筑物冷热水供应系统,其中通用型铝塑复合管适用于冷水供应,内外交联聚乙烯铝塑复合管适用于热水供应。

(五)中空壁缠绕管

中空壁缠绕管是一种利用 PE 缠绕熔接成型的结构壁管,是一种为节约管壁材料而不采用密实结构的管道。由于本身缠绕成型的结构特点,能够在节约原料的前提下使产品具有良好的物理及力学性能,达到使用的要求。

中空壁缠绕管连接方式有电热熔带连接、管卡连接、热收缩套连接、法兰连接、承插式密封橡件连接。

中空壁缠绕管广泛应用于排水工程大型水利枢纽、市政工程等建设用管以及各类建筑小区的生活排水排污用管。中空壁缠绕管口径可做到 3 m 甚至更大,在市政排水管材应用中具有一定的优势。

(六)双壁波纹管

双壁波纹管也属于结构壁管道。原料有 PVC 和 PE 两种可供选择,其生产工艺基本相同,主要应用于各类排水排污工程。

双壁波纹管不但有塑料原料本身的优点,还兼有质轻,综合机械性能高,安装方便等优势。PVC 双壁波纹管和 PE 双壁波纹管都采用承插式连接,即扩口后利用天然橡胶密封圈密封的柔性连接方式。

(七)径向加筋管

径向加筋管是结构壁管道的一种,其特点是减薄了管壁厚度,同时还提高了管子承受外压荷载的能力,管外壁上带有径向加强筋,起到了提高管材环向刚度和耐外压强度的作用。此种管材在相同外荷载能力下,比普通管材可节约 30% 左右的材料,主要用于城市排水。连接方式视主材种类和管道型号而定。

(八)其他塑料管材

除了上面介绍的几种塑料管材外,目前市场上还有包括交联聚乙烯(PEX)管、氯化聚氯乙烯(CPVC)管、聚丁烯(PB)管和 ABS 管等。这几种管材主要用于输送热水,在此不一一介绍。

三、管道管径、压力表示方法

(一)管道管径

管道的直径可分为外径、内径、公称直径。无缝钢管可用符号 D 后附加外径的尺寸和壁厚表示,例如外径为 108 的无缝钢管,壁厚为 5 mm,用 D108×5 表示;塑料管也用外径表示,如 De63,表示外径为 63 mm 的管道。其他如钢筋混凝土管、铸铁管、镀锌钢管等采用公称直径 DN(no minal diameter)表示。

公称直径 DN 是管道元件专用的一个关键参数。ISO 6708—1995 和 GB/T 1048—

2005"管道元件 DN 的定义和选用"中明确规定,采用 DN 作为管道及元件的尺寸标识。公称直径由字母 DN 和无因次整数数字组成,代表管道组成件的规格。除在相关标准中另有规定外,字母 DN 后面的数字不代表测量值,也不能用于计算目的;采用 DN 标识系统的那些标准,应给出 DN 与管道元件的尺寸的关系,例如同时标识公称直径和外径 DN/OD 或 DN/ID(内径)。管子的公称直径和其内径、外径都不相等,例如:公称直径为 100 mm 的无缝钢管有 D102×5、D108×5 等好几种,可见公称直径是接近于内径,但是又不等于内径的一种管子直径的规格名称。同一公称直径的管子与管路附件均能相互连接,具有互换性。

(二)管道的公称压力 PN、工作压力和设计压力

公称压力 PN 是与管道系统元件的力学性能和尺寸特性相关、是由字母和数字组合的标识。它由字母 PN 和后跟无因次的数字组成。字母 PN 后跟的数字不代表测量值,不应用于计算目的,除非在有关标准中另有规定。管道元件允许压力取决于元件的 PN 数值材料和设计以及允许工作温度等,允许压力应在相应标准的压力和温度等级表中给出。

工作压力是指给水管道正常工作状态下作用在管内壁的最大持续运行压力,不包括水的波动压力。设计压力是指给水管道系统作用在管内壁上的最大瞬时压力,一般采用工作压力及残余水锤压力之和。一般而言,管道的公称压力≥工作压力;化学管材的设计压力 = 1.5×工作压力。管道工作压力由管网水力计算而得出。

城镇埋地给水排水管道,必须保证 50 年以上使用寿命。对城镇埋地给水管道的工作压力,应按长期使用要求达到的最高工作压力,而不能按修建管道时初期的工作压力考虑。管道结构设计应根据《给水排水工程管道结构设计规范》(GB 50332)规定采用管道的设计内水压力标准值。

四、新型给水排水管道的性能

给水排水管道的性能指标包括外观、物理性能、力学性能等。对于新型非金属或复合管道,由于种类繁多,适应范围各不相同,其质量指标体系复杂。评价管道质量主要依据其物理性能、力学性能、热稳定性、耐冲击性、耐候性、阻燃性、卫生性能等指标。

(一)物理性能

1.外观

管材内外壁应光滑;管材的两端应平整;不允许有气泡、裂口和明显的痕纹、凹陷;塑料管色泽应均匀。

2.颜色

管材颜色应均匀一致。

3.不圆度

不圆度是按 GB/T 8806 规定测量同一断面的最大外径和最小外径,最大外径减去最小外径所得数值为不圆度。

4.弯曲度

硬质塑料管材弯曲度是指在长度方向的弯曲程度。测量方法是用弦到弧的最大高度与管材长度之比的百分数表示。钢管的弯曲度分为全长弯曲度和每米弯曲度两种。

管材弯曲度 $R(\%)$ 按下式计算：

$$R(\%) = h/L \times 100 \qquad (5-1)$$

式中 h——弦到弧的最大高度，mm；

L——管材长度，mm。

注：试验结果取小数点后一位数字。

5.延伸率

延伸率主要衡量管道的塑性性能，即发生永久变形而不至于断裂的性能。

$$\delta = (L - L_0)/L_0 \times 100\% \qquad (5-2)$$

式中 δ——伸长率；

L_0——试样原长度；

L——试样受拉伸断裂后的长度。

6.硬度

硬度检测是评价非金属力学性能最迅速、最经济、最简单的一种试验方法。硬度是指在一定压头和试验力作用下所反映出的管材的弹性、塑性、强度、韧性及磨损抗力等多种物理量的综合性能。

（二）力学性能

1.屈服强度

屈服强度是指管道材料发生屈服现象时的屈服极限，亦即抵抗微量塑性变形的应力，由下式定义：

$$\delta_s = F_s/A_0 \qquad (5-3)$$

式中 F_s——试样产生屈服现象时所承受的最大外力，N；

A_0——试样原来的截面面积，mm^2；

δ_s——屈服强度，MPa。

2.抗拉强度

抗拉强度是指管道材料在拉断前所能承受的最大应力，用下式定义：

$$\delta_b = F_0/A_0 \qquad (5-4)$$

式中 δ_b——抗拉强度，MPa；

F_0——试样在断裂前的最大外力，N；

A_0——试样原来的截面面积，mm^2。

3.抗弯强度

一般采用三点抗弯测试或四点测试方法评测。其中，四点测试要两个加载力，比较复杂；三点测试最常用。其值与承受的最大压力成正比。

三点测试抗弯强度定义式为：

$$R_f = \frac{3FL}{2bh^2} \qquad (5-5)$$

式中 R_f——抗弯强度；

F——破坏载荷；

L——支撑点之间的跨距。

b——试样断口处宽度；

h——试样断口处厚度。

4.弹性模量

材料在弹性变形阶段,其应力和应变成正比例关系(符合虎克定律),其比例系数称为弹性模量。弹性模量是描述物质弹性的一个物理量,单位跟压强单位一样,包括杨氏模量、剪切模量、体积模量等。杨氏弹性模量定义式为 $E = \dfrac{F/S}{\Delta L/L}$,式中 L 为试样长度(m),S 为试样横截面面积(m^2),比值 F/S 是材料截面上单位面积所受的作用力,即应力,比值 $\Delta L/L$ 是试验单位长度的相对形变,即应变,E 的单位为 Pa。

5.环刚度

环刚度在不同的国家和标准中有不同的名称和定义。近年来,越来越多的国家接受按 ISO 标准中的定义。

在国际标准 ISO 9969 中,对于管材的环向刚度称为环刚度,其物理意义是一个管环断面的刚度。其定义为

$$S = \frac{EI}{D^3} \qquad (\text{kN}/\text{m}^3) \tag{5-6}$$

式中　E——材料的弹性模量；

　　　I——惯性矩；

　　　D——管环的平均直径。

ISO 标准规定环刚度通过试验后用试验结果计算出来。我国《热塑性塑料管材环刚度的测定》(GB/T 9647—2015)规定了测定环刚度的方法:在两个平行的平板间压缩一段管材,测量当管材直径方向变形达到 3.0% 时的作用力 F,按照下式计算出管材的环刚度:

$$S_i = (0.018\ 6 + 0.025\ Y_i/d_i)\frac{F_i}{L_i Y_i} \tag{5-7}$$

式中　S_i——试样的环刚度,kPa；

　　　d_i——管材的内径,m；

　　　F_i——相对于管材 3.0% 变形时的力值,kN；

　　　L_i——试样长度,m；

　　　Y_i——变形量,m；相对于管材 3.0% 变形时的变形量,如 $Y_i/d_i = 0.03$。

国际上广泛应用环刚度指标来表示塑料埋地排水管的抗外压负载能力。这是因为:①不需要知道管道管材的弹性模量 E、惯性矩 I 和内径 D 的确切数值,只要知道环刚度 S 的数值就可以进行设计计算;②环刚度 S 的数值可以通过对管材的实际测量来获得;③在结构上,生产厂只要保证环刚度达到要求,不必保证 E、惯性矩 I 和管道计算内径 D 都达到要求,就能满足管材抗外压性能。

《硬聚氯乙烯(UPVC)双壁波纹管材》(QB/T 1916—2004)中以公称环刚度将波纹管材分为四级分别是 SN2、SN4、SN8、SN16。例如,SN8 是指管材要求的最小环刚度为 8 kN/m^2。

6.管道长期静液压强度

管道环向应力可以定义为内压在管壁内单位面积产生的指向环向(周向)的力,单位为兆帕(MPa),可用下列简化公式计算:

$$\sigma = \frac{p(d_{em} - e_{min})}{2 e_{min}} \tag{5-8}$$

式中　p——管道内压力,MPa;

　　　d_{em}——管道的平均外径;

　　　e_{min}——管道的最小壁厚。

根据 GB/T 18252,管道长期静液压强度是一种用统计外推法预测热塑性塑料管材长期使用而不破坏的静液压强度。该方法是通过测定管材试样的静液压破坏数据,包括试验温度 T(20~60 ℃)、环向应力 σ 和破坏时间等,用统计预测模型计算得出的计算压强。规范用长期静液压强度 σ_{LPL} 和预测的长期静液压强度 σ_{LPL} 两种方式表示,单位与应力相同,为兆帕(MPa)。σ_{LPL} 是置信度为 97.5% 预测的在一定温度下长期使用时间 t(50 年)的基准强度下限值,$\sigma_{LPL} = \sigma(T, t, 0.975)$。

(三)抗破坏性能

1.冲击韧度(σ_{KU})

衡量材料抗冲击能力的指标用冲击韧度(J/cm^2)来表示。冲击韧度是通过冲击试验来测定的。这种试验在一次冲击荷载作用下显示试件缺口处的力学特性(韧性或脆性)。可以作为判断材料脆化趋势的一个定性指标,还可作为检验材质热处理工艺的一个重要手段。

定义式为

$$\sigma_{KU} = A_{KU}/S_0 \quad (J/cm^2) \tag{5-9}$$

式中　A_{KU}——U 形缺口试样的冲击吸收功,J;

　　　S_0——试样缺口处断面面积,cm^2。

冲击韧度值 σ_{KU} 是反映材料抵抗冲击荷载的综合性能指标,它随着试样的绝对尺寸缺口形状、试验温度等的变化而不同。

2.落锤冲击试验(TIR)

管材在进行破坏试验时,经冲击产生裂纹、裂缝或试样破碎称为破坏,破坏又分为脆性破坏和韧性破坏两种情况。TIR 指标是以规定质量和尺寸的落锤从规定高度冲击试验样品规定的部位,其冲击破坏总数除以冲击总次数即为真实冲击率,以百分数表示。此试验方法可以通过改变落锤的质量或改变高度来满足不同产品的技术要求。TIR 最大允许值为 10%。

3.压扁值

压扁值通过压扁试验得出。压扁试验是用来检验管材压扁到规定尺寸的变形性能,并显示其缺陷的一种试验方法。在进行压扁试验时,将管道试样放在两个平行板之间,用压力机或其他方法,均匀地压至有关的技术条件规定(如断裂、开裂等),以管外壁压扁距离(以 mm 表示)与管材外径之比表示。

4.断裂伸长率

断裂伸长率 ε 是管道试样在拉断时的位移值与原长的比值,以百分比表示。

$$\varepsilon = \frac{\Delta L}{L} \times 100\% \tag{5-10}$$

式中　ΔL——拉断时位移值;

　　　L——试验的长度。

(四)热稳定性

1.维卡软化温度

维卡软化温度是将热塑性塑料放于液体传热介质中,在一定的负荷和一定的等速升温条件下,试样被 1 mm² 的压针头压入 1 mm 时的温度,按《热塑性塑料管材、管件维卡软化温度的测定》(GB/T 8802)的规定测定。

2.脆化温度

脆化温度是塑料低温力学行为的一种量度。以具有一定能量的冲锤冲击试样时,当试样开裂概率达到50%时的温度称脆化温度。

3.氧化诱导时间 *OIT*

OIT(oxidative induction ti me)是稳定化管道材料耐氧化分解的一种相对量度,是对材料稳定化水平的一种评价。通过将加有抗氧化稳定剂的试样置于特定温度的氧气流下,测量从通氧与氧化反应之间的时间间隔来确定。一般可用差示扫描量热法(differential scanning calorimetry,DSC)来简单快速地测量。

4.烘箱试验

烘箱试验是测试塑料管材热稳定性的定性试验。例如对于聚乙烯波纹管,取(300±20)mm 长的管材三段,对公称外径>400 mm 的管材,应沿轴向切成两个大小相同的试样。将烘箱温度设定为(110±2)℃,温度达到后,将试样放置在烘箱内,使其不相互接触且不与烘箱四壁相接触。当层压壁厚<8 mm 时,在(110±2)℃下放置 30 min;当层压壁厚>8 mm 时,在同样温度下放置 60 min,取出时不可使其变形或损坏冷却至室温后观察,试样出现分层、开裂或起泡为试样不合格。

5.熔体质量流动速率(*MFR*)

熔体质量流动速率(*MFR*)是指热塑性塑料在一定温度和负荷下,熔体每 10 min 通过标准毛细管的质量。按照 GB/T 3682 方法进行测定。

6.蠕变比率

蠕变比率试验按 GB/T 18042 的规定进行。试验温度为(23±2)℃,计算并外推至两年的蠕变比率。该试验适用于具有圆环形截面的热塑性塑料管材。将管材平放于两平行水平板中,以一固定压力对其持续施压 1 000 h(约 42 d),并分别在规定的时间里记录管材的形变,然后建立管材形变对时间的关系曲线,并分析数据的线性关系,最后通过计算外推两年时的形变求取管材的蠕变比率(%)。

7.二氯甲烷浸渍试验

二氯甲烷浸渍试验作为生产过程的质量控制试验,用以表征管材的塑化程度和均一性。试验是在规定的条件下,将硬聚氯乙烯(UPVC)管材试样在(20±5)℃时浸入二氯甲烷中 20 min,根据其破坏程度检验和评价管材质量。GB/T 13526 规定了硬聚氯乙烯(UP-VC)管材二氯甲烷浸渍试验方法。

8.耐候性

耐候性是指塑料制品因受到阳光照射,温度变化,风吹雨淋等外界条件的影响,而出现的褪色、变色、龟裂、粉化和强度下降等一系列老化现象的综合定性评价。在各种环境因素下,紫外线照射是促使塑料老化的关键因素。

(五)阻燃性

塑料管道的阻燃性能需要通过燃烧试验测定。例如,可以通过氧指数来评价管材的阻燃性能。氧指数是指在规定的条件下,材料在氧氮混合气流中进行有焰燃烧所需的最低氧浓度。以氧所占的体积百分数的数值来表示。氧指数高表示材料不易燃烧,氧指数低表示材料容易燃烧,一般认为氧指数<22 属于易燃材料,氧指数在 22～27 之间属于可燃材料,氧指数>27 属难燃材料。

(六)卫生要求

输送饮用水的管材,卫生要求应符合《生活饮用水输配水设备及防护材料的安全性评价标准》(GB/T 17219—1998)。

五、埋地排水塑料管的受力性能分析

给水排水塑料管按其使用时承受的负载大体可以分四大类:①承受内压的管材管件,如建筑给水用管等;②承受外压负载的管材管件,如埋地排水管、埋地的电缆、光缆护套管;③基本上不承受内压也不承受外压的管材管件,如建筑内的排水管、雨水管;④同时承受内压和外压负载的管材管件,如埋地给水管、埋地燃气管等。

管材管件在承受内压负载时在管壁中产生均匀的拉伸应力,设计时主要考虑的是强度问题(要根据其长期耐蠕变的强度设计)。如果强度不够,管材管件将发生破坏。管材管件在承受外压负载时,在管壁中产生的应力比较复杂,在埋设条件比较好时,由于管土共同作用,管壁内主要承受压应力;在埋设条件比较差时,管壁内产生弯矩,部分内外壁处承受较大的压应力或拉伸应力,设计时主要考虑的是环向刚度问题。如果环向刚度不够,管材管件将产生过大的变形引起连接处泄漏或者产生压塌(管壁部分向内曲折)。

(一)埋地排水管性能要求

埋地排水管的用途是在重力的作用下把污水或雨水等排送到污水处理场或江河湖海中去。从表面上看,塑料埋地排水管在强度和刚度方面不及混凝土排水管。但实际应用中,因为塑料埋地排水管总是和周围土壤共同承受负载的,所以塑料埋地排水管的强度和刚度并不需要达到混凝土排水管(刚性管)那样高。而对其耐温、冲击性能及耐集中载荷能力上要求更高一些。在水力特性方面塑料埋地排水管由于内壁光滑,对于液体流动的阻力明显小于混凝土管。实践证明,在同样的坡度下,采用直径较小的塑料埋地排水管就可以达到要求的流量;在同样的直径下,采用塑料埋地排水管可以减少坡度。

(二)塑料埋地排水管的负载分析

由于塑料埋地排水管是和周围的回填土壤共同承受负载,工程上被称为管-土共同作用,所以塑料埋地排水管根本不必要做到混凝土管的强度和刚度。

1.埋地条件下排水管的负载分析

地排水管埋在地下,其中液体靠重力流动无内压负载,排水管主要承受外压负载。外压负载分为静载和动载两部分。静载主要是由管道上方的土壤重量造成的。在工程设计中一般简化地认为静载等于管道正上方土壤的重量,即宽等于其直径,长等于其长度,高等于其埋深的那一部分土壤的重量。动载主要是由地面上的运输车辆压过时造成的。需根据车辆的重量和压力在土壤中分布来计算管道承受的负载。

埋地排水管承受的静载和动载都和埋深有关系。埋地愈深,静载愈大;反之埋地愈浅,动载愈小。

埋深 2.4 m 以上的车辆负载可以忽略不计了。如果埋深很浅,还要考虑车辆经过时的冲击负载。此外,埋地排水管还可能承受其他的负载。如在地下水位高过管道时承受的地下水水头的外加压力和浮力。

2.塑料埋地排水管承受负载的机制——柔性管理论

塑料埋地排水管破坏之前可以有较大的变形,即属于柔性管。混凝土排水管破坏之前没有大变形,属于刚性管。刚性管承受外压负载时,负载完全沿管壁传递到底部。在管壁内产生弯矩,在管材的上下两点管壁内侧和管材的左右两点管壁外侧产生拉应力。随着直径加大,管壁内的弯矩和应力急剧加大。大口径的混凝土排水管通常要加钢筋。

柔性管承受外压负载时,先产生横向变形,如果在柔性管周围有适当的回填土壤,回填土壤阻止柔性管的外扩就产生对柔性管的约束压力。外压负载就这样传递和分担到周围的回填土中去了。约束压力在管壁中产生的弯矩和应力恰好和垂直外压负载产生的弯矩和应力相反。在理想情况下,柔性管受到的负载为四周均匀外压。当负载是四周均匀外压时,管材内只有均匀的压应力,没有弯矩和弯矩产生的拉应力。所以,同样外压负载下柔性管内的应力比较小,它是和周围的回填土壤共同在承受负载,即管-土共同作用。

3.环刚度的实现

埋地排水管等承受外压负载的塑料管必须达到足够的环刚度,怎样达到要求的环刚度又尽量降低材料的消耗是关键。在埋地排水管领域发展结构壁管代替实壁管,就是因为结构壁管可以用较少的材料实现较大的环刚度。如前所述,结构壁管有很多的种类和不同的设计,在选择和设计时,在同样的直径和环刚度下,材料的消耗量常常是决定性的因素,因为塑料管材批量生产的总成本中材料成本常常要占到60%以上。

在决定环刚度的三个因素中,直径是由输送流量确定的;弹性模量是由材质决定的,而管道选材又是由流体性质和价格决定的;惯性矩是由管壁的截面设计决定的。对于结构壁管,在保证管壁的惯性矩的前提下,应尽量降低材料的消耗量。

六、室外给水排水管材的选择

管材选用应根据管道输送介质的性质、压力、温度及敷设条件(埋地、水下、架空等),环境介质及管材材质(管材物理力学性能、耐腐蚀性能)等因素确定。对输送高温高压介质的油、气管道,管材的选用余地很少,基本上都用焊接连接的钢管;对输送有腐蚀作用的介质,则应按介质的性质采用符合防腐要求的管材。

　　对埋地给水管道,可用管材品种较多,一般可按内压与管径来选用,如对小于 DN800 的管道,可选用 UPVC 实壁管、PE 实壁管、自应力及预应力混凝土管和离心铸造球墨铸铁管;对 DN1600 以下的管道,可选用预应力混凝土管、预应力钢筒混凝土管、钢管、离心铸造球墨铸铁管、玻璃钢管等,预应力混凝土管不宜用于内压大于 0.8 MPa 的管道;对大于 DN1800 的大口径管道,可选用预应力钢筒混凝土管、离心铸造球墨铸铁管、钢管等。

　　在埋地排水管道方面,以往只有一种混凝土管,现在有各种结构壁管的塑料管。目前,可提供的各种 UPVC 排水管,包括加筋管、螺旋缠绕和波纹管,最大管径可达 DN630。PE 双壁波纹管可达 DN800,PE 缠绕管和钢肋螺旋复合管管径可达 DN3000 以上。不过,目前大口径 PE 管比混凝土管价格贵很多,而且大量顶管施工管道还需要用混凝土管,因此塑料管在近期内不大可能替代大部分大管径混凝土管。玻璃钢管已开始用于埋地排水管道,也已成功地将其用于顶管施工,但由于价格因素,在地质条件好的地区不大可能广泛应用。

　　对用沉管法施工的水下管道,以往都用钢管。由于 HDPE 管可用热熔连接成几十米甚至几百米整体管道,也可用浮运沉管法埋设水下管道和用定向钻进行地下牵引的不开槽施工,在给水排水管道上完全可以替代钢管。HDPE 管的这种特点,还可将其用于更新城市各种用途的钢管、铸铁管、混凝土管等旧管道,可将 PE 管连续送入旧管道内作为旧管的内衬,由于 PE 管的水力摩阻系数小,不会影响旧管的输送流量,在施工时还不影响管道的流水。

　　建筑给水排水管道的管径一般不大于 DN200,可用管材品种更多,在此不做论述。

　　选用管材时,管件与连接是管材选用的一个容易忽视却十分关键的问题。由于管件生产模具多、投资大、周期长,许多企业不愿意或难以配齐管件(尤其是大规格管件)的生产设备,这给建设单位带来很大的不便,即使有其他企业生产的管件,也往往难以匹配。例如柔性接口止水橡胶圈的质量会直接影响到管材、管件连接部位的止水效果,从一些工程的渗漏情况来看,大多为橡胶圈质量较差而引起。另外,对于管道工程中各种管配件及配套的检查井等附属构筑物,最好采用同管道一样的材料。对大口径塑料管件及附属构件,国内还缺乏这方面的专业生产厂家,这对推广应用大口径排水塑料管不利。管材与管件生产不配套是我国新型管材推广应用中的瓶颈问题,一直未能得到很好地解决。

　　另外,管材是管道工程的主要技术内容,管道工程的综合造价与采用的管材有关,在有多种管材可用时,往往采用较便宜的管材。但目前许多城市对各种新型管材尚未制定工程定额,同样的产品,生产厂提供的价格亦不一致,使工程设计很难编制正确的工程预算,这对正确选用管材和推广应用新型管材也是不利因素。

　　需要指出的是,一个城市或地区对管材品种的应用要有宏观控制,宜适当规定各类管道工程用的管材的品种,不宜多种管材交叉使用,应出一种新型管就推广用一种。管道工程要养护管理 50 年以上,一个地区用的管材品种太多,对养护检修工作很不利,从管理需要的管材备件和操作工具都备齐,是很难做到的。从国外的情况看,各国都有其传统应用的几种管材,哪个国家也没出现像目前我国这么多管材品种都在推广应用。

第二节 球墨铸铁管及其连接方式

一、球墨铸铁管性能

(一)球墨铸铁管(简称球铁管,DCIP)

我国的球墨铸铁管行业起步于20世纪90年代初,在中国城镇供水协会的大力支持下发展迅猛,经过近20年的实践使用,其安全性、实用性已被供水行业普遍认可。2008年国内年产量已达到220万 t,是1990年的11倍。在发达国家,球墨铸铁管已成为供水管网建设的主要管材,如在日本东京,有90%的管网使用的是球墨铸铁管,在美国新增的供水管网中,有44.7%的管网使用的是球墨铸铁管。

球墨铸铁管是以镁或稀土球化剂在浇注前加入铁水中,使石墨球化,应力集中降低,强度大,延伸率高,具有柔韧性、抗弯强度比钢管大,使用过程中不易弯曲变形,能承受较大负荷,具有较好的抗高压、抗氧化、抗腐蚀等性能。在埋地管道中能与管道周围的土体共同工作,改善管道的受力状态,从而提高了管网运行的可靠性。其接口采用柔性接口,具有伸缩性和弯曲性,适应基础不均匀沉降。球墨铸铁管的韧性、耐腐蚀性等方面的特性,可替代灰口铸铁管、钢管成为供水管网建设中的重要管材。

球墨铸铁管按生产工艺不同可以分为两类:一类是经连铸工艺生产的球墨铸铁管通常叫铸态球墨铸铁管;另一类是经离心工艺生产的球墨铸铁管,通常叫离心球墨铸铁管。铸态球墨铸铁管由于其性能不如离心球墨铸铁管,在供水、燃气管道中基本已退出市场,广泛使用的是离心球墨铸铁管。离心铸造工艺有两种方法:一是水冷法,二是热模法。热模法根据管模内所使用的保护材料不同,又分为树脂砂法和涂料法。树脂砂法生产的铸管表面质量较差,所以常用涂料法生产。水冷法可用于 DN80~DN1 400 铸管的生产,外观质量很好,生产率较高。热模法常用于 DN1 000 以上大口径铸管的生产。

为适应用户的特殊需要,以及饮用水标准的提高,一些地区开始注意新内衬复合管的应用,开发特种复合管,如内衬聚氨酯、内衬环氧陶瓷的球墨铸管,将成为行业发展趋势。

(二)球墨铸铁管的特点

1.球墨铸铁管具有优于钢管和灰口铸铁管的性能

球墨铸铁管在与钢管、灰口铸铁管的性能比较中充分体现了其性能特点。球墨铸铁管重量比同口径的灰口铁管轻 1/3~1/2,更接近钢管,但其耐腐蚀性却比钢管高出几倍甚至十几倍。球墨铸铁管具有管壁薄、重量轻、弹性好、耐腐蚀性好、使用寿命长、对人体无害、安装方便等特点。同时兼有普通灰铁管的耐腐蚀性和钢管的强度及韧性。

2.球墨铸铁管在价格上比钢管具有优势,比灰口铸铁管具有相对优势

球墨铸铁管在 DN100~DN500 的规格中,除 DN100 以外,单位长度的球墨铸铁管价格均低于钢管价格,且随着管径的增大,与钢管的价格差距越大;球墨铸铁管在 DN100~DN500 的规格中,价格均比灰口铸铁管高,但随着管径的增大,球墨铸铁管与灰口铸铁管的价格差距在缩小。

3.球墨铸铁管具有使用安全性和安装方便性

球墨铸铁管对人体无害,采用柔性接口,施工方便,是一种具有高科技附加值的铁制品。

4.球墨铸铁管具有优良的耐腐蚀性能

球墨铸铁管的耐腐蚀性能优于钢管,与普通铸铁管不相上下。球墨铸铁由于电阻较大,电阻值为 50~70 Ω,是钢的 5 倍左右,故不易产生电腐蚀。离心球墨铸铁管由于连接系统使用橡胶密封圈而使其具有很高的电阻,所以一般情况下不需要做阴极防腐保护。即使对于一些需要做阴极防腐保护的地区,只要使用了聚乙烯套保护,也不需要做阴极防腐保护。

二、球墨铸铁管的规格

我国自 20 世纪 70 年代开始制造球墨铸铁管用于输配水管道上,而且逐年发展,现已有自己的标准,即《水及燃气管用球墨铸铁管、管件和附件》(GB/T 13295—2003)。标准修改采用《输水和输气用球墨铸铁管、配件、附件及其接头》(ISO 2531:1998)。标准规定了以任何铸造工艺类型或加工铸造形式生产的球墨铸铁管、管件和附件的定义、技术要求、试验方法、检验规则、标志及质量证明书等,适用于输送水、送压力级别为中压 A 级及以下的燃气;有/无压力;地下/地上铺设的球铁道、管件和附件标准。

球墨铸铁管执行的相关产品标准如下:

GB/T 13295—2008 水及燃气管道用球墨铸铁管、管件和附件;

GB/T 17457—2009 球墨铸铁管和管件水泥砂浆内衬一般要求;

GB/T 17458—1998 球墨铸铁管水泥砂浆离心法衬层新拌砂浆的成分检验;

GB/T 17459—1998 球墨铸铁管沥青涂层;

GB/T 17456 球墨铸铁管外表喷锌。

球墨铸铁管的公称直径(mm)可分为 40,50,60,65,80,100,125,150,200,250,300,350,400,450,500,600,700,800,900,1 000,1 100,1 200,1 400,1 500,1 600,1 800,2 000,2 200,2 400 及 2 600,共 30 种。

球墨铸铁管的标准壁厚是根据公称直径 DN 的函数来计算:

$$e = K(0.5 + 0.001DN) \tag{5-11}$$

式中　e——标准壁厚,mm;

　　　K——壁厚级别系数,取一系列整数…,9,10,11,12,…

　　　DN——公称直径,mm。

离心球铁管的标准最小壁厚为 6 mm,非离心球铁管和管件的标准最小壁厚为 7 mm。承插直管的制造长度偏差为 ±30 mm,法兰管制造长度偏差为 ±10 mm。

三、球墨铸铁管的连接技术

(一)球墨铸铁管的接口形式

铸铁管的接口种类繁多,目前常用的接口形式可分为滑入式(T 形)柔性接口、机械式(K 形)柔性接口、机械式(N_{II} 形、S_{II} 形)柔性接口、法兰形接口和特殊接口等几种形式。

接口形式 N_{II} 形和 S_{II} 形常用于燃气管道。

1.滑入式(T形)柔性接口

滑入式(T形)柔性接口目前广泛用于 DN1000 以下的球墨铸铁管,具有结构简单、安装方便、密封性较好等特点。这种接口能适应一定的基础变形,具有一定的抗震能力,同时利用其偏转角实现管线长距离的转向。T形接口的缺点在于防止管道脱落的能力较低,因为接口不能承受轴向力,因此在管线的转弯处要设置抵抗轴向力的基墩。

2.机械式(K形)柔性接口

机械式(K形)柔性接口多用于 DN1000 以上管道。日本早期管道多用这种接口,机械式(K形)柔性接口的标准较为系统,因此我国 K 形接口标准是参照日本标准建立的。

机械式(K形)柔性接口与滑入式(T形)柔性接口的不同之处在于,前者是靠压兰的作用使胶圈产生接触力形成密封,而后者是靠承口、插口的尺寸差异使胶圈压缩产生接触压力形成密封。K形接口除具有结构简单、安装方便、密封性较好等特点外,由于采用压兰、螺栓压紧装置,因此对管道的维护检修很方便,可通过紧固螺栓或拆下压兰更换胶圈的办法来消除管道接口处的渗漏。

3.法兰形接口

法兰形接口是传统的刚性接口,不具有柔性的特点,通常只在一些特殊的场所使用,如与泵、阀门、消火栓及穿过基础、墙体时避免管道影响时才使用。

4.特殊接口

在管道的应用中,根据地域地形的特点,各国都设计了各具特色的接口应用于不同的地域。日本是一个多地震国家,因此防滑脱接口和抗震接口使用较多。西欧国家则使用自锚式接口和螺旋式柔性接口。自锚式接口在管道穿越河流、湖泊或翻山越岭的施工过程中使用较多,可有效防止管道脱落,同时可以实现一段管道的整体吊装施工。螺旋式柔性接口结合了滑入式接口和机械式接口的特点,结合使用防滑脱胶圈,该接口同时还具有一定的防滑脱能力,所以这种接口在城市燃气管道上使用较多。日本在大型管道的施工和维修上,考虑到开挖的难度,开发了适应于隧道和地下推进施工的内连接接口,如内型接口,以方便施工人员在管内完成管道的连接。

柔性接口是最具代表性的接口,得到了广泛使用。柔性接口密封性能较好,可挠性、伸缩性好,施工简单迅速,能防止电化学腐蚀的影响,但对接口脱离必须给予重视。

(二)滑入式(T形)连接

滑入式(T形)柔性接口连接的施工步骤如下。

1.安装前的清扫与检查

(1)仔细清扫承口内表密封面以及插口外表面的沙、土等杂物。

(2)仔细检查连接用密封圈,不得粘有任何杂物。

(3)仔细检查插口倒角是否满足安装需要。

2.放置橡胶圈

(1)对较小规格的橡胶圈,将其弯成"心"形放入承口密封槽内。

(2)对较大规格的橡胶圈,将其弯成"十"字形。

(3)橡胶圈放入后,应施加径向力使其完全放入密封槽内。

3.涂润滑剂

为了便于管道安装,在安装前对管道及橡胶圈密封面处涂上一层润滑剂。

润滑剂不得含有有毒成分;应具有良好的润滑性质,不影响橡胶圈的使用寿命;应对管道输送介质无污染;且现场易涂抹。

4.检查插口安装线

铸管出厂前已在插口端标志安装线。如在插口没标出安装线或铸管切割后,需要重新在插口端标出。标志线距离插口端为承口深度 10 mm。

5.连接

(1)对于小规格的铸管(一般指小于 DN400),采用导链或撬杠为安装工具,采用撬杠作业时,须先在承口垫上硬木块保护。

(2)对中、大规格的铸管(一般指大于 DN400),采用的安装工具为挖掘机。采用挖掘机须先在铸管与掘斗之间垫上硬木块保护,慢而稳地将铸管推入;采用起重机械安装,须采用专用吊具在管身吊两点,确保平衡,由人工扶着将铸管推入承口。

(3)管件安装:由于管件自身重量较轻,在安装时采用单根钢丝绳,容易使管件方向偏转,导致橡胶圈被挤,不能安装到位。因此,可采用双倒链平行用力的方法使管件平行安装,胶圈不致被挤。

6.承口连接检查

安装完承口、插口连接后,一定要检查连接间隙。沿插口圆周用金属尺插入承插口内,直到顶到橡胶圈的深度,检查所插入的深度应一致。

7.现场安装过程

需切割铸管的,切割后要对铸管插口进行修磨、倒角,以便于安装。

(三)机械式(K形)柔性接口连接施工

机械式(K形)柔性接口连接的施工步骤如下。

1.安装前的清扫与检查

(1)仔细清扫承口内表密封面以及插口外表面的沙、土等杂物。

(2)仔细检查连接用密封圈,不得粘有任何杂物。

(3)仔细检查插口倒角是否满足安装需要。

2.装入压兰和橡胶圈

把压兰和橡胶圈套在插口端。注意橡胶圈的方向,橡胶圈带有斜度的一端朝向承口端。

3.承口、插口定位

将插口推入承口内,完全推入承口端部后再拔出 10 mm。

4.压兰及橡胶圈的安装

(1)将橡胶圈推入承口内,然后将压兰推入顶住橡胶圈,插入螺栓,用手将螺母拧住。

(2)检查压兰的位置是否正确然后用扳手按对称顺序拧紧螺母。应反复拧紧,不要一次拧紧。最好用测力扳手,连接螺栓的力矩应达到要求:

ϕ 12~22 mm 螺栓力矩≥12 m·kgf(约 120 N·m);

ϕ 27~30 mm 螺栓力矩≥30 m·kgf(约 300 N·m)。

对于口径较大的管道,在拧紧螺母的过程中,要用吊车将铸管或管件吊起,使承口和插口保持同心。试压完成后,一定要检查螺栓,有必要再拧紧一次。

5.现场安装

现场安装时需要切管的,切管后应对插口外壁修磨光滑,以确保接口的密封性。

(四)球墨铸铁管安装注意事项

1.内壁的保护

球墨铸铁管(DN80~DN600)内壁均采用3~5 mm厚水泥砂浆内衬涂层作防腐保护层,其若遇大的震动易局部脱落而失去防腐作用。为此,运输装卸时需要专用工具,不得由车上直接滚落,且应做到轻起轻放。管道安装下管就位应缓慢放置,不得用金属工具敲打对口。

2.接口处理

管道连接多为承插式橡胶"O"形密封圈密封接口,要严格控制其同心度及直线度(同心度不得超出±2 mm,直线度不得大于4°),同心度的偏离易造成密封圈的过紧或过松,极易产生渗漏现象,而直线度的偏离除造成密封圈的受压、松弛现象外,还会产生水压轴向力的分压力造成接口的破坏或加大渗漏的产生。为此,在安装施工中一般应在转角处采用混凝土加固措施。

第三节　高密度聚乙烯管及其连接方式

一、高密度聚乙烯(HDPE)管的性能

(一)高密度聚乙烯(HDPE)管

目前,在给水排水管道系统中,塑料管材逐渐取代了铸铁管和镀锌钢管等传统管材成了主流使用管材。塑料管材和传统管材相比,具有重量轻,耐腐蚀,水流阻力小,节约能源,安装简便迅速,造价较低等显著优势,受到了管道工程界的青睐。同时,随着石油化学工业的飞速发展,塑料制造技术的不断进步,塑料管材产量迅速增长,制品种类更加多样化。而且,塑料管材在设计理论和施工技术等方面取得了很大的发展和完善,并积累了丰富的实践经验,促使塑料管材在给水排水管道工程中占据了相当重要的位置,并形成一种势不可挡的发展趋势。

高密度聚乙烯(HDPE)管由于其优异的性能和相对经济的造价,在欧美等发达国家已经得到了极大的推广和应用。在我国于20世纪80年代首先研制成功,经过近20年的发展和完善,已经由单一的品种发展到完整的产品系列。目前在生产工艺和使用技术上已经十分成熟,在许多大型市政排水工程中得到了广泛的应用。目前国内生产该管材的厂家已达上百家。

高密度聚乙烯(HDPE)是一种结晶度高、非极性的热塑性树脂。原态HDPE的外表呈乳白色,在微薄截面呈一定程度的半透明状。高密度聚乙烯是在1.4 MPa压力,100 ℃下聚合而成的,又称低压聚乙烯,其密度为0.941~0.955 g/cm³;中密度聚乙烯是在1.8~8.0 MPa压力,130~270 ℃温度下聚合而成的,其密度为0.926~0.94 g/cm³;低密度聚乙烯是在100~300 MPa压力,180~200 ℃下聚合而成的,又称高压聚乙烯,其密度为0.91~0.935 g/cm³。由于聚乙烯的密度与硬度成正比,故密度越高,刚度越大。聚乙烯管有较

好的化学稳定性,因而这种管材不能用黏合连接,而应采用热熔连接。HDPE 管具有无毒、耐腐蚀、强度高、使用寿命长(可达 50 年)等优点,是优良的绿色化学建材,具有广阔的应用前景。

(二)高密度聚乙烯(HDPE)管的类型

高密度聚乙烯(HDPE)管是一种新型塑料管材,由于管道规格不同,管壁结构也有差别。根据管壁结构的不同,HDPE 管可分为实壁管、双壁波纹管、中空壁缠绕管。给水用 HDPE 管为实壁管,国家标准《给水用聚乙烯(PE)管材》(GB/T 1363—2018),用于温度不超过 40 ℃,一般用途的压力输水,以及饮用水的输送。HDPE 双壁波纹管和中空壁缠绕管适用于埋地排水系统,双壁波纹管的公称管径不宜大于 1 200 mm,中空壁缠绕管的公称管径不宜大于 2 500 mm。

(三)高密度聚乙烯(HDPE)管的特点

同传统管材相比,HDPE 管具有以下一系列优点:

(1)水流阻力小。HDPE 管具有光滑的内表面,其曼宁系数为 0.009。光滑的内表面和非黏附特性保证 HDPE 管具有较传统管材更高的输送能力,同时也降低了管路的压力损失和输水能耗。

(2)低温抗冲击性好。聚乙烯的低温脆化温度极低,可在-60~40 ℃温度范围内安全使用。冬季施工时,因材料抗冲击性好,不会发生管子脆裂。

(3)抗应力开裂性好。HDPE 管具有低的缺口敏感性、高的剪切强度和优异的抗刮痕能力,耐环境应力开裂性能也非常突出。

(4)耐化学腐蚀性好。HDPE 管可耐多种化学介质的腐蚀,土壤中存在的化学物质不会对管道造成任何降解作用。聚乙烯是电的绝缘体,因此不会发生腐烂、生锈或电化学腐蚀现象;此外它也不会促进藻类、细菌或真菌生长。

(5)耐老化,使用寿命长。含有 2%~2.5%的均匀分布的炭黑的聚乙烯管道能够在室外露天存放或使用 50 年,不会因遭受紫外线辐射而损害。

(6)耐磨性好。HDPE 管与钢管的耐磨性对比试验表明,HDPE 管的耐磨性为钢管的 4 倍。在泥浆输送领域,同钢管相比,HDPE 管具有更好的耐磨性,这意味着 HDPE 管具有更长的使用寿命和更好的经济性。

(7)可挠性好。HDPE 管的柔性使得它容易弯曲,工程上可通过改变管道走向的方式绕过障碍物,在许多场合,管道的柔性能够减少管件用量并降低安装费用。

(8)搬运方便。HDPE 管比混凝土管道、镀锌管和钢管更轻,它容易搬运和安装,更低的人力和设备需求,意味着工程的安装费用大大降低。

(9)多种全新的施工方式。HDPE 管具有多种施工技术,除了可以采用传统开挖方式进行施工外,还可以采用多种全新的非开挖技术如顶管、定向钻孔、衬管、裂管等方式进行施工,并可用于旧管道的修复因此 HDPE 管应用领域非常广泛。

(10)易于回收利用。

二、高密度聚乙烯(HDPE)管材的规格

(一)给水用高密度聚乙烯(HDPE)管材的规格

用 PE63、PE80 和 PE100 材料制造的给水用管材(63 为材料分级数,等于材料最小要

求强度 6.3 MPa 乘以 10),公称压力为 0.32~1.6 MPa,公称外径为 16~1 000 mm。

(二)高密度聚乙烯(HDPE)双壁波纹管的规格

高密度聚乙烯(HDPE)双壁波纹管用公称外径(DN/OD 外径系列)表示尺寸,也可用公称内径(DN/ID 内径系列)表示尺寸。承口的最小平均内径应不小于管材的最大平均外径。管材和连接件的承口壁厚应符合 GB/T 19472.1—2004 标准中的相关规定。每根管长一般为 6 m。

(三)高密度聚乙烯(HDPE)中空壁缠绕管的规格

HDPE 中空壁缠绕管材的环刚度(SN)等级(kN/m²)为 2、4、(6.3)、8、(12.5)、16 六个等级,括号内为非首选等级。

HDPE 中空壁缠绕管按结构形式分为 A 型和 B 型。

管材有效长度一般为 6 m,其他长度可以由供需双方商定。管材的有效长度不允许有负偏差。管材、管件的平均外径 d_{em} 和结构高度 e_c 由生产商确定。

(四)高密度聚乙烯(HDPE)管执行的产品标准

GB/T 13663—2000 给水用聚乙烯(PE)管材;

GB/T 13663.2—2018 给水用聚乙烯(PE)管道系统 第 2 部分:管件;

GB/T 19472.1—2004 埋地用聚乙烯(PE)结构壁管道系统 第 1 部分:聚乙烯双壁波纹管材;

GB/T 19472.2—2017 埋地用聚乙烯(PE)结构壁管道系统 第 2 部分:聚乙烯缠绕结构壁管材。

三、高密度聚乙烯管的连接技术

(一)连接形式

HDPE 管的连接方法主要有热熔对接焊、热熔承插焊、电熔焊和机械连接等。对于埋地排水 HDPE 管,承插式橡胶圈柔性接口也是常用的接口形式之一。

聚乙烯化学稳定性好,因此 PE 管不能采用溶解性黏合剂与管件连接,它的最佳连接方式是熔焊连接。

聚乙烯管道焊接原理:聚乙烯一般在 190~240 ℃被熔化(不同原料牌号的熔化温度一般不相同),此时若将管材(或管件)熔化的部分充分接触,并施加适当的压力,冷却后便可牢固地融为一体。由于是聚乙烯材料之间的本体熔接,因此接头处的强度与管材本身的强度相同。

1.热熔连接

热熔连接具有性能稳定、质量可靠、操作简便、焊接成本低的优点,但需要专用设备。热熔连接方式有承插式和对接式。热熔承插连接主要用于室内小管径,设备为热熔焊机;而热熔对接适用于直径大于 90 mm 的管道连接,利用热熔对接焊机焊接,首先加热塑料管道(管件)端面,使被加热的两端面熔化,然后迅速将其贴合,在保持一定压力下冷却,从而达到焊接的目的。热熔对接一般都在地面上连接。如在管沟内连接,其连接方法同地面上管道的热熔连接方式相同,但必须保证所连接的管道在连接前必须冷却到土壤的环境温度。

热熔连接时,应使用同一生产厂家的管材和管件,如确需将不同厂家(品牌)的管材、管件连接则应经实验证明其可靠性之后方准使用。

热熔对接机的设备形式多种多样,用户根据焊接管材的规格及能力选用。控制方式分为手动、半自动、全自动三种。

2.电熔焊

电熔焊是通过对预埋于电熔管件内表面的电热丝通电而使其加热,从而使管件的内表面及管道的外表面分别被熔化,冷却到要求的时间后而达到焊接的目的。电熔焊的焊接过程由准备阶段、定位阶段、焊接阶段、保持阶段四个阶段组成。

3.机械连接

在塑料管道施工中,经常见到塑料管道与金属管道的连接及不同材质的塑料管道间的相互连接,这时都需使用过渡接口,采用机械连接。主要方式有:钢塑过渡接头连接、承插式缩紧型连接、承插式非缩紧型连接、法兰连接。

承插式缩紧型连接和承插式非缩紧型连接施工中,承口内嵌有密封的橡胶圈,材料为三元乙丙或丁苯橡胶施工连接时,要准确测量承口深度和胶圈后部到承口根部的有效插入长度。

施工时,将橡胶圈正确安装在承口的橡胶圈沟槽区中,不得装反或扭曲,为了安装方便可先用水浸湿胶圈,但不得在橡胶圈上涂润滑剂安装,防止在接口安装时将橡胶圈推出。

承插式橡胶圈接口不宜在-10 ℃以下施工,管口各部尺寸、公差应符合国家标准的规定,管身不得有划伤,橡胶密封圈应采用模压成型或挤出成型的圆形或异形截面,应由管材厂家提供配套供应。

4.承插式橡胶圈柔性接口

承插式橡胶圈柔性接口适用于管外径不小于 63 mm 的管道连接。但承插式橡胶圈接口不宜在-10 ℃以下施工,橡胶密封圈应采用模压成型或挤出成型的圆形或异形截面,应由管材提供厂家配套供应。接口安装时,应预留接口伸缩量,伸缩量的大小应按施工时的闭合温差经计算确定。

(二)HDPE 管连接工序

1.热熔承插连接工序

热熔承插连接时,公称外径大于或等于 63 mm 的管道不得采用手工热熔承插连接而应采用机械装置的热熔承插连接。具体程序如下:

(1)用管剪根据安装需要将管材剪断,清理管端,使用清洁棉布擦净加热面上的污物。

(2)在管材待承插深度处标记号。

(3)将热熔机模头加温至规定温度。

(4)同时加热管材、管件,然后承插(承插到位后待片刻松手,在加热、承插、冷却过程中禁止扭动)。

(5)自然冷却。

(6)连接后应及时检查接头外观质量。

(7)施工完毕经试压,验收合格后投入使用。

2.热熔对接焊连接工序

(1)清理管端,使用清洁棉布擦净加热面上的污物。

(2)将管子夹紧在熔焊设备上,使用双面修整机具修整两个焊接接头端面。

(3)取出修整机具,通过推进器使两管端相接触,检查两端面的一致性,严格保证管端正确对中。

(4)在两端面之间插入210 ℃的加热板,以指定压力推进管子,将管端压紧在加热板上,在两管端周围形成一致的熔化束(环状凸起)。

(5)一旦完成加热,迅速移出加热板,避免加热板与管子熔化端摩擦。

(6)以指定的连接压力将两管端推进至结合,形成一个双翻边的熔化束(两侧翻边、内外翻边的环状凸起),熔焊接头冷却至少30 min。

(7)连接后应及时检查接头外观质量。

(8)施工完毕经试压,验收合格后投入使用。

值得注意的是,加热板的温度都由焊机自动控制在预先设定的范围内。但如果控制设施失控,加热板温度过高,会造成熔化端面的PE材料失去活性,相互间不能熔合。良好焊接的管子焊缝能承受十几磅大锤的数次冲击而不破裂,而加热过度的焊缝一拗即断。

3.电熔焊接头连接工序

(1)清理管子接头内外表面及端面,清理长度要大于插入管件的长度。管端要切削平整,最好使用专用非金属管道割刀处理。

(2)管子接头外表面(熔合面)要用专用工具刨掉薄薄的一层,保证接头外表面的老化层和污染层彻底被除去。专用刨刀的刀刃成锯齿状,处理后的管接头表面会形成细丝螺纹状的环向刻痕。

(3)如果管子接头刨削后不能立即焊接,应使用塑料薄膜将之密封包装,以防二次污染。在焊接前应使用厂家提供的清洁纸巾对管接头外表面进行擦拭。如果处理后的接头被长时间放置,建议在正式连接时重新制作接头。考虑到刨削使管壁减薄,重新制作接头时最好将原刨削过的接头切除。

(4)管件一般密封在塑料袋内,应在使用前再开封。管件内表面在拆封后使用前也应使用同样的清洁纸巾擦拭。

(5)将处理好的两个管接头插入管件,并用管道卡具固定焊接接头以防止对中偏心或震动破坏焊接熔合。每个接头的插入深度为管件承口到内部突台的长度(或管箍长度的一半)。接头与突台之间(或两个接头之间)要留出5~10 mm间隙,以避免焊接加热时管接头膨胀伸长互相顶推,破坏熔合面的结合。在每个接头上做出插入深度标记。

(6)将焊接设备连到管件的电极上,启动焊接设备,输入焊接加热时间。开始焊接至焊机设定时间停止加热。通电加热的电压和加热时间等参数按电熔连接机具和电熔管件生产企业的规定进行。

(7)焊接接头开始冷却。此期间严禁移动、震动管子或在连接件上施加外力。实际上因PE材料的热传导率不高,加热过程结束后再过几分钟管箍外表面温度才达到最高,需注意避免烫伤。

（8）连接后应及时检查接头外观质量。

（9）施工完毕经试压，验收合格后投入使用。

4.橡胶圈柔性接口连接工序

（1）先将承口内的内工作面和插口外工作面用棉纱清理干净。

（2）将橡胶圈嵌入承口槽内。

（3）用毛刷将润滑剂均匀地涂在装嵌在承口处的橡胶圈和管插口端的外表面上，但不得将润滑剂涂到承口的橡胶圈沟槽内；不得采用黄油或其他油类作润滑剂。

（4）将连接管道的插口对准承口，保持插入管段的平直，用手动葫芦或其他拉力机械将管一次插入至标线。若插入的阻力过大，切勿强行插入，以防橡胶圈扭曲。

（5）用塞尺顺承插口间歇插入，沿管周围检查橡胶圈的安装是否正常。

5.注意事项

（1）操作人员上岗前，应经过专门培训，经考试和技术评定合格后，方可上岗操作。

（2）管道连接前应对管材、管件进行外观检查，符合产品标准要求方可使用。

（3）在寒冷气候（-5 ℃以下）和大风环境下进行连接操作时，应采取保护措施或调整施工工艺参数。

（4）不同 SDR 系列的聚乙烯管材不得采用热熔对接连接；聚乙烯给水管道与金属管道或金属管道附件的连接，应采用法兰或钢塑过渡接头连接。

（5）聚乙烯管材、管件不得采用螺纹连接和黏结。

（6）管道连接时，管材切割应采用专用割刀或切管工具，切割断面应平整、光滑、无毛刺，且应垂直于管轴线。

（7）热熔对接连接时，如果电压过高，会造成加热板温度过高，电压过低，则对接机不能正常工作；对接时应保持对接口对齐，不然会造成对接面积不够要求、焊口强度不够，以及卷边不对整；加热板加热时管材接口处未处理干净，或加热板有油污、泥沙等杂质，会造成对接口脱开漏水；加热时间要控制好，加热时间短，管材吸热时间不够，会造成焊口卷边过小，加热时间过长，会造成焊口卷边过大，有可能形成虚焊。

（8）每次连接完成后，应进行外观质量检验，不符合要求的必须切开返工，返工后重新进行接头外观质量检查。

第四节　玻璃钢夹砂管及其连接方式

一、玻璃钢夹砂管的性能

（一）玻璃钢夹砂管

随着合成树脂和玻璃纤维工业的发展，20 世纪 40 年代后期，世界上一些工业发达国家在需要控制腐蚀的工程中，开始使用由合成树脂和玻璃纤维复合制成的玻璃钢管（FRP管）。随着生产原料、工艺技术和成型设备的改进和提高，20 世纪 70 年代，FRP 管开始了工业化生产，在美国、日本、德国、意大利等国 FRP 管迅速进入了大规模生产和使用阶段。70 年代以后，新型的玻璃钢夹砂管（又称玻璃纤维增强塑料夹砂管，FRPM 管）成功开发并投入应用,到 20 世纪 90 年代中期,美国已安装了 16 万 km 的 FRPM 管线。我国在 20 世纪 80 年代开始引进 FRP 管生产线,90 年代开始引进 FRPM 管生产线。目前已有多个厂家应用引进的或国产的设备生产 FRPM 管和 FRP 管。直径 2 000 mm 以下的 FRPM 管应用较多,更大口径的 FRPM 管也已在一些输水、供水工程中开始应用。

玻璃钢夹砂管是以玻璃纤维及其制品为增强材料,以环氧树脂等为基体材料,以石英砂及碳酸钙等无机非金属颗粒材料为填料而制成的新型复合材料管道。适用于地下和地面用给水排水、水利、农田灌溉等管道工程,介质最高温度不超过 80 ℃,正常使用寿命为50 年。

玻璃钢夹砂管道管壁结构由内衬层、内部缠绕层、夹砂层、外部缠绕层和外表面保护层组成。内衬层具有良好的防渗漏性能和光滑的内表面,具有优越的水力特性。内缠绕层和外缠绕层采用高张力的环向缠绕,具有很高的强度,和处于两者中间的夹砂层一起增加了结构的刚度,克服了纯玻璃钢管道刚度低的特点。夹砂层所处区域应力小,密度大和平整度高,完全符合先进的结构要求,且可大大降低产品的成本。外保护层是树脂层,具有良好的抗老化特性。采用往复式交叉缠绕工艺,整个缠绕过程由微机控制,缠绕精确,自动化程度高。它采用双“O”形密封圈承插连接技术。在安装过程中,仅对接头处进行试压即可,接头密封性可靠程度高。

FRPM 管的生产工艺有三种:定长缠绕工艺、离心浇铸工艺、连续缠绕工艺。定长缠绕成型工艺是在长度一定的管模上,采用缠绕工艺在整个管模长度内由内至外逐层制造FRPM 管的一种生产方法;离心浇铸成型工艺是把玻璃纤维、树脂石英砂等按一定要求浇铸到旋转着的模具内,加热固化后形成 FRPM 管产品的一种生产方法;连续缠绕工艺是采用缠绕工艺逐段制造 FRPM 管段,由此形成任意长度产品的一种生产方法。

(二)玻璃钢夹砂管的特点

玻璃钢夹砂管以其优异的耐腐蚀性能、水力性特点轻质高强输送流量大、安装方便、工期短和综合投资低等优点,成为化工工业及给水排水工程的最佳选择。它具有金属管材无法比拟的优越性,主要体现以下几个方面:

(1)耐腐蚀性能。FRPM 管选用耐腐蚀极强的树脂,拥有极佳的机械性质与加工特性,耐大部分酸、碱、盐海水和污水,腐蚀性土壤或地下水及众多化学物质的侵蚀。

(2)温度适应性能。在-30 ℃状态下,仍具有良好的韧性和极高的强度,可在-20 ~ 80 ℃的范围内长期使用,采用特殊配方的树脂还可在 110 ℃时使用。

(3)耐磨性能。试验证明,把含有大量泥浆沙石的水,装入管子中进行旋转磨损影响对比试验。经 30 万次旋转后,检测管子内壁的磨损深度,发现经表面硬化处理的钢管为0.48 mm;玻璃钢管为 0.21 mm。由此可见玻璃钢管的耐磨损性能好。

(4)保温性能。由于玻璃钢产品的导热系数低,因此其保温性能特别好。

(5)比重和强度特性。采用玻璃纤维缠绕生产的玻璃钢夹砂管,其比重为 1.65 ~ 2.0,只有钢的 1/4,而玻璃钢夹砂管的环向拉伸强度为 180 ~ 300 MPa,轴向拉伸强度为 60 ~150 MPa,近似合金钢。对于相同管径的重量,FRPM 管为碳素钢管的 1/2.5,铸铁管的1/3.5,预应力钢筋水泥管的 1/8 左右。FRPM 管比强度大约是钢管的 3 倍,球墨铸铁管的10 倍,混凝土管的 25 倍。

（6）接口和安装效率。管道的长度一般为 6~12 m/根（也可以根据客户的要求生产出特殊长度的管道）。单根管道长，接口数量少，从而加快了安装速度，减少故障概率，提高整条管线的安装质量。

（7）机械性能和绝缘性能。管道的拉伸强度低于钢管，高于球墨铸铁管和混凝土管，而此强度大约是钢管的 3 倍，球墨铸铁管的 10 倍，混凝土管的 25 倍，导热系数只有钢管的 1%。

（8）水力学性能。玻璃钢夹砂管具有光滑的内表面，磨阻系数小，水力流体特性好，而且管径越大其优势越明显。在管道输送流量相同的情况下，工程上可以采用内径较小的玻璃钢夹砂管代替，从而可降低一次性的工程投入。玻璃钢夹砂管道在输水过程中与其他的管道相比，可以大大减少压头损失，节省泵的功率和能源。

（9）使用寿命和安全性。玻璃钢夹砂管设计安全系数较高。据实验室的模拟试验，一般给水、排水玻璃钢夹砂管的寿命可达 50 年以上，是钢管和混凝土管的 2 倍。对于腐蚀性较强的介质，其使用寿命远高于钢管等。

（10）设计适应性。玻璃钢夹砂管道可以根据用户的各种特殊的使用要求，通过改变设计，制造出各种规格、压力等级、环刚度等级或其他特殊性能的产品，适用范围广。

（11）运行维护费用。由于玻璃钢产品本身具有很好的耐腐蚀性，不需要进行防锈、防腐、保温等措施和检修，对埋地管无须做阴极保护，可节约大量维护费用。

（12）工程综合效益。综合效益是指由建设投资、安装维修费用、使用寿命、节能节钢等多种因素形成的长期效益，玻璃钢管道的综合效益是可取的，特别是管径越大，其成本越低。

二、玻璃钢夹砂管（FRPM）的规格

国家标准《玻璃纤维增强塑料夹砂管》（GB/T 21238—2006）规定了玻璃纤维增强塑料夹砂管的分类和标记、原材料、要求、试验方法、检验规则、标志、包装、运输和贮存等。该标准适用于公称直径为 100~4 000 mm，压力等级为 0.1~2.5 MPa，环刚度等级为 1 250~10 000 N/m² 的地下和地面用给水排水、水利、农田灌溉等管道工程用 FRPM 管，介质最高温度不超过 50 ℃。

FRPM 管的压力等级（MPa）为 0.1,0.25,0.4,0.6,0.8,1.0,1.2,1.6,2.0,2.5。

FRPM 管的环刚度等级（N/m²）为 1250,2500,5000,10000。

例如：采用定长缠绕工艺生产、公称直径为 1 200 mm、压力等级为 0.6 MPa、环刚度为 5 000 N/m² 的 FRPM 管标记为：

FRPM1-1200-0.6-5000

GB/T 21238—2007。

FRPM 管用公称外径（DN/OD 外径系列）表示尺寸，也可用公称内径（DN/ID 内径系列）表示尺寸。管道长度可在 ≤12 m 内任意选择。

三、玻璃钢夹砂（FRPM）管的连接

（一）玻璃钢夹砂（FRPM）管的连接形式

玻璃钢夹砂管管道连接形式主要有承插、黏结、法兰连接三种形式。

承插连接是 FRPM 管的主要连接形式之一,目前多用双"O"形密封圈柔性连接,即采用两道密封圈接口。承口端有试压嘴,安装时一定要使试压嘴向上并处于两胶圈之间,每个接口可以边安装边试压,试验压力由设计确定,试压用水量很少,持续时间一般为 3~5 min,以不渗漏为合格,保证每一个密封圈的密封效果以确保整个管道系统整体试压成功。双"O"形密封圈连接可以承受一定的地基沉降变化,这是最突出的特点。

黏结属于刚性接口,既可用于地面管道的安装,也可用于地下管线个别短管的连接,若在多点施工时可以满足后期管道连接的要求,有些资料称这种连接为平端糊口,是用环氧树脂和玻璃纤维布贴糊,具体操作方法是:首先在管道连接部分的表面刷一层环氧树脂后再贴一层玻璃纤维布接口,平糊长度一般为 500 mm 左右,通常贴糊层数以 5~6 层较为牢固,每一层贴糊厚度不宜过大,要待前一层初凝后再贴下一层。

法兰连接系刚性连接,主要用于玻璃钢管与铸铁管、阀门等配件的连接,常采用按玻璃钢管承口和插口尺寸设计、加工成特殊钢制承口和插口进行连接。

(二)玻璃钢夹砂(FRPM)管的承插连接工序

(1)管道吊装前对要安装的管道和橡胶圈进行最后的一次检验。清理掉承口内表面插口外表面和橡胶圈上的沙、土等杂物;在管道基础顶面放出管道轴线和安装位置控制线;在插口上做好安装限位标志,以便在安装过程中检查连接是否到位;在管子和钢丝绳之间垫木板、橡胶板等柔性材料,以防损坏玻璃钢夹砂管;收紧倒链置于两管顶部,在倒链收紧时,倒链与管之间垫上木板对管道进行保护。

(2)涂抹润滑剂。为了便于管道安装,用润滑剂涂抹橡胶圈和承口的扩张部分。润滑剂不得含有有毒成分;应具有良好的润滑性质,不影响橡胶圈的使用寿命;应对管道输送介质无污染;且现场易涂抹。可以用皂液做润滑剂,不得用食用油做润滑剂。

(3)橡胶圈安装。将橡胶圈套入插口上的凹槽内沿橡胶圈四周依次向外适当用力拉离凹槽并慢慢放回凹槽,以保证橡胶圈在凹槽内受力均匀,没有扭曲;最后再在橡胶圈表面涂上一层润滑剂。

(4)安装过程。钢丝绳捆绑方法:两根管子各用一根钢丝绳捆绑紧后,用倒链拉紧两根钢丝绳,进行承插连接。两根管子的钢丝绳捆绑位置为前一根管子的钢丝绳绑在承口突起的斜坡下部,拉力点在管子正上方,钢丝绳末端与倒链拉紧;后根管子的钢丝绳绑在靠近其承口位置的 1/3 处,同样用一根钢丝绳绑紧后,拉力点在管子正上方,钢丝绳末端与倒链拉紧。

承插连接时,管子插入时要平行沟槽吊起,以使插口橡胶圈准确地对入承口内,吊起时稍离槽底即可。安装时,拉紧倒链的速度应缓慢,并随时检查橡胶圈滚入是否均匀,如不均匀,可用木錾子调整均匀后,再继续拉紧倒链,使橡胶圈均匀进入承口内。

(5)对承插接口进行检查。橡胶圈的压缩率占其直径的 40%。管口承插完毕后,用厚 1.0 mm、宽 20 mm、长 200 mm 的钢片插入承插口之间检查橡胶圈的各环向位置,以确定橡胶圈是否处于同一深度。检查点沿管周长 100 mm 检查一点。用刻度尺检查管道间隙是否匀称,不匀称率不大于 20%。

第六章　给水排水管道施工技术

随着城乡居民生活水平的提高,城镇建设规模的扩大,特别是大力提倡城镇环境保护和节水节能的今天,对给水排水管线改造和新建工程的施工技术水平和质量要求越来越高。近年来,给水排水管道施工技术不断地得到发展和提高,从开槽施工法发展到顶管施工、水平定向钻进施工和盾构施工等不开槽施工法,降低了对城镇工业生产和居民生活的影响,提高了工程质量和综合效益,加快了城镇建设的发展。

目前,管道开槽施工虽是传统的施工方法,但采用新管材、新技术和新设备,加快了工程进度,工期大大缩短,此法仍是城镇给水与排水施工的主要方法。

不开槽施工是指在地下铺设或修复旧管道利用少开挖或不开挖技术的施工方法,采用这一方法不需要在地面全线开挖,而只要从管线的特定场所出发,采用顶管、水平定向钻进等方法在地下敷设管道,这一特点对交通繁忙、人口密集、地面建筑物众多、地下构筑物和管线复杂的城市来说是非常重要的。为了减少对交通、市民正常活动的干扰,减少房屋的拆迁,改善市容和环境卫生,不开槽施工已成为地下管道施工的最佳方案。

第一节　给水排水管道开槽施工

管道开槽施工,根据管道种类、地质条件、管材、施工机械条件等不同,其施工工艺有所不同,但其主要工艺步骤是相同的。其中,沟槽支撑和沟槽排水是管道开槽施工的临时安全措施,在沟槽开挖或开挖前进行,在沟槽回填或回填后拆除。

一、测量放线

沟槽的测量控制工作是保证管道施工质量的先决条件。管道工程开工前,应进行以下测量工作:

(1)核对水准点,建立临时水准点。

(2)核对接入原有管道或河道的高程。

(3)测设管道中心线、开挖沟槽边线、坡度线及附属构筑物的位置。

(4)堆土堆料界限及其他临时用地范围。

在施工单位与设计单位进行交接后,施工人员按设计图纸及施工方案的要求,用全站仪等测量仪器测定管道的中线桩(中心线)、高程水准点。给水管道一般每隔20 m设中心桩,排水管道一般每隔10 m设中心桩,但在阀门井、管道分支处、检查井等附属构筑物处均应设中心桩。管道中心线测定后,在中心线两侧各量1/2沟槽上口宽度,拉线撒白灰,定出管沟开挖边线。测定管道中线桩并放出沟槽开挖边线的过程叫测量放线。

二、沟槽开挖与地基处理

(一)沟槽断面

1.沟槽断面形式

开槽断面形式的选择依据管径大小、材质、埋深、土壤的性质、埋设的深度来选定。常用的沟槽断面形式有直槽、梯形槽、混合槽及联合槽等。

直槽:即槽帮边坡基本为直坡(边坡小于 0.05 的开挖断面),直槽一般用于工期短,深度较浅的小管径工程,或地下水位低于槽底,直槽深度不超过 1.5 m 的情况。如在无地下水的天然湿度的土中开挖沟槽,可按直槽开挖。在城区,为减少开挖面积大多采用直槽断面形式;如深度超过最大挖深,则必须采用支护形式,以保证施工安全。

梯形槽(大开槽):槽帮具有一定坡度的开挖断面,可不设支撑,应用较广泛。

混合槽:由直槽与梯形槽组合而成的多层开挖断面,适合较深的沟槽开挖。

联合槽:一般用于平行敷设雨水和污水管道,即两条管道同沟槽施工。

2.沟槽断面尺寸

挖深:指沟槽的深度,是由管道埋设深度而定的。沟槽开挖深度可根据设计要求按下式计算

$$H = h_1 + t + h \tag{6-1}$$

式中　H——管道沟槽深度,mm;

　　　h_1——垫层和基础厚度,mm;

　　　t——管壁厚度,mm;

　　　h——管道埋深,mm。

对给水管道,h 为设计地面标高减去管道中心线标高再加上管道的半径,对排水管道 h 为设计地面标高减去管内底标高。

底宽:指沟槽底部的开挖宽度,槽底宽度应满足管槽的施工要求。沟槽底宽以 B 表示,B 值可按下式计算:

$$B = D_0 + 2(b_1 + b_2 + b_3) \tag{6-2}$$

式中　B——管道沟槽底部的开挖宽度,mm;

　　　D_0——管外径,mm;

　　　b_1——管道一侧的工作面宽度,mm;

　　　b_2——管道一侧的支撑厚度,mm,可取 150~200 mm,如无支撑则为零;

　　　b_3——现场浇筑混凝土或钢筋混凝土管渠一侧模板的厚度,mm,如无则为零。

槽帮坡度:为了保持沟壁的稳定,要有一定的沟边坡度,在工程上通常以 1：n 的形式表示。槽帮坡度应根据土壤种类、施工方法、槽深等因素确定。

采用大开槽开挖时,当地质条件良好、土质均匀、地下水位低于沟槽底面高程,且开挖深度在 5 m 以内、沟槽不设支撑时,沟槽边坡最陡坡度应符合相关规定。

沟槽上口宽度(W):已知沟槽土质情况,挖深和放坡值即可按下式计算:

$$W = B + 2M \tag{6-3}$$

式中　W——梯形槽上口宽度,mm;

B——槽底宽度，mm；

M——边坡值，mm。

3. 接口工作坑尺寸

接口工作坑是在接口处加深加宽，以供管道接口所用。接口工作坑应在沟内测量，确定其位置后，下管前挖好。

（二）沟槽开挖

沟槽土方开挖方法有人工开挖和机械开挖两种。如采用机械开挖，在接近槽底时，一定要采用人工开挖清底，以免造成超挖现象。

1. 人工开挖

沟槽在 3 m 以内，可直接采用人工开挖。超过 3 m 应分层开挖，每层深度不宜超过 2 m。人工开挖多层沟槽的层间留台宽度：放坡开槽时不应小于 0.8 m；直槽时不应小于 0.5 m；安装井点设备时不应小于 1.5 m。

2. 机械开挖

分层开挖时，沟槽分层的深度按机械性能确定。在机械开挖中常用单斗挖掘机和多斗挖土机。

液压挖掘装载机能完成挖掘、装载、起重、推土、回填、垫平等工作。常用于中小型管道沟槽的开挖，可边挖槽边安装管道。适用于一般大型机械不能适应的管沟施工现场。

（三）沟槽支撑

沟槽支撑是防止槽帮土壁坍塌的一种临时性挡土结构。一般情况下，沟槽土质较差、深度较大而又挖成直槽时，或高地下水位、砂性土质并采用表面排水措施时，均应设支撑。目的是为了防止施工中土壁坍塌，创造安全的施工条件。

1. 支撑形式

支撑一般有横撑、竖撑、板桩撑三种。其中，横撑和竖撑又统称为撑板支撑。支撑材料一般有木材或钢材两种。

（1）横撑。一般用于土质较好，地下水量较小的沟槽。由撑板、立柱（立楞）和横撑（撑杠）组成，有疏撑和密撑之分。

（2）竖撑。一般用于土质较差，地下水较多的沟槽。由撑板、横梁（横木）和横撑（撑杠）组成。竖撑的撑板可在开挖沟槽过程中先于挖土插入土中，在回填以后再拔出，所以支撑和拆撑都较安全。也有疏撑和密撑之分。

（3）板桩撑。俗称板桩，常用于地下水严重、有流沙的弱饱和土层中的沟槽。板桩在沟槽开挖前用打桩机打入土中，并深入槽底一定长度，可以保证沟槽开挖的安全，还可以有效地防止流沙渗入。有企口木板桩和钢板桩两种，其中以钢板桩使用较多。

2. 钢板桩的支设

钢板桩材料一般采用槽钢、工字钢或定型钢板桩，槽钢长度一般为 6~12 m，定型板（拉伸板桩）长度一般为 10~20 m。钢板桩的平面布置形式有间隔排列、无间隔排列、咬合排列。

钢板桩的入土深度应根据沟槽开挖深度、土层性质等因素确定，入土深度除应保证板桩自身的稳定外，还应确保沟槽或基坑不会出现隆起或管涌现象。可先按照现场支撑条件和施工实际情况,根据沟槽的开挖深度和土层性质选取合适的板桩入土深度(T)和沟槽深度(H)的比值 $a(a=T/H)$,然后根据 a 和 H 计算出入土深度 T。

打桩机械有柴油打桩机、落锤打桩机、静力压桩机等。

(四)沟槽降排水

沟槽施工时,常会遇到地下水、雨水及其他地表水,如果没有一个可靠的排水措施,让这些水流入沟槽时,将会引起基底湿软、隆起、滑坡、流沙、管涌等事件。

雨水及其他地表水的排除方法,一般是在沟槽的周围筑堤截水,并采用地面坡度设置沟渠,把地面水疏导他处。

地下水的排除一般有明沟排水和人工降低地下水位两种方法。

选择施工排水的方法时,应根据土层的渗透能力降水深度、设备状况及工程特点等因素,经周密考虑后确定。

1.明沟排水

明沟排水由排水井和排水明沟组成。在开挖沟槽之前先挖好排水井,然后在开挖沟槽至地下水面时挖出排水沟,沟槽内的地下水先流入排水沟,再汇集到排水井内,最后用水泵将水排至地面排水系统。

1)排水井

排水井宜布置在沟槽以外,距沟槽底边 1.0~2.0 m,每座井的间距与含水层的渗透系数、出水量的大小有关,一般间距不宜大于 150 m。当作业面不大或在沟槽外设排水井有困难时,可在沟槽内设置排水井。

排水井井底应低于沟槽底 1.5~2.0 m,保持有效水深 1.0~1.5 m,并使排水井水位低于排水沟内水位 0.3~0.5 m 为宜。

排水井应在开挖沟槽之前先施工。排水井井壁可用木板密撑、直径 600~1 250 mm 的钢筋混凝土管、钢材等支护。一般带水作业,挖至设置深度时,井底应用木盘或填卵石封底,防止井底涌砂,造成排水井四周坍塌。

2)排水沟

当沟槽开挖接近地下水位时,视槽底宽度和土质情况,在槽底中心或两侧挖出排水沟,使水流向排水井。排水沟断面尺寸一般为 30 cm×30 cm。排水沟底低于槽底 30 cm,以 3%~5%坡度坡向排水井。

排水沟结构依据土质和工期长短,可选用放置缸瓦管填卵石或者用木板支撑等形式,以保证排水畅通。

排水井明沟排水法,施工简单,所需设备较少,是目前工程中常用的一种施工排水方法。

2.人工降低地下水位

在非岩性的含水层内钻井抽水,井周围的水位就会下降,并形成倒伞状漏斗,如果将地下水降低至槽底以下(不应小于 0.5 m),即可干槽开挖。这种降水方法称为人工降低地下水位法。

人工降低地下水位的方法有轻型井点、喷射井点、电渗井点、深井井点等,选用时应根据地下水的渗透性能、地下水水位、土质及所需降低的地下水位深度等情况确定。

其中,轻型井点降水系统具有机具设备简单,使用灵活,装拆方便,降水效果好,降水费用较低等优点,是目前沟槽工程施工中使用较广泛的降水系统,现已有定型的成套设备。

1)轻型井点系统的组成

轻型井点系统由滤水管、井点管、弯联管、总管、抽水设备等组成。

滤管为进水设备,通常采用长 1.0~1.5 m、直径 38 mm 或 55 mm 的无缝钢管,管壁钻有直径为 12~18 mm 的呈梅花形排列的滤孔,骨架管外面包有滤网和保护网,滤管下端为一铸铁塞头。滤管上端与井点管连接。

井点管为直径 38 mm 或 51 mm、长 5~7 m 的钢管,可整根或分节组成。井点管的上端用弯联管与总管相连。

弯联管为连接井点管和集水总管的管道,弯联管通常采用软管,如加固橡胶管或透明的聚乙烯塑料管,以使井管与总管沉陷时有伸缩余地,连接头一定要紧固密封,不得漏气。集水总管为直径 100~127 mm 的无缝钢管,每段长 4 m,其上装有与井点管连接的短接头,间距为 0.8~1.6 m。总管与总管之间采用法兰连接。

抽水设备:轻型井点抽水设备有自引式、真空式和射流式三种,自引式抽水设备是用离心泵直接连接总管抽水,其地下水位降深仅为 2~4 m,适宜于降水深度较小的情况采用。

真空式抽水设备是用真空泵和离心泵联合工作。真空式抽水设备的地下水位降落深度为 5.5~6.5 m。

射流式抽水装置具有体积小、设备组成简单、使用方便、工作安全可靠、地下水位降落深度较大等特点。因此,被广泛采用。

2)井点系统布置及要求

井点系统的布置,应根据基坑大小与深度、土质、地下水位高低与流向、降水深度要求等而定。有平面布置和高程布置。

井点管的平面布置有单排、双排和环形三种布置方式。其中,单排和双排的布置形式一般用于沟槽降水,环形布置形式一般用于基坑降水。

采用单排或双排降水井点,应根据计算确定,沟槽两端井点延伸长度为沟槽宽度的 1~2 倍。也可根据各地方的经验来确定,如上海规定:当横列板沟槽宽度小于 4 m 或钢板桩槽宽小于 3.5 m 时,可用单排线状井点,布置在地下水流的上游一侧;当横列板沟槽宽大于或等于 4 m 或钢板桩槽宽大于或等于 3.5 m 时,则用双排线状井点,在地下水补给方向可加密,在地下水排泄方向可减少。面积较大的基坑宜用环状井点,有时亦可布置成 U 形,以利挖土机和运土车辆出入基坑。

井点管距离沟槽(或基坑)壁一般可取 0.7~1.2 m,以防局部发生漏气。井点管间距一般为 0.8 m、1.2 m、1.6 m,由计算或经验确定。

井点管在总管四角部位,井点管埋设深度 H(不包括滤管)按下式计算:

$$H \geqslant H_1 + h + iL \tag{6-4}$$

式中　H_1——井点管埋设面至槽底面的距离,m;

　　　h——降低后的地下水位至槽底的距离,不应小于 0.5 m,一般取 0.5~1.0 m;

　　i——降水曲线坡度,根据实测:单排井点 $1/4 \sim 1/5$,双排井点 $1/7$,环状井点 $1/10 \sim$ $1/12$;

　　L——水平距离,单排布置时 L 为井点管至对边坡脚的水平距离,双排布置时 L 为井点管至沟槽中心的水平距离。

　　根据式(6-4)算出的 H 值,如大于 6 m,则应降低井点管抽水设备的埋置面,以适应降水深度要求。即将井点系统的埋置面接近原有地下水位线(要事先挖槽),个别情况下甚至稍低于地下水位(当上层土的土质较好时,先用集水井排水法挖去一层土,再布置井点系统),就能充分利用抽吸能力,使降水深度增加,井点管露出地面的长度一般为 $0.2 \sim 0.3$ m 以便与弯联管连接,滤管必须埋在透水层内。

　　当一级轻型井点达不到降水要求时,可采用二级井点降水,即先挖去第一级井点所疏干的土,然后在其底部装设第二级井点。

　　3)井点系统施工、运转和拆除

　　轻型井点系统施工内容包括冲沉井点管、安装总管和抽水设备等。其中冲沉井点管有冲孔、埋管、填砂和黏土封口四个步骤。

　　4)井点管的冲沉方法

　　可根据施工条件及土层情况选用不同方法,当土质较松软时,宜采用高压水冲孔后,沉设井点管;当土质比较坚硬时,采用回转钻或冲击钻冲孔沉设井点管。

　　井点系统全部安装完毕后,需进行试抽,以检查系统运行是否有良好的降水效果。试抽应在井点系统排除清水后才能停止。井点管施工应注意如下事项:

　　(1)井点管、滤水管及总管弯联管均应逐根检查,管内不得有污垢、泥沙等杂物。

　　(2)过滤管孔应畅通,滤网应完好,绑扎牢固,下端装有丝堵时应拧紧。

　　(3)每组井点系统安装完成后,应进行试抽水,并对所有接头逐个进行检查,如发现漏气现象,应认真处理,使真空度符合要求。

　　(4)选择好滤料级配,严格回填,保证有较好的反滤层。

　　(5)井点管长度偏差不应超过 ± 100 m,井点管安装高程的偏差也不应超过 ± 100 mm。

　　井点系统使用过程中,应经常检查各井点出水是否澄清,滤网是否堵塞造成死井现象,并随时做好降水记录。

　　井点降水符合施工要求后方可开挖沟槽。应采取必要的措施,防止停电或机械故障导致泡槽等事故。待沟槽回填土夯实至原来的地下水位以上不小于 50 cm 时,方可停止排水工作。在降水范围内若有建筑物、构筑物,应事先做好观测工作,并采取有效的保护措施,以免因基础沉降过大影响建筑物或构筑物的安全。

　　(五)地基处理

　　地基指沟槽底的土壤部分,常用的有天然地基和人工地基。当天然地基的强度不能满足设计要求时,应按设计要求进行加固;当槽底局部超挖或发生扰动时,应进行基底处理。

　　1.地基加固方法

　　地基的加固方法较多,管道地基的常用加固方法有换土、压实、挤密桩等。

1)换土加固法

换土加固法有挖除换填和强制挤出换填两种方式。挖除换填是将基础底面下一定深度的弱承载土挖去换为低压缩性的散体材料,如素土、灰土、砂、碎石、块石等。强制挤出换填是不挖除原弱土层,而借换填土的自重下沉将弱土挤出。

2)压实加固法

压实加固法就是用机械的方法,使土空隙率减少,密度提高。压实加固是各种加固法中最简单、成本最低的方法。管道地基的压实方法主要是夯实法。

3)挤密桩加固法

挤密桩加固法是在承压土层内,打设很多桩或桩孔,在桩孔内灌入砂,成为砂桩,以挤密土层,减少空隙体积,增加土体强度。当沟槽开挖遇到粉砂、细砂、亚砂土及薄层砂质黏土、下卧透水层,由于排水不畅发生扰动,深度在 1.8~2.0 m 时,可采用砂桩法挤密排水来提高承载力。

2.基底处理规定

(1)超挖深度不超过 150 mm 时,可用挖槽原土回填夯实,其压实度不应低于原地基土的密实度。

(2)槽底地基土壤含水量较大,不适于压实时,应采取换填等有效措施。

(3)排水不良造成地基土扰动时,扰动深度在 100 mm 以内,宜填天然级配砂石或砂砾处理。扰动深度在 300 mm 以内,但下部坚硬时,宜换填卵石或块石,并用砾石填充空隙并找平表面。

(4)设计要求换填时,应按要求清槽,并经检查合格;回填材料应符合设计要求或有关规定。

(5)柔性管道地基处理宜采用砂桩、搅拌桩等复合地基。

三、管道基础

管道基础是指管子或支撑结构与地基之间经人工处理过的或专门建造的构筑物,其作用是将管道较为集中的荷载均匀分布,以减少对地基单位面积的压力,或由于土的特殊性质的需要,为使管道安全稳定运行而采取的一种技术措施。

一个完整的管道基础应由两部分组成,即管座和基础。设置管座的目的在于使基础和管子连成一个整体,以减少对地基的压力和对管子的反力。管座包围管道形成的中心角 α 越大,则基础所受的单位面积的压力和地基对管子作用的单位面积的反力越小。而基础下方的地基,则承受管子和基础的重量、管内水的重量、管上部土的荷载及地面荷载。

室外给水排水管道基础常用的有原状土壤基础、砂石基础和混凝土基础三种。基础形式主要由设计人员根据地质情况、管材及管道接口形式等因素,进行选定或设计。作为施工人员要严格按设计要求和施工规范进行施工。

(一)原状土壤基础

当土壤耐压较高和地下水位在槽底以下时,可直接用原土做基础。排水管道一般挖成弧形槽,称为弧形素土基础,但原状土地基不得超挖或扰动。如局部超挖或扰动,应根据有关规定进行处理;岩石地基局部超挖时,应将基底碎渣全部清理,回填低强度等级混凝土或粒径 10~15 mm 的砂石夯实。非永冻土地区,管道不得敷设在冻结的地基上;管道安装过程中,应防止地基冻胀。

(二)砂石基础

砂石基础一般适用于原状地基为岩石(或坚硬土层)或采用橡胶圈柔性接口的管道。原状地基为岩石或坚硬土层时,管道下方应敷设砂垫层做基础。

柔性管道的基础结构设计无要求时,宜敷设厚度不小于 100 mm 的中粗砂垫层;软土地基宜铺垫一层厚度不小于 150 mm 的砂砾或 5~40 mm 粒径碎石,其表面再铺厚度不小于 50 mm 的中、粗砂垫层。

柔性接口的刚性管道的基础结构,设计无要求时,一般土质地段可铺设砂垫层,亦可敷设 25 mm 以下粒径碎石,表面再铺 20 mm 厚的砂垫层(中、粗砂)。

砂石基础在铺设前,应先对槽底进行检查,槽底高程及槽宽须符合设计要求,且不应有积水和软泥。管道有效支承角范围必须用中、粗砂填充插捣密实,与管底紧密接触,不得用其他材料填充。

(三)混凝土基础

混凝土基础一般用于土质松软的地基和刚性接口(对平口管、企口管采用钢丝网水泥砂浆抹带接口或现浇混凝土套环接口;对承插口管的刚性填料接口)的管道上,下面铺一层 100 mm 厚的碎石砂垫层。在砂垫层上安装混凝土基础的侧向模板时,应根据管道中心位置在坡度板上拉出中心线,用垂球和搭马(宽度与混凝土基础一致)控制侧向模板的位置。搭马每隔 2.5 m 安置一个,以固定模板之间的间距。搭马在浇筑混凝土后方可拆除,随即清理保管。

四、下管和稳管

下管是在沟槽和管道基础已经验收合格后进行,下管前应对管材进行检查与修补。管子经过检验、修补后,在下管前应在槽上排列成行(称排管),经核对管节、管件无误方可下管。

重力流管道一般从最下游开始逆水流方向敷设,排管时应将承口朝向施工前进的方向。压力流管道若为承插铸铁管时,承口应朝向介质流来的方向,并宜从下游开始敷设,以插口去对承口;当在坡度较大的地段,承口应朝上,为便于施工,由低处向高处敷设。

(一)下管方法

下管方法要根据管材种类、管节的重量和长度、现场条件及机械设备等情况来确定,一般分为人工下管和机械下管两种形式。

1.人工下管法

人工下管多用于施工现场狭窄、不便于机械操作或重量不大的中小型管子,以方便施工、操作安全为原则。

2.机械下管

机械下管一般是用汽车式或履带式起重机械(多功能挖土机)进行下管,机械下管有分段下管和长管段下管两种方式。分段下管是起重机械将管子分别吊起后下入沟槽内,这种方式适用于大直径的铸铁管和钢筋混凝土管。长管段下管是将钢管节焊接连接成长串管段,用 2~3 台起重机联合起重下管。

(二)管子的装卸和堆放

管子在运输过程中,应有防止滚动和互相碰撞的措施。非金属管材可将管子放在有凹槽或两侧钉有木楔的垫木上,管子上下层之间应用垫木、草袋或麻袋隔开。装好的管子应用缆绳或钢丝绑牢,金属管材与缆绳或钢丝绑扎的接触处,应垫以草袋或麻袋等软衬,以免防腐层受到损伤。铸铁直管装车运输时,伸出车体外部分不应超过管子长度的 1/4。

管节和管件装卸时应轻装轻放,运输时应垫稳、绑牢,不得相互撞击,接口及钢管的内外防腐层应采取保护措施;金属管、化学建材管及管件吊装时,应采用柔韧的绳索、兜身吊带或专用工具;采用钢丝绳或铁链时不得直接接触管节。

管节堆放宜选用平整、坚实的场地;堆放时必须垫稳,防止滚动,堆放层高可按照产品技术标准或生产厂家的要求。

(三)高程控制

高程控制可用塔尺和水准仪直接控制(用于管节较长的化学管材施工),也可用测设的坡度板来间接控制(用于管节较短的钢筋混凝土管材施工)。

坡度板控制高程,是沿管线每 10~15 m 埋设坡度板(又称龙门板、高程样板),在稳管前由测量人员将管道的中心钉和高程钉测设在坡度板上,两高程钉之间的连线即为管底坡度的平行线,称为坡度线。坡度线上的任何一点到管内底的垂直距离为一常数,称为下反数。稳管时用一木制样尺(或称高程尺)垂直放入管内底中心处,根据下反数和坡度线则可控制高程。样尺高度一般取整数。

五、给水球墨铸铁管安装

给水管道在沟槽开挖和基底处理后就可进行安装了。

柔性连接球墨铸铁管属于柔性管道,具有强度高、韧性大、抗腐蚀能力好等优点。球墨铸铁管的接口主要有滑入式接口(T 形接口)、机械式接口(K 形接口)和法兰式接口(RF 形接口),以滑入式应用居多。这里主要介绍滑入式接口球墨铸铁管的安装。

(一)T 形接口球墨铸铁管的安装程序

滑入式接口球墨铸铁管安装的安装程序为:下管—管口清理—清理胶圈—上胶圈—安装机具设备—在插口外表面和胶圈上涂刷润滑剂—顶推管子使插口插入承口—检查。

(二)顶推方法

滑入式接口(T 形接口)球墨铸铁管的安装方法有撬杠顶入法、千斤顶顶入法、吊链(手拉葫芦)拉入法和牵引机拉入法等。

1.撬杠顶入法

撬杠顶入法即将撬杠插入待安装管承口端工作坑的土层中,在撬杠与承口端面间垫以木板,扳动撬杠使插口进入已连接管的承口,将管顶入。

2.千斤顶顶入法

先在管沟两侧各挖一竖槽,每槽内埋一根方木作为后背,用钢丝绳、滑轮与符合管节模数的钢拉杆与千斤顶连接。启动千斤顶,将插口顶入承口。每顶进一根管子,加一根钢拉杆,一般安装十根管子移动一次方木。

3.吊链(手拉葫芦)拉入法

在已安装稳固的管子上拴住钢丝绳在待拉入管子承口处放好后背横梁,用钢丝绳和吊链(手拉葫芦)连好绷紧对正,拉动吊链,即将插口拉入承口中。每接一根管子,将钢拉杆加长一节,安装数根管子后,移动一次拴管位置。

4.牵引机拉入法

在待连接管的承口处,横放一根后背方木,将方木滑轮(或滑轮组)和钢丝绳连接好,启动牵引机械(如卷扬机、绞磨)将对好胶圈的插口拉入承口中。

5.推进工具

安装球墨铸铁管 T 形接口所使用的工具,按照顶推工艺的要求不同而有所差异,常用的工具有吊链、手扳葫芦、环链、钢丝绳、钩子、扳手、撬棍、探尺、钢卷尺等,也有一些专用工具,如连杆千斤顶和专用环。

对球墨铸铁管 T 形接口进行安装拆卸比较方便。连杆千斤顶适用的管径为 DN80~DN250,专用环适用的管径为 DN300~DN2000。

(三)给水排水管道敷设质量验收标准(适用所有管材)

(1)管道埋设深度轴线位置应符合设计要求,无压管道严禁倒坡。

(2)刚性管道无结构贯通裂缝和明显缺损情况。

(3)柔性管道的管壁不得出现纵向隆起、环向扁平和其他变形情况。

(4)管道敷设安装必须稳固,管道安装后应线形平直,无线漏、滴漏现象。

(5)管道内应光洁平整,无杂物、油污;管道无明显渗水和水珠现象。

(6)管道与井室洞口之间无渗漏水。

(7)管道内外防腐层完整,无破损现象。

(8)钢管管道开孔应符合钢管安装中的相应规定。

(9)闸阀安装应牢固、严密,启闭灵活,与管道轴线垂直。

六、给水钢管安装

钢管具有强度高、耐震动、长度大、接头少和加工接口方便等优点。但易生锈、不耐腐蚀、价格高。通常只在口径大、水压高及穿越铁路、河谷和地震地区使用。

钢管在下管前一定要检查其质量是否符合要求,钢管在运输和安装过程中一定要注意保护防腐层不被破坏。管道安装前,管节应逐根测量、编号,宜选用管径相差最小的管节组对接。

钢管的接口形式有焊接、法兰连接和各种柔性连接等。

(一)钢管过河架空施工

给水管道跨越河道时一般采用架空敷设,管材一般采用强度高、重量轻、韧性好、耐震动、管节长、加工接头方便的钢管。干管线高处设自动排气阀;为了防止冰冻与震害,管道应采取保温措施,设置抗震柔口;在管道转弯等应力集中处应设置支墩。其架空方法一般有两种。

1.管道敷设于桥梁上

管道跨河应尽量利用原建或拟建的桥梁敷设,可采用吊环法、托架法、桥台法或管沟法架设。

1）吊环法

安装要点：架空管道宜安装在现有公路桥一侧，采用吊环将管道固定于桥旁。仅在桥旁有吊装位置或公路桥设计已预留敷管位置条件下方可使用；管子外围设置隔热材料，予以保温。

2）托架法

安装要点：将过河管道架设在原建桥旁焊出的钢支架上通过。

3）桥台法

安装要点：将过河管架设在现有桥旁的桥墩端部，桥墩间距不得大于钢管管道托架要求改道的间距。

2.支柱式架空管（桥管）

设置管道支柱时，应事先征得航运部门、航道管理部门及农田水利规划部门的同意，并协商确定管底标高、支柱断面、支柱跨度等。管道宜选择于河宽较窄，两岸地质条件较好的老土地段。支柱可采用钢筋混凝土桩架式支柱或预制支柱。

连接架空管和地下管之间的桥台部位，通常采用 S 弯部件，弯曲曲率为 45°～90°。若地质条件较差，可于地下管道与弯头连接处安装波形伸缩节，以适应管道不均匀沉陷的需要。若处强震区地段，可在该处加设抗震柔口，以适应地震波引起管道沿轴向波动变形的需要。

（二）硬聚氯乙烯（聚乙烯管、聚丙烯管及其复合管）给水管道安装

硬聚氯乙烯管、聚乙烯管、聚丙烯管及其复合管为柔性管道。

1.管道及管件的质量检查

管节及管件的规格、性能应符合国家有关标准规定和设计要求，进入施工现场时其外观质量应符合下列规定：

（1）不得有影响结构安全、使用功能及接口连接的质量缺陷。

（2）内、外壁光滑、平整、无气泡、无裂纹、无脱皮和严重的冷斑及明显的痕纹凹陷。

（3）管节不得有异向弯曲，端口应平整。

2.管道敷设

（1）采用承插式（或套筒式）接口时，宜人工布管且在沟槽内连接；槽深大于 3 m 或管外径大于 40 mm 的管道，宜用非金属绳索兜住管节下管；严禁将管节翻滚抛入槽中。

（2）采用电熔、热熔接口时，宜在沟槽边上将管道分段连接后以弹性敷管法移入沟槽；移入沟槽时，管道表面不得有明显的划痕。

（三）玻璃钢夹砂管道安装

玻璃钢夹砂管是一种柔性的非金属复合材料管道，管道具有重量轻、刚度高、阻力小及抗腐蚀等特点。管节及管件的规格、性能应符合国家有关标准规定和设计要求，进入施工现场时其外观质量应符合要求：内、外径偏差、承口深度（安装标记环）、有效长度、管壁厚度、管端面垂直度等应符合产品标准规定；内、外表面应光滑平整，无划痕、分层、针孔、杂质、破碎等现象；管端面应平齐、无毛刺等缺陷；橡胶圈应符合相应的标准。安装要点如下：

（1）当沟槽深度和宽度达到设计要求后，在基础相对应的管道接口位置下挖一个长约 50 cm、深约 20 cm 的接口工作坑。

(2)下管前进行外观检查,并清理管内壁杂物和泥土,特别是要注意将管内壁的一层塑料薄膜撕干净,以防供水时随水流剥落堵塞水表。

(3)准确测量已安装就位管道承口上的试压孔到承口端的距离,之后在待安装的管道插口上划限位线。

(4)在承口内表面均匀涂上润滑剂,然后把两个"O"形橡胶圈分别套装在插口上。

(5)每根玻璃钢管道承口端均有试压孔,安装时一定要将试压孔摆放在上部并使其处于两胶圈之间。

(6)用纤维带吊起管道,将承口与插口对好,采用手拉葫芦或顶推的方法将管道插口送入,直至限位线到达承口端为止。校核管道高程,使其达到设计要求,管道安装完毕。

(7)在试压孔上安装试压接头,进行打压试验,一般试验时间为 3~5 min,压力降为零即表示合格。

七、给水附属构筑物的施工

(一)阀门及阀门井的施工

1.阀门检验

(1)阀门的型号、规格符合设计,外形无损伤,配件完整。

(2)对所选用每批阀门按 10%且不少于一个,进行壳体压力试验和密封试验,当不合格时,加倍抽检,仍不合格时,此批阀门不得使用。

(3)壳体的强度试验压力。当试验力≤1.0 MPa 的阀门时,试验压力为 1.0×1.5=1.5(MPa),试验时间为 8 min,以壳体无渗漏为合格。

(4)阀门试验均由双方会签阀门试验记录,检验合格的阀门挂上标志、编号,按设计图位号进行安装。

2.阀门的安装

(1)阀门安装,应处于关闭位置。

(2)阀门与法兰临时加螺栓连接,吊装于所处位置。阀门起吊时,绳子应该系在法兰上,不要系在手轮或阀杆上,以免损坏这些部件。

(3)法兰与管道点焊固位,做到阀门内无杂物堵塞,手轮处于便于操作的位置,安装的阀门应整洁美观。

(4)将法兰、阀门和管线调整成同轴,在法兰与管道连接处于自由受力状态下进行法兰焊接、螺栓紧固。法兰螺栓紧固时,要注意对称均匀地把紧螺栓。

(5)阀门安装后,做空载启闭试验,做到启闭灵活、关闭严密。

3.注意事项

(1)闸阀不要倒装(手轮向下),否则会使介质长期留存在阀盖空间,容易腐蚀阀杆,同时更换填料极不方便。

(2)明杆闸阀,不要安装在地下,否则由于潮湿而腐蚀外露的阀杆。

(3)升降式止回阀,安装时要保证其阀瓣垂直,以便升降灵活。

(4)旋启式止回阀,安装时要保证其销轴水平,以便旋启灵活。减压阀要直立安装在水平管道上,各个方向都不要倾斜。

4.阀门井的砌筑

(1)安装管道时,准确地测定井的位置。

(2)阀门井的井底距承口或法兰盘下缘以及井壁与承口或法兰盘外缘应留有安装作业空间,其尺寸应符合设计要求。

(3)砌筑时认真操作,管理人员严格检查,选用同厂同规格的合格砖,砌体上下错缝,内外搭砌、灰缝均匀一致,水平灰缝、凹面灰缝,宜取 5~8 cm,井里口竖向灰缝宽度不小于 5 mm,边铺浆边上砖,一揉一挤,使竖缝进浆,收口时,层层用尺测量,每层收进尺寸,四面收口时不大于 3 cm,三面收口时不大于 4 cm,保证收口质量。

(4)安装井圈时,井墙必须清理干净,湿润后,在井圈与井墙之间摊铺水泥浆后稳井圈,露出地面部分的检查井,周围浇筑混凝土,压实抹光。

5.直埋式闸阀安装

直埋式软密封闸阀也叫地埋式软密封闸阀,阀门可直接埋入地下,不用垒砌窨井,减少了路面开挖的面积。安装直埋式软密封闸阀注意事项如下:

(1)应保持阀门与管道连接自然顺畅,避免产生垂直于管线的弯曲力,闸阀与井室、井管部分应保持竖直安装。

(2)安装时,保证伸缩管与伸缩杆连接可靠,井室位置应以井室顶端与地面持平,要求阀门伸缩杆顶端到井室顶端的距离以 8~10 cm 为宜。

(二)支墩的施工

支墩侧基应建在原状土上,当原状土地基松软或被扰动时,应按设计要求进行地基处理。

1.支墩施工

(1)管节及管件的支墩结构和锚定结构位置准确,锚定牢固。钢制锚定件必须采取相应的防腐处理。

(2)支墩应在兼顾的地基上修筑。无原状土做后背墙时,应采取措施保证支墩在受力情况下,不致破坏管道接口。采用砌筑支墩时,原状土与支墩之间应采用砂浆填塞。

(3)支墩应在管节接口做完、管节位置固定后修筑。

(4)支墩施工前,应将支墩部位的管节、管件表面清理干净。

(5)支墩宜采用混凝土浇筑,其强度等级不应低于 C15。采用砌筑结构时,水泥砂浆强度不应低于 M7.5。

(6)管节安装过程中的临时固定支架,应在支墩的砌筑砂浆或混凝土达到规定强度后方可拆除。

(7)管道及管件支墩施工完毕,并达到强度要求后方可进行水压试验。

2.支墩的质量要求

(1)所有的原材料质量应符合国家有关标准的规定和设计要求。

(2)支墩地基承载力、位置符合设计要求;支墩无位移、沉降。

(3)砌筑水泥砂浆强度、结构混凝土强度符合设计要求;检查数量:每 50 m³ 砌体或混凝土每浇筑 1 个台班留一组试块。

（4）混凝土支墩应表面平整、密实；砖砌支墩应灰缝饱满，无通缝现象，其表面抹灰应平整、密实。

（5）支墩支撑面与管道外壁接触紧密，无松动、滑移现象。

八、给水管道严密性试验（水压试验）

给水管道一般为压力管道（工作压力大于或等于 0.1 MPa 的给水排水管道），水压试验是检验压力管道安装质量的主控项目。水压试验是在管道部分回填之后和全部回填土前进行的。

水压试验分为预试验和主试验阶段。单口水压试验合格的大口径球墨铸铁管、玻璃钢管、预应力钢筋混凝土管或预应力混凝土管等管道设计无要求时，压力管道可免去预试验阶段，而直接进行主试验阶段。

规范规定：水压试验合格的判定依据分为允许压力降值和允许渗水量值按设计要求确定。如设计无要求，应根据工程实际情况，选用其中一项值或同时采用两项值作为试验合格的最终判定依据。

（1）测定压力降值。采用允许压力降值进行最终合格判定依据时，需测定试验管段的压力降值停止注水补压，稳定 15 min；当 15 min 后，压力下降不超过所允许压力降数值时，将试验压力降至工作压力并保持恒压 30 min，进行外观检查，若无漏水现象，则水压试验合格。

（2）测定渗水量（放水法）。当采用允许渗水量进行最终合格判定依据时，需测定试验管段的渗水量。

水压升至试验压力后开始计时，每当压力下降，应及时向管道内补水，但最大降压不得大于 0.03 MPa，保持管道试验压力始终恒定，恒压延续时间不得少于 2 h，并计算恒压时间内补入试验管段内的水量。

实测渗水量应按下式计算：

$$q = \frac{W}{T \times L} \times 1\ 000 \tag{6-5}$$

式中　q——实测渗水量，L/（min·km）；

　　　W——恒压时间内补入管道的水量，L；

　　　T——从开始计时至保持恒压结束的时间，min；

　　　L——试验管段的长度，m。

九、（钢筋）混凝土排水管道安装（敷设）

（钢筋）混凝土排水管道敷设方法，主要根据管道基础和接口形式，灵活地处理平基、稳管、管座和接口之间的关系，合理地安排施工顺序。排水管道常用的敷设方法有普通法、四合一法、前三合一法、后三合一法和垫块法等。前四种方法用于刚性基础刚性接口的管道安装，垫块法常用于大、中型刚性接口及柔性接口的管道安装。

（一）管道接口

（钢筋）混凝土排水管的接口有刚性接口和柔性接口两种形式。

1. 刚性接口

不允许管道有轴向的交错,但比柔性接口施工简单、造价较低,因此采用较广泛。刚性接口抗震性能差,适用在地基比较良好,有带形基础的无压管道上。具体方法有:

(1)水泥砂浆抹带接口,属于刚性接口。在管子接口处用 1∶2.5～1∶3.0 水泥砂浆抹成半椭圆形或其他形状的砂浆带带宽 120～150 mm。一般适用于地基土质较好的雨水管道,或用于地下水位以上的污水支线上。企口管、平口管、承插管均可采用此种接口。

(2)钢丝网水泥砂浆抹带接口,属于刚性接口。将抹带范围的管外壁凿毛,抹 1∶2.5 水泥砂浆一层厚 15 mm,中间采用 20 号 10×10 钢丝网一层,两端插入基础混凝土中,上面再抹砂浆一层厚 10 mm。适用于地基土质较好的具有带形基础的雨水、污水管道上。

2. 柔性接口

允许管道纵向轴线交错 3～5 mm 或交错一个较小的角度,而不致引起渗漏。柔性接口一般用在地基软硬不一,沿管道轴向沉陷不均匀的无压管道上。柔性接口施工复杂,造价较高,在地震区采用有它独特的优越性。具体方法如下:

(1)承插式橡胶圈接口,属柔性接口。此种承插式管道与前所述承插口混凝土管不同,它在插口处设一凹槽,防止橡胶圈脱落,该种接口的管道有配套的"O"形橡胶圈。此种接口施工方便,适用于地基土质较差,地基硬度不均匀,或地震区。

(2)企口式橡胶圈接口,属柔性接口。是从国外引进的新型工艺。配有与接口配套的"q"形橡胶圈。该种接口适用于地基土质不好,有不均匀沉降地区,既可用于开槽施工,也可用于顶管施工管道与检查井连接。

(二)管道与检查井连接

(1)管道与检查井的连接,应按设计图纸施工。当采用承插管件与检查井井壁连接时,承插管件应由生产厂配套提供。

(2)管件或管材与砖砌或混凝土浇制的检查井连接,可采用中介层做法。即在管材或管件与井壁相接部位的外表面预先用聚氯乙烯胶黏剂粗砂做成中介层,然后用水泥砂浆砌入检查井的井壁内。中介层的做法按以下步骤:先用毛刷或棉纱将管壁的外表面清理干净,然后均匀地涂一层聚氯乙烯胶黏剂,紧接着在上面甩撒一层干燥的粗砂,固化 10～20 min,即形成表面粗糙的中介层。中介层的长度视管道砌入检查井内的长度而定,可采用 0.24 m。

(3)当管道与检查井的连接采用柔性连接时,可用预制混凝土套环和橡胶密封圈接头。混凝土外套环应在管道安装前预制好,套环的内径按相应管径的承插口管材的承口内径尺寸确定。套环的混凝土强度等级应不低于 C20,最小壁厚不应小于 60 mm,长度不应小于 240 mm。套环内壁必须平滑,无孔洞、鼓包。混凝土外套环必须用水泥砂浆砌筑。在井壁内,其中心位置必须与管道轴线对准。安装时,可将橡胶圈先套在管材插口指定的部位与管端一起插入套环内。

(4)预制混凝土检查井与管道连接的预留孔直径应大于管材或管件外径 0.2 m,在安装前预留孔环内表面应凿毛处理,连接构造宜按前述第(2)条规定采用中介层方式。

(5)检查井底板基底砂石垫层,应与管道基础垫层平缓顺接。管道位于软土地基或低洼、沼泽、地下水位高的地段时,检查井与管道的连接,宜先采用长 0.5～0.8 m 的短管按第(2)条或第(3)条的要求与检查井连接,后面接一根或多根(根据地质条件)长度不大于 2.0 m 的短管,然后再与上下游标准管长的管段连接。

十、排水管道严密性试验(闭水试验)

污水、雨污水合流管道及湿陷土、膨胀土、流沙地区的雨水管道,在回填土之前必须进行严密性试验。排水管道严密性试验常用闭水试验,如水源缺失时也可用闭气试验。

闭水试验是在要检查的管段内充满水,并具有一定的作用水头,在规定的时间内观察漏水量的多少。闭水试验宜从上游往下游进行分段,上游段试验完毕,可往下游段倒水,以节约用水。

(一)闭水试验准备工作

1. 试验装置

闭水试验装置由试验管段、上游检查井、下游检查井、砖堵和试验水头构成。

2. 试验段的划分

试验段的划分原则:

(1)试验管段应按井距分隔,抽样选取,带井试验。

(2)当管道内径大于 700 mm 时,可按管道井段数量抽样选取 1/3 进行试验,试验不合格时,抽样井段数量应在原抽样基础上加倍进行试验。

(3)若条件允许可一次试验不超过 5 个连续井段。

对于无法分段试验的管道,应由工程有关方面根据工程具体情况确定。

3. 闭水试验条件

闭水试验时,试验管段应符合下列条件:

(1)管道及检查井外观质量检查已验收合格。

(2)管道未回填土且沟槽内无积水。

(3)全部预留孔应封堵,不得渗水。

(4)管道两端堵板承载力经核算应大于水压力的合力,除预留进出水管外,应封堵坚固,不得渗水。

4. 闭水试验水头计算

闭水试验水头,应按下列规定计算:

(1)试验段上游设计水头不超过管顶内壁时,试验水头应以试验段上游管顶内壁加 2 m 计。

(2)试验段上游设计水头超过管顶内壁时,试验水头应以试验段上游设计水头加 2 m 计。

(3)计算出的试验水头小于 10 m,但已超过上游检查井井口时,试验水头应以上游检查井井口高度为准。

(二)试验步骤

(1)将试验管段两端的管口封堵,如用砖砌,则砌 24 cm 厚砖墙并用水泥砂浆抹面,养护 3 ~ 4 d 达到一定强度后,再向试验段内充水,在充水时注意排气。

(2)试验管段灌满水后浸泡时间不少于 24 h,同时检查砖堵、管身、接口有无渗漏。

(3)将闭水水位升至试验水头水位,观察管道的渗水量,直至观测结束时,应不断地向试验管段内补水,保持标准水头恒定。渗水量的观测时间不小于 30 min。

(4)实测渗水量可按下式计算:

$$q = \frac{W}{TL} \tag{6-6}$$

式中 q——实测渗水量,L/(min·m);

W——补水量,L;

T——渗水量观测时间,min;

L——试验管段长度,m。

当 q 小于或等于允许渗水量时,即认为合格。

十一、沟槽回填

由于管线工程完成后即进行道路工程施工,所以回填质量是把握整体工程质量的关键,是施工的重点。管线结构验收合格后方可进行回填施工,且回填尽可能与沟槽开挖施工形成流水作业。

沟槽回填压实,应分层进行,且不得损伤管道。每层施工包括还土、摊平、夯实和检查四个工序。

(一)还土

还土就是将符合规定或设计的回填土或其他回填材料运入槽内的过程。有人工还土和机械还土。还土时,不得损伤管道及其接口。管道两侧和管顶以上 500 mm 范围内的回填材料,应由沟槽两侧对称运入槽内,不得直接扔在管道上;回填其他部位时,应均匀运入槽内,不得集中推入。

(二)摊平

每还一层土,都要采用人工将土摊平,使每层土都接近水平。

(三)夯实

沟槽回填土夯实方法有人工夯实和机械夯实两种。人工夯实工具有木夯和铁夯,机械夯实工具有轻型压实设备(如蛙式夯、内燃打夯机)和重型压实设备(如压路机、震动压力机)。

刚性管道沟槽回填的压实作业,应符合下列规定:

(1)管道两侧和管顶以上 500 mm 范围内胸腔夯实,应采用轻型压实机具,管道两侧压实面的高差不应超过 300 mm。

(2)管道基础为土弧基础时,应填实管道支撑角范围内腋角部位;压实时,管道两侧应对称进行,且不得使管道位移或损伤。

(3)同一沟槽中有双排或多排管道的基础底面位于同一高程时,管道之间的回填压实应与管道与槽壁之间的回填压实对称进行。

(4)同一沟槽中有双排或多排管道但基础底面的高程不同时,应先回填基础较低的沟槽;当回填至较高基础底面高程后,再按第(3)条规定回填。

(5)分段回填压实时,相邻段的接槎应呈台阶形,且不得漏夯。

（6）采用轻型压实设备时,应夯实相连;采用压路机时,碾压的重叠宽度不得小于 200 mm。

（7）采用压路机、振动压路机等压实机械压实时,其行驶速度不得超过 2 km/h。

（8）接口工作坑回填时,底部凹坑应先回填压实至管底,然后与沟槽同步回填。

柔性管道的沟槽回填作业应符合下列规定:

（1）回填前,检查管道有无损伤或变形,有损伤的管道应修复或更换。

（2）管内径大于 800 mm 的柔性管道,回填施工中应在管内设竖向支撑。

（3）管基有效支承角范围内,应采用中粗砂填充密实,与管壁紧密接触,不得用土或其他材料填充。

（4）管道半径以下回填时应采取防止管道上浮、位移的措施。

（5）管道回填时间宜在一昼夜中气温最低时段,从管道两侧同时回填,同时夯实。

（6）沟槽回填从管底基础部位开始到管顶以上 500 mm 范围内,必须采用人工回填;管顶 500 mm 以上部位,可用机械从管道轴线两侧同时夯实;每层回填高度应不大于 200 mm。

（7）管道位于车行道下,铺设后即修筑路面或管道位于软土地层以及低洼、沼泽、地下水位高地段时,沟槽回填宜先用中、粗砂将管底腋角部位填充密实后,再用中、粗砂分层回填到管顶以上 500 mm。

（8）回填作业的现场试验段长度应为一个井段或不少于 50 m,因工程因素变化,改变回填方式时,应重新进行现场试验。

（四）检查

每层回填完成后必须经质检员检查、试验员检验认可后,方准进行下层回填作业。

管道埋设的管顶覆土最小厚度应符合设计要求,且满足当地冻土层厚度要求;管顶覆土厚度或回填压实度达不到设计要求时应与设计单位协商进行处理。

为了避免井室周围下沉的质量通病,在回填施工中应采用双填法进行施工,即井室周围必须与管道回填同时进行。待回填施工完成后对井室周围进行 2 次台阶形开挖,然后用 9% 灰土重新进行回填。

第二节　给水排水管道顶管施工

顶管法是最早使用的一种非开挖施工方法,它是将新管用大功率的顶推设备顶进至终点来完成铺设任务的施工方法。

一、顶管的基本概论

（一）顶管的分类

顶管的分类方法很多,每一方法都强调某一侧面,但也无法概全,有局限性。

1. 按管道的口径(内径)分

按管道的口径不同,顶管可分为小口径顶管、中口径顶管和大口径顶管。

小口径指不适宜进入操作的管道,而大口径指操作人员进出管道比较方便的管道,根

据实际经验,我国确定的三种口径为:

　　小口径管道:内径<800 mm;

　　中口径管道:800 mm≤内径≤1 800 mm;

　　大口径管道:内径>1 800 mm。

2. 按顶进距离分

按顶进距离不同,顶管可分为中短距离顶管、长距离顶管和超长距离顶管。

这里所说的距离指管道单向一次顶进长度,以 L 代表距离,则

　　中短距离顶管:$L \leq 300$ m;

　　长距离顶管:300 m $< L \leq 1\,000$ m;

　　超长距离顶管:$L > 1\,000$ m。

3. 按管材分

按管材不同,顶管可分为钢筋混凝土管、钢管、玻璃钢管、复合管顶管等。

4. 按顶管掘进机或工具管的作业方式分

(1)顶管按掘进功能分为手掘式、挤压式、半机械式、水力挖掘式。

(2)顶管按防塌功能分为机械平衡式、泥水平衡式、土压平衡式、气压平衡式。

(3)顶管按出泥功能分为干出泥、泥水出泥。

5. 按地下水位分

按地下水位不同,顶管可分为干法顶管和水下顶管。

6. 按管轴线分

按管轴线不同,顶管可分为直线顶管和曲线顶管。

(二)顶管管材

顶管所用管材常用的有钢管、钢筋混凝土管和玻璃纤维加强管三种,下面着重介绍钢管及钢筋混凝土管。

1. 钢管

大口径顶管一般采用钢板卷管。管道壁厚应能满足顶管施工的需要,根据施工实践可表示如下:

$$t = kd \tag{6-7}$$

式中　t——钢管壁厚,mm;

　　　k——经验系数,取 $0.010 \sim 0.008$;

　　　d——钢管内径,mm。

为了减少井下焊接的次数,每段钢管的长度一般不小于 6 m,有条件的可以适当加长。

顶管钢管内外壁均要防腐。敷设前要用环氧沥青防锈漆(三层),对外表面进行防腐处理,待施工结束后再根据管道的使用功能选用合适的涂料涂内表面。

钢管管段的连接采用焊接。焊缝的坡口形式有两。其中,V 形焊缝是单面焊缝,用于小管径顶管;K 形和 X 形焊缝为双面焊缝,适用于大中管径顶管。

2. 钢筋混凝土管

混凝土管与钢管相比耐腐蚀,施工速度快(因无焊接时间)。混凝土管的管口形式有

企口和平口两种。由于只有部分管壁传递顶力，故只适用于较短距离的顶管。平口连接由于密封、安装情况不同分为 T 形和 F 形接头。

T 形接头是在两管段之间插入一端钢套管（壁厚 6 ~ 10 mm，宽度 250 ~ 300 mm），钢管套与两侧管段的插入部分均有橡胶密封圈。而 F 形接头是 T 形接头的发展，安装时应先将钢套管与前段管段牢固的连接。用短钢筋将钢套管与钢筋混凝土管钢筋笼焊接在一起；或在管端事先预留钢环预埋件以便于与钢套管连接。两段管端之间加入木质垫片（中等硬度的木材，如松木、杉木等），即可用来均匀地传递顶力，又可起到密封作用。

二、顶管的工艺组成

顶管施工工艺由掘进设备、顶进设备、泥水输送设备（进排泥泵）、测量设备、注浆设备、吊装设备、通风设备、照明设备组成。

（一）掘进设备

顶管掘进机是安装在管段最前端起到导向和出土的作用，它是顶管施工中的关键机具，在手掘式顶管施工中不用顶管掘进机而只用工具管。

（二）顶进设备

1. 主顶装置

主顶装置由主顶油缸、主顶油泵操纵台、油管等组成，其中主顶油缸是管子顶进的动力，主油缸的顶力一般采用 1 000 kN、2 000 kN、3 000 kN、4 000 kN，是由多台千斤顶组成，主顶千斤顶呈对称状布置在管壁周边，一般为双数且左右对称布置。千斤顶在工作坑内常用的布置方式为单列、双列、双层并列等形式，主顶进装置除主顶千斤顶外，还有千斤顶架——以支承主顶千斤顶，主顶油泵——供给主顶千斤顶以压力油，控制台——控制千斤顶伸缩的操纵控制，操纵方式有电动和手动两种，前者使用电磁阀或电液阀，后者使用手动换向阀。油泵、换向阀和千斤顶之间均用高压软管连接。

2. 中继间

在顶管顶进距离较长，顶进阻力超出主顶千斤顶的容许总顶力、混凝土管节的容许压力、工作井后靠土体反作用力，无法一次达到顶进距离要求时，应使用中继间做接力顶进，实行分段逐次顶进。中继间之前的管道利用中继千斤顶顶进，中继间之后的管节则利用主顶千斤顶顶进。利用中继间千斤顶将降低原顶进速度，因此当运用多套中继间接力顶进时，应尽量使多套中继间同时工作，以提高顶进速度。根据顶进距离的长短和后座墙能承受的反作用力的大小以及管外壁的摩擦力，确定放置中继间的数量。

3. 顶铁

若采用的主顶千斤顶的行程长短不能一次将管节顶到位时，必须在千斤顶缩回后在中间加垫块或几块顶铁。顶铁分为环形、弧形、马蹄形三种。环形顶铁的目的是使主顶千斤顶的推力可以较均匀地加到所顶管道的周边。弧形和马蹄形顶铁是为了弥补千斤顶行程不足而用。弧形开口向上，通常用于手掘式、土压平衡式中；马蹄形开口向下，通常用于泥水平衡式中。

4. 后座墙

后座墙是主顶千斤顶的支承结构，后座墙由两大部分组成：一部分是用混凝土浇筑成的墙体,亦有采用原土后座墙的;另一部分是靠主顶千斤顶尾部的厚铁板或钢结构件,称为钢后靠,钢后靠的作用是尽量把主顶千斤顶的反力分散开来。

5. 导轨

顶进导轨出两根平行的轨道所组成,其作用是使管节在工作井内有一个较稳定的导向,引导管段按设计的轴线顶入土中,同时使顶铁能在导轨面上滑动。在钢管顶进过程中,导轨也是钢管焊接的基准装置。导轨应选用钢质材料制作,可用轻轨、重轨、型钢或滚轮做成。

1)导轨安装应满足的要求

(1)安装后导轨应当牢固,不得在使用中产生位移;

(2)基底务求平整,满足设计高程要求;

(3)导轨铺设必须严格控制内距、中心线、高程、其纵坡要求与管道纵坡一致;

(4)导轨材料必须顺直,一般采用 43 kg/m 重型钢轨制成,也可视实际条件采用 18 kg/m 轻型钢轨,或用 150 mm×150 mm 方木制成木导轨。

2)导轨间内距

导轨通常是铺设在基础之上的钢轨或方木,管中心至两钢轨的圆心角为 70°~90°。

两导轨内距计算公式如下:

$$A = 2\sqrt{(D+2t)(h-c)-(h-c)^2} \qquad (6\text{-}8)$$

式中　D——待顶管内径,m;

t——待顶管壁厚;

h——导轨高,m;

c——管外壁与基础面垂直净距,为 0.01~0.03 m。

3)导轨安装要求和允许偏差

导轨应顺直、平行、等高,其纵坡应与管道设计坡度一致;导轨安装的允许偏差:轴线位置为 3 mm,顶面高程 0~+3 mm,两轨内距±2 mm。

(三)泥水输送设备(进排泥泵)

进排泥泵是泥水式顶管施工中用于进水输送和泥水排送的水泵,是一种离心式水泵,前者称为进水泵或进泥泵,后者称为排泥泵。

不是所有的离心泵都能担任泥水式顶管施工中的进排泥泵的,选用时应遵循下述几条原则(泵应具备的条件):

(1)不仅能泵送清水,而且能泵送比重 1.3 以下的泥水的离心泵才可被选作进排泥泵。

(2)由于被输送的泥水中有大量的砂粒,它对泵的磨损特别大。因此,选用的泵应具有很强的耐磨性能,包括密封件也应有很高的耐磨性能。只有这类离心泵可以被选为进排泥泵。

(3)由于输送的泥水中,可能有较大的块状、条状或纤维状物体。其中,块状物可能是坚硬的卵石,也可能是黏土团。而进排泥泵在输送带有上述物体过程中不应受到堵塞。尤其是输送粒径占进排泥管直径1/3的块状物时,泵的叶轮不允许卡死。

(4)泵能在额定流量和扬程下长期连续工作,并且寿命比较长,故障比较少,效率比较高。

只有具备了以上四个条件的离心泵才可被选作进排泥泵。

（四）测量设备

管道顶进中应不断观测管道的位置和高程是否满足设计要求。顶进过程中及时测量纠偏，一般每推进 1 m 应测定标高和中心线一次，特别对正在入土的第一节管的观测尤为重要，纠偏时应增加测量次数。

1. 测量

1）水准仪测平面与高程位置

（1）用水准仪测平面位置的方法是在待测管首端固定一小十字架，在坑内架设一台水准仪，使水准仪十字对准十字架，顶进时，若出现十字架与水准仪上的十字丝发生偏离，即表明管道中心线发生偏差。

（2）用水准仪测高程位置的方法是在待测管首端固定一个小十字架，在坑内架设一台水准仪，检测时，若十字架在管首端相对位置不变，其水准仪高程必然固定不变，只要量出十字架交点偏离的垂直距离，即可读出顶管顶进中的高程偏差。

2）垂球法测平面与高程位置

在中心桩连线上悬吊的垂球示出了管道的方向，顶进中，若管道出现左右偏离，则垂球与小线必然偏离；再在第一节管端中心尺上沿顶进方向放置水准仪，若管道发生上下移动，则水准仪气泡也会发生偏移。

3）激光经纬仪测平面与高程位置

采用架设在工作坑内的激光经纬仪照射到待测管首端的标示牌，即可测定顶进中的平面与高程的误差值。

2. 校正

1）挖土校正

偏差值为 10 ~ 30 mm 时可采用此法。当管子偏离设计中心一侧适当超挖，使迎面阻力减小，而在管子中心另一侧少挖或留台，使迎面阻力加大，形成力偶，让首节管子调向，借预留的土体迫使管子逐渐回位。

例：如果发现顶进过程中管子"低头"，则在管顶处多挖土，管底处少挖土；如果顶进中管子"抬头"，则在管前端下多挖土，管顶少挖土，这样再顶进时即可得以校正。

2）强制校正法

强迫管节向正确方向偏移的方法。

（1）衬垫法：在首节管的外侧局部管口位置垫上钢板或木板迫使管子转向。

（2）支顶法：应用支柱或千斤顶在管前支撑，斜支于管口内的一侧，以强顶校正。

（3）主压千斤顶法：一般在顶进 15 m 内发现管中心偏差可用主压千斤顶进行校正。若管中心向左偏，则左管外侧顶铁比右侧顶铁加长 10 ~ 15 mm，左顶力大于右侧而得到校正。

（4）校正千斤顶法：在首节工具管之后安装校正环，校正环内有上、下、左、右几个校正千斤顶，若偏向那侧，开动相应侧的纠偏千斤顶。

　　3）激光导向法

　　激光导向法是应用激光束极高的方向准直性这一特点,利用激光准直仪发射的光束,通过光点转换和有关电子线路来控制指挥液压传动机构,达到顶进的方向测量与偏差校正自动化。

　　纠偏时掌握条件,无论何种纠偏方法,都应在顶进中进行,顶进中注意勤测勤纠,纠偏时注意控制纠偏角度。

　　（五）注浆设备

　　现在的顶管施工都离不开润滑浆,也离不开注润滑浆的设备。只有当所顶进的管道的周边与土之间有着一个很好的浆套把管子包裹起来,才能有较好的润滑和减摩作用。它的减摩效果有时可达到惊人的程度,即其综合摩擦阻力比没有注润滑浆的低 $1\sim2$ 倍以上。

　　现在使用的注润滑浆设备大体有三类:一是往复活塞式注浆泵;二是曲杆泵;三是胶管泵。

　　在往复活塞式的注浆泵中,有的是高压大流量的,有的是低压小流量的,而顶管施工中常用的则是低压小流量的,这种注浆泵在早期的顶管施工中使用得比较多。由于这种往复式泵有较大的脉动性,不能很好地形成一个完整的浆套包裹在管子的外周上,于是也就降低了注浆的效果。

　　为了弥补上述往复式注浆泵的不足,现在大多采用螺杆泵,也有称作为曲杆泵的注浆泵。这种泵体的构造较简单,外壳是一个橡胶套,套中间有一根螺杆。当螺杆按设计的方向均匀地转动时,润滑浆的浆液就从进口吸入,从出口均匀地排出。

　　这种螺杆式注浆泵的最大特点是它所压出的浆液完全没有脉动,因此由它输出的浆液就能够很好地挤入刚刚形成的管子与土之间的缝隙里,很容易在管子外周形成一个完整的浆套。但是,螺杆泵除无脉动和有较大的自吸能力这两个优点外,还有两个较大的缺点,一个是浆液里不能有较大的颗粒和尖锐的杂质如玻璃等,如果有了,那就很容易损坏橡胶套,从而使泵的工作效率下降或无法正常工作;另一个,是螺杆泵绝对不能在无浆液的情况下干转;一空转就损坏。

　　第三种注浆泵是胶管泵,这类泵在国内的顶管中使用得很少,国外则应用得较普遍。它的工作原理如下:当转动架按箭头所指示的方向旋转时,压轮把胶管内的浆液由泵下部的吸入口向上部的排出口压出,而挡轮则分别挡在胶管的两侧。当下部的压轮一边往上压的时候,胶管内已没有浆液。这时,由于胶管的弹性作用,在其恢复圆形断面的过程中把浆液从吸入口又吸到胶管内,等待着下一个压轮来挤压,这样不断重复下去,就能使泵正常工作了。

　　这种胶管泵除脉动比较小的特点外,还有以下一些特点:

　　（1）可输送颗粒含量较多又较大的黏度高的浆液。

　　（2）经久耐用,保养方便。

　　（3）即使空转也不会损坏。

　　（六）吊装设备

　　用于顶管施工的起重设备大体有两类,一类是行车,另一类是吊车。

用于顶管的行车自 5 t 开始到 30 t 为止,各种规格的都有。它起吊吨位的大小与顶进的管径有关,管径小的用起吊吨位小的行车,管径大的则用起吊吨位大的行车。一般而言,决定起吊吨位大小的主要因素是所顶管节的质量。如管节质量小于 5 t,则可选用 5 t 的行车;若管节质量为 9 t,则应选用 10 t 的行车,等等。

顶管施工中所用的另一类起重设备就是吊车。吊车的类型有汽车吊、履带吊、轮胎吊等。使用吊车时其起吊半径较小,没有行车灵活,而且随着其活动半径的增大起重吨位就下降。另外,吊车自重比较大,所停的工作坑边要有非常坚固的地基。使用吊车的噪声也比较大。除非行车的起重量不够,不能起吊诸如掘进机等大的设备,这时才采用吊车,一般情况下多采用行车。

(七)通风设备

在长距离顶管中,通风是一个不容忽视的问题。因为长距离顶进过程的时间比较长,人员在管子内要消耗大量的氧气,久而久之,管内就会出现缺氧,影响作业人员的健康。另外,管内的涂料,尤其是钢管内的涂料会散发出一些有害气体,也必须用大量新鲜空气来稀释。还有可能在掘进过程中遇到一些土层内的有害气体逸出,也会影响作业人员健康,这在手掘式及土压式中表现较为明显。还有,在作业过程中还会有一些粉尘浮游在空气中,也会影响作业人员健康,最后还有钢管焊接过程中有许多有害烟雾,它不仅影响作业人员健康,而且也影响测量工作。所有以上这些问题,都必须靠通风来解决。

就通风的形式,常用的有三种:鼓风式通风、抽风式通风和组合式通风。鼓风式通风是把风机置于工作井的地面上,且在进风口附近的环境要好一些,把地面上的新鲜空气通过鼓风机和风筒鼓到掘进机或工具管内。抽风式通风又称吸入式抽风,它是将抽风机安装在工作坑的地面上,把抽风管道一直通到挖掘面或掘进机操作室内。组合式通风的基本形式有两种:一种是长鼓短抽,另一种是长抽短鼓。所谓长鼓短抽,就是以鼓风为主,抽风为辅的组合通风系统。在该系统中鼓风的距离长,风筒长;抽风的距离短,风筒也短。另一种是以抽风为主的通风系统称为长抽短鼓式,即抽风距离比较长,鼓风距离比较短。

(八)照明设备

一般有高压网和低压网两种。小管径、短距离顶管中一般直接供电,380 V 动力电源送至掘进机中,大管径、长距离顶管中一般高压电输送,经变压器降压 380 V 后送至掘进机的电源箱中。照明用电一般为 220 V 电源。

三、顶管工作井的基本知识

(一)工作坑和接收坑的种类

顶管施工虽不需要开挖地面,但在工作坑和接收坑处则必须开挖。

工作坑是安放所有顶进设备的场所,也是顶管掘进机或工具管的始发地,同时又是承受主顶油缸反作用力的构筑物。

接收坑则是接收顶管掘进机或工具管的场所。工作坑比接收坑坚固可靠,尺寸也较大。工作坑和接收坑按其形状来区分,有矩形的、圆形的、腰圆形的、多边形的几种。

工作坑和接收坑按其结构来分,有钢筋混凝土坑、钢板桩坑、瓦楞钢板坑等。在土质条件好而所顶管子口径比较小,顶进距离又不长的情况下,工作坑和接收坑也可采用放坡开挖式,只不过在工作坑中需浇筑一堵后座墙。

工作坑和接收坑如果按它们的构筑方法分,则可分为沉井坑、地下连续墙坑、钢板桩坑、混凝土砌块或钢瓦楞板拼装坑以及采用特殊施工方法构筑的坑等。

(二)工作坑和接收坑的选取原则

首先,在工作井和接收坑的选址上应尽量避开房屋、地下管线、河塘、架空电线等不利于顶管施工作业的场所。尤其是工作坑,它不仅在坑内布置有大量设备,而且在地面上又要有堆放管子、注浆材料和提供渣土运输或泥浆沉淀池以及其他材料堆放的场地,还要有排水管道等。其次,在工作坑和接收坑的选定上也要根据顶管施工全线的情况,选取合理的工作坑和接收的个数。众所周知,工作坑的构筑成本肯定会大于接收坑。因此,在全线范围内,应尽可能地把工作坑的数量降到最少。同时还要尽可能地在一个工作坑中向正反两个方向顶,这样会减少顶管设备转移的次数,从而有利于缩短施工周期。例如,我们有两段相连通的顶管,这时尽可能地把工作坑设在两段顶管的连接处,分别向两边两个接收坑顶。设一只工作坑,两个接收坑,这样比较合理。

最后,在选取工作坑或接收坑时,也应全盘综合考虑,然后不断优化。

四、顶管施工

(一)一般规定

(1)施工前应进行现场调查研究,并对建设单位提供的工程沿线的有关工程地质、水文地质和周围环境情况,以及沿线地下与地上管线、周边建(构)筑物、障碍物及其他设施的详细资料进行核实确认;必要时应进行坑探。

(2)施工前应编制施工方案,包括下列主要内容:顶进方法以及顶管段单元长度的确定;顶管机选型及各类设备的规格、型号及数量;工作井位置选择、结构类型及其洞口封门设计;管节、接口选型及检验内外防腐处理;顶管进、出洞口技术措施,地基改良措施;顶力计算、后背设计和中继间设置;减阻剂选择及相应技术措施;施工测量、纠偏的方法;曲线顶进及垂直顶升的技术控制及措施;地表及构筑物变形与形变监测和控制措施;安全技术措施,应急预案。

(3)施工前应根据工程水文地质条件、现场施工条件、周围环境等因素,进行安全风险评估,并制定防止发生事故以及事故处理的应急预案,备足应急抢险设备、器材等物资。

(4)根据工程设计、施工方法、工程和水文地质条件,对邻近建(构)筑物、管线,应采用土体加固或其他有效的保护措施。

(5)施工中应根据设计要求、工程特点及有关规定,对管(隧)道沿线影响范围地表或地下管线等建(构)筑物设置观测点,进行监控测量。监控测量的信息应及时反馈,以指导施工,发现问题及时处理。

(6)监控测量的控制点(桩)设置应符合《给水排水管道工程施工及验收规范》(GB 50268)的规定,每次测量前应对控制点(桩)进行复核,如有扰动,应进行校正或重新补设。

(7)施工设备、装置应满足施工要求,并符合下列规定:

①施工设备、主要配套设备和辅助系统安装完成后,应经试运行及安全性检验,合格

后方可掘进作业。

②操作人员应经过培训,掌握设备操作要领,熟悉施工方法、各项技术参数,考试合格方可上岗。

③管道内涉及的水平运输设备、注浆系统、喷浆系统以及其他辅助系统应满足施工技术要求和安全、文明施工要求。

④施工供电应设置双路电源,并能自动切换;动力、照明应分路供电,作业面移动照明应采用低压供电。

⑤采用顶管、盾构、浅埋暗挖法施工的管道工程,应根据管道长度、施工方法和设备条件等确定管道内通风系统模式;设备供排风能力、管道内人员作业环境等还应满足国家有关标准规定。

⑥采用起重设备或垂直运输系统:

起重设备必须经过起重荷载计算,使用前应按有关规定进行检查验收,合格后方可使用;

起重作业前应试吊,吊离地面 100 mm 左右时,应检查重物捆扎情况和制动性能,确认安全后方可起吊;

起吊时工作井内严禁站人,当吊运重物下井距作业面底部小于 500 mm 时,操作人员方可近前工作;

严禁超负荷使用;

工作井上、下作业时必须有联络信号。

⑦所有设备、装置在使用中应按规定定期检查、维修和保养。

(二)管道顶进技术

1. 技术措施

(1)提升中继间技术,以满足长距离顶进要求。

(2)管节表面熔蜡、触变泥浆套等减少顶进阻力措施,以减少管外壁摩擦阻力和稳定周围土体。

(3)使用机械、水力等管内土体水平运输方式,以减少劳动强度、加快施工进度。

(4)采用激光定向等测量技术,以保证顶进控制精度、缩短测量周期。

2. 中继间顶进规定

采用中继间顶进时,其设计顶力、设置数量和位置应符合施工方案,并应符合下列规定:

(1)设计顶力严禁超过管材允许顶力。

(2)第一个中继间的设计顶力,应保证其允许最大顶力能克服前方管道外壁摩擦阻力及顶管机的迎面阻力之和;而后续中继间设计顶力应克服两个中继间之间的管道外壁摩擦阻力。

(3)确定中继间位置时,应留有足够的顶力安全系数,第一个中继间位置应根据经验确定并提前安装,同时考虑正面阻力反弹,防止地面沉降。

(4)中继间密封装置宜采用径向可调式,密封配合面的加工精度和密封材料的质量满足要求。

（5）超深、超长距离顶管工程，中继间应具有可更换密封止水圈的功能。

3.触变泥浆注浆工艺的规定

（1）注浆工艺方案应包括：①泥浆配比、注浆量及压力的确定；②制备和输送泥浆的设备及其安装；③注浆工艺、注浆系统及注浆孔的布置。

（2）确保顶进时管外壁和土体之间的间隙能形成稳定、连续的泥浆套。

（3）泥浆材料的选择、组成和技术指标要求，应经现场试验确定；顶管机尾部同步注浆宜选择黏度较高、失水量小、稳定性好的材料；补浆的材料宜黏滞小，流动性好。

（4）触变泥浆应搅拌均匀，并具有下列性能：①在输送和注浆过程中应呈胶状液体，具有相应的流动性；②注浆后经一定的静置时间应呈胶凝状，具有一定的固结强度；③管道顶进时，触变泥浆被扰动后胶凝结构破坏，又呈胶状液体；④触变泥浆材料对环境无危害。

（5）顶管机尾部的后续几节管节应连续设置注浆孔。

（6）应遵循"同步注浆与补浆相结合"和"先注后顶、随顶随注、及时补浆"的原则，制定合理的注浆工艺。

（7）施工中应对触变泥浆的黏度、重度、pH 值，注浆压力，注浆量进行检测。

4.控制地层变形

根据工程实际情况正确选择顶管机，顶进中对地层变形的控制应符合下列要求：

（1）通过信息化施工，优化顶进的控制参数，使地层变形最小。

（2）采用同步注浆和补浆，及时填充管外壁与土体之间的施工间隙，避免管道外壁土体扰动。

（3）发生偏差应及时纠偏。

（4）避免管节接口、中继间、工作井洞口及顶管机尾部等部位的水土流失和泥浆渗漏，并确保管节接口端面完好。

（5）保持开挖量与出土量的平衡。

5.施工测量

顶管施工测量一般建立独立的相对坐标，设工作坑及接受坑的中心连线是 z 轴，工作坑的竖直方向是 y 轴，两轴的零点位置根据现场情况确定，如可以把顶进方向的工作坑壁作为零点。

顶管测量分中心水平测量和高程测量两种，一般采用经纬仪和水准仪，测站设在千斤顶的中间。

中心水平误差的测量是先在地面上精确地测定管轴线的方位，再用垂球或天地仪将管轴线引至工作坑内，然后利用经纬仪直接测定顶进方向的左右偏差。随着顶进距离的增加，经纬仪测量越来越困难，当顶管距离超过 $300 \sim 400 \mathrm{~m}$ 时应采用激光指向仪或计算机光靶测量。

高程方向的误差一般采用水准仪测量。当管道距离较长时，宜采用水位连通器。这种方法是在工作坑内设置水槽，确立基准水平面；工具管后侧设立水位标尺，水槽与水位标尺间以充满水的软管相连，则可以水准面测定高差。

6. 误差校正

产生顶管误差的原因很多。开挖时不注意坑道形状质量,坑道一次挖进深度较大;工作面土质不匀,管子向软土一侧偏斜;千斤顶安装位置不正确会导致管子受偏心顶力、并列的两个千斤顶的出程速度不一致、后背倾斜等。另外,在弱土层或流沙层内顶进管端很容易下陷;机械掘进的工具管重量较大使管端下陷;管前端堆土过多,外运不及时时管端下陷等。

顶管过程中,如果发现高程或水平方向出现偏差,应及时纠正,否则偏差将随着顶进长度的增加而增大。

第三节　其他施工方法简述

一、盾构法施工

(一)盾构的定义

盾构机,简称盾构,全名叫盾构隧道掘进机,是一种隧道掘进的专用工程机械,它是一个横断面外形与隧道横断面外形相同,尺寸稍大,利用回旋刀具开挖,内藏排土机具,自身设有保护外壳用于暗挖隧道的机械。

(二)盾构机的发展

盾构机问世至今已有近180年的历史,其始于英国,发展于日本、德国。近30年来,通过对土压平衡式、泥水式盾构机中的关键技术,如盾构机的有效密封、确保开挖面的稳定、控制地表隆起及塌陷在规定范围之内,刀具的使用寿命以及在密封条件下的刀具更换,对一些恶劣地质如高水压条件的处理技术等方面的探索和研究解决,使盾构机有了很快的发展。材料科学的发展将能够制造功能更强、缺陷更少的切割刀具,使得机器可以运行数百英里而无须停顿更换刀具。现在,盾构机力求实现机器的地面控制,从而避免为保证隧道内人员安全而采取的各种产生昂贵费用的措施,在一些小型隧道上已经实现。

(三)盾构机的原理

盾构机的基本工作原理就是一个圆柱体的钢组件沿隧洞轴线边向前推进边对土壤进行挖掘。该圆柱体组件的壳体即护盾,它对挖掘出的还未衬砌的隧洞段起着临时支撑的作用,承受周围土层的压力,有时还承受地下水压以及将地下水挡在外面。挖掘、排土、衬砌等作业在护盾的掩护下进行。

(四)盾构的基本构造

盾构通常由盾构壳体、推进系统、拼装系统、出土系统等四大部分组成。

(五)盾构机的特点

用盾构机进行隧洞施工具有自动化程度高、节省人力、施工速度快、一次成洞、不受气候影响、开挖时可控制地面沉降、减少对地面建筑物的影响和在水下开挖时不影响水面交通等特点,在隧洞洞线较长、埋深较大的情况下,用盾构机施工更为经济合理。现代盾构掘进机集光、机、电、液、传感、信息技术于一体,具有开挖切削土体、输送土碴、拼装隧道衬砌、测量导向纠偏等功能,而且要按照不同的地质进行"量体裁衣"式的设计制造,可靠性要求极高,已广泛应用于地铁、铁路、公路、市政、水电等隧道工程。

(六)盾构机的种类

盾构的分类较多,可按盾构切削面的形状,盾构自身构造的特征、尺寸的大小、功能,挖掘土体的方式,掘削面的挡土形式,稳定掘削面的加压方式,施工方法,适用土质的状况多种方式分类。下面按照盾构机内部是否有隔板分隔切削刀盘和内部设备进行分类。

1.全敞开式盾构机

全敞开式盾构机的特点是掘削面敞露,故挖掘状态是干态状,所以出土效率高。适用于掘削面稳定性好的地层,对于自稳定性差的冲积地层应辅以压气、降水、注浆加固等措施。

1)手掘式盾构机

手工掘削盾构机的前面是敞开的,所以盾构的顶部装有防止掘削面顶端坍塌的活动前檐和使其伸缩的千斤顶。掘削面上每隔2~3 m设有一道工作平台,即分割间隔为2~3 m。另外,在支撑环柱上安装有正面支撑千斤顶。掘削面从上往下,掘削时按顺序调换正面支撑千斤顶,掘削下来的砂土从下部通过皮带传输机输给出土台车。掘削工具多为鹤嘴锄、风镐、铁锹等。

2)半机械式盾构机

半机械式盾构机是在人工式盾构机的基础上安装掘土机械和出土装置,以代替人工作业。掘土装置有铲斗、掘削头及两者兼备三种形式。具体装备形式为:铲斗、掘削头等装置设在掘削面的下部;铲斗装在掘削面的上半部,掘削头在下半部;掘削头和铲斗装在掘削面的中心。

3)机械式盾构机

机械式盾构机的前部装有旋转刀盘,故掘削能力大增。掘削下来的砂土由装在掘削刀盘上的旋转铲斗,经过斜槽送到输送机。由于掘削和排土连续进行,故工期缩短,作业人员减少。

2.部分开放式盾构机

部分开放式盾构机即挤压式盾构机,其构造简单、造价低。挤压盾构适用于流塑性高、无自立性的软黏土层和粉砂层。

1)半挤压式盾构机(局部挤压式盾构机)

在盾构的前端用胸板封闭以挡住土体,防止发生地层坍塌和水土涌入盾构内部的危险。盾构向前推进时,胸板挤压土层,土体从胸板上的局部开口处挤入盾构内,因此可不必开挖,使掘进效率提高,劳动条件改善。这种盾构称为半挤压式盾构,或局部挤压式盾构。

2)全挤压式盾构机

在特殊条件下,可将胸板全部封闭而不开口放土,构成全挤压式盾构。

3)网格式盾构机

在挤压式盾构的基础上加以改进,可形成一种胸板为网格的网格式盾构,其构造是在盾构切口环的前端设置网格梁,与隔板组成许多小格子的胸板;借土的凝聚力,网格胸板可对开挖面土体起支撑作用。当盾构推进时,土体克服网格阻力从网格内挤入,把土体切成许多条状土块,在网格的后面设有提土转盘,将土块提升到盾构中心的刮板运输机上并运出盾构,然后装箱外运。

3. 封闭式盾构机

1)泥水式盾构机

泥水式盾构机是在机械式盾构的刀盘的后侧,设置一道封闭隔板,隔板与刀盘间的空间定名为泥水仓。把水、黏土及其添加剂混合制成的泥水,经输送管道压入泥水仓,泥水充满整个泥水仓,并具有一定压力后,形成泥水压力室。通过泥水的加压作用和压力保持机构,能够维持开挖工作面的稳定。盾构推进时,旋转刀盘切削下来的土砂经搅拌装置搅拌后形成高浓度泥水,用流体输送方式送到地面泥水分离系统,将碴土、水分离后重新送回泥水仓,这就是泥水加压平衡式盾构法的主要特征。因为是靠泥水压力使掘削面稳定平衡,故得名泥水加压平衡盾构,简称泥水盾构。

2)土压式盾构机

土压式盾构机是把土料(必要时添加泡沫等对土壤进行改良)作为稳定开挖面的介质,刀盘后隔板与开挖面之间形成泥土室,刀盘旋转开挖使泥土料增加,再由螺旋输料器旋转将土料运出,泥土室内土压可由刀盘旋转开挖速度和螺旋输出料器出土量(旋转速度)进行调节。它又可细分为削土加压盾构、加水土压盾构、加泥土压盾构和复合土压盾构。

二、水平定向钻

(一)概述

定向钻源于海上钻井平台钻进技术,现用于敷设管道钻进方向由垂直方向变成水平方向,为了区分冠以"水平"二字,称"水平定向钻",简称"定向钻"。在欧美,水平定向钻敷设管道已在 20 世纪 70 年代广泛采用。我国采用水平定向钻始于 1985 年,由石油工业部引进了当时国际上最先进的一套大型水平定向钻机(RB-5)型,成功地敷设了一条穿越黄河的管道,显示了用水平定向钻穿越复杂地层的独特的优越性,从此开创了我国用水平定向钻穿越大江大河的先例。但大型水平定向钻对于大量需要穿越且长度较短的管道来说显得过于笨重,20 世纪 90 年代,中小型水平定向钻开始充实我国市场。目前,水平定向钻已被广泛用于敷设口径 1 m 以下管道的穿越工程。穿越长度超过千米的已有数根,其中穿越钱塘江输油管道,直径 273 mm,穿越长度 2 308 m,创造了定向钻穿越长度的记录,标志着我国定向钻的施工技术跨入世界先进行列。

水平定向钻在管道非开挖施工中对地面破坏最少,施工速度最快。管轴线一般成曲线,可以非常方便地穿越河流、道路、地下障碍物。因其有显著的环境效益,施工成本低,目前已在天然气、自来水、电力和电信部门广泛采用。

定向钻的轴线一般是各种形状的曲线,管道在敷设中要随之弯曲。所以,用水平定向钻敷设的管道受到直径的限制,不能太大。随着施工技术和定向精度的提高,水平定向钻敷管的管径也在增大,长距离穿越的最大管径已达 1 016 mm。

(二)定向原理

钻机的钻进方向可定向的钻机称为定向钻机。用于敷设水平管道的定向钻机称为水平定向钻机。水平定向钻机敷管的关键技术就是钻头的定向钻进,这就是水平定向钻机与一般钻机的主要区别。

水平定向钻机的钻头是如何改变钻进方向的呢?钻头在钻进时受到两个来自钻机的力:推力和切削力。定向钻的钻头前面带有一个斜面,随着钻头的转动而改变倾斜方向。钻头连续回转时,在推力和切力的联合作用下则钻出一个直孔;钻头不回转时,斜面的倾斜方向不变,这时钻头在钻机的推力作用下向前移动,并朝着斜面指着的方向偏移,则使钻进方向发生改变。所以只要控制斜面的朝向,就控制住了钻进的方向。

(三)施工方法

用定向钻敷管分两步进行:

第一步,先钻导向孔。水平定向钻在管轴线的一侧下钻,钻头在受控的情况下穿过河床、穿越公路或铁路、绕过地下障碍物,最后在管轴线的另一侧钻出地面,完成导向孔的施工。管轴线两端一般不设发射坑和接受坑,钻机直接从地面以小角度下钻。只有当管道纵向刚度较大难以变向,或者施工场地较小等特殊情况下才设发射坑、接受坑。

第二步,扩孔和敷管。导向孔完成后将钻杆回拖。回拖前钻杆末端装上扩孔器,在回拖过程中同时扩孔,视工程需要可回扩数次。最后一次回扩时,将需要敷设的管道通过回转接头与扩孔器连接,并随着钻杆的回拖拉入扩大了的钻孔内,直至拖出地面。

导向孔施工和扩孔时一般采用循环泥浆(钻进液),泥浆从钻杆尾部压向钻头,其作用如下:

(1)润滑、冷却钻头,减少钻杆与土的摩阻力。

(2)软化土体,利于钻头的切削。

(3)孔内起护壁作用,防止孔壁坍塌。

(4)弃土的输送载体,随着泥浆排出孔外。

泥浆通常是膨润土与水的混合物,它能使弃土和岩屑处于悬浮状态,通过泥浆的循环携带出钻孔外,泥浆经过沉淀和过滤除去弃土和岩屑再送到钻杆头部,如此循环。根据不同地质,泥浆的配方是不同的。对于孔壁稳定较差的土体,泥浆比重要大,以增加泥浆护壁的压力;对于孔隙率较大的土质,泥浆的黏度要大,以减少泥浆的流失。

水平钻进的施工难易程度与地层类型有关。通常均质黏土地层最容易钻进;砂土层要难一些,尤其是处于地下水位以下的不稳定砂土层;在砾石层中钻进会加速钻头的磨损。

水平定向钻敷管工程的难度主要决定于管轴线的弯曲程度和敷设管道的刚度。具体表现在以下方面:穿越长度、穿越深度、管径、管壁厚度、管材和地层性质。对于同等能力钻机,管径越小,则穿越长度越长;同一管径的管壁越薄,则穿越长度越长;穿越深度越小,轴线必然平稳,则穿越长度越长;土质条件好,则穿越长度越长。工程难度应由上述因素综合评定。

(四)钻机

水平定向钻机是采用定向钻敷管法的主要机具。水平钻机可大致分为两类:地表发射的和坑内发射的。地表发射的最为普遍。

坑内发射钻机固定在发射坑中,利用坑的前、后壁承受给进力和回拉力。采用这类钻机,施工用地较小,一般用于穿越长度较短、轴线比较平缓的工程。

地表发射钻机一般用锚固桩固定,固定方式较多,其中用液压方式固定较为方便。这类钻机通常为履带式,可依靠自身的动力自行走进工地。敷设新管时它们不需要发射坑和接受坑。

大多数水平钻机,带有一个钻杆自动装卸系统,定长的钻杆装在一个"传送盘"上,随钻进或回扩的过程而自动加、减钻杆,并自动拧紧或卸开螺纹。钻杆自动装卸系统加快了施工速度,提高了施工安全度和减小劳动强度,因而应用日益普遍,即使在小型钻机上也是如此。

水平定向钻机的重要技术指标是钻机的最大扭矩轴向最大给进力和最大回拖力。钻机依靠钻杆扭矩和加在钻杆上的给进力完成钻孔,依靠扭矩和回拖力完成扩孔和拖管。

水平定向钻有大、中、小机型之分:最大推拉力,小到 10 kN 左右,大到 4 500 kN;最大扭矩,小到 2 000 N·m,大到 90 000 N·m,要根据工程对象选择定向转机。

定向钻的导向钻进速度很快,砂性土中的钻进速度 60~80 m/d;软弱的黏性土中钻进可达 200 m/d,但遇到坚硬的地层或大块的砾石,速度就会下降很多。

水平钻进不需要提供深度信息。下潜段和上升段的长度一般是管轴线埋深的 4~5 倍。最小转弯半径应大于 30~42 m。

(五)导向系统

水平定向钻钻孔时一般要依靠导向系统。

导向系统有两大类,最常用的是手持式导向系统,它由安装在钻头后部空腔内的探头(信号棒)和地面接收器组成,探头发出的无线信号由地面接收器接收。从接收器除可以得到钻头的位置深度外,还得到钻头倾角、钻头斜面的面向角电池电量和探头温度等。手持式导向系统使用时要求其接收器必须能直接到达钻头的上方,而且能接收到足够强的信号。因此,它的使用受到某些条件限制,例如过较大的河流,地面有较大建筑物,附近有强磁场干扰区域就不能使用。另一类是有缆式导向系统。有缆式导向系统仍要求在钻头后部安装探头,通过钻杆内的电缆向控制台发送信号,可以得到钻头倾角、钻头的面向角、电池电量和探头温度等,但不能提供深度信号,因此仍然需要地面接收器。虽然电缆线增加了施工的操作,但由于不依靠无线传送信号,因此避免了手持式导向系统的不足,适用于长距离穿越。

管道长距离穿越的轴线可分成三个区段:下潜段、水平段和上升段。下潜段和上升段要放在地面接收器可以到达的范围,水平段放在江河的下面,这段的控制要求钻头在原来的标高上保持水平钻进,不需要提供深度信息。

(六)钻机附属设备

1.泥浆系统

泥浆系统一般是集装式的,其中包括泥浆搅拌桶、储浆池、泥浆泵和管路系统。较大钻机,有的将储浆池分离出来。泥浆液通过钻杆内孔泵送到钻头,再从钻杆与孔之间的环形通道返回,并把破碎下来的弃土和钻屑挟带至过滤系统进行分离和再循环。

2.钻杆

水平定向钻的钻杆要求有很高的机械性能,必须有足够强度承受钻机给进力和回拖

力,有足够的抗扭强度承受钻进时的扭矩;有足够的柔韧性以适应钻进时的方向改变;还
要耐磨,尽可能地轻,以方便运输和操作。

3.回扩器

回扩器形状大多为子弹头形状,上面安装有碳化钨合金齿和喷嘴。扩孔器的后部有
一个回转接头与工作管的拉管接头相连。

4.拉管接头

拉管接头不但要牢固地和敷设管道连接,而且要求管道密封,防止钻进液或碎屑进入
管道,这对饮用水管特别重要。

5.回转接头

回转接头是扩孔和拉管操作中的基本构件安装在拉管接头与回扩器之间。拖入的管
道是不能回转的,而回扩器是要回转的,因此两者之间需要安装回转接头。回转接头必须
密封可靠,严格防止泥浆和碎屑进入回转接头中的轴承。

为了保护敷设管道不受损坏,设计了一种断路式回转接头。断路式回转接头可在超
过设定载荷时将销钉断开,以保护工作管道。

(七)适用范围

1.适用地质

水平定向钻适用土层为黏性土和砂土,且地基标准贯入锤击数 N 值宜小于 30,若混
有砾石,其粒径宜在 150 mm 以下。

2.适用管材

水平定向钻敷设的常用管材是聚氯乙烯管(PVC)、高密度聚乙烯管(HDPE)和钢管。

三、气动矛

(一)简介

气动矛类似于一只卧放的风镐在压缩空气的驱动下推动活塞不断打击气动矛的头
部,将土排向周边,并将土体压密。同时气动矛不断向前行进,形成先导孔。先导孔完成
后,管道便可直接拖入或随后拉入。也可以通过拉扩法将钻孔扩大,以便铺设更大直径的
管道。

气动矛可以用于敷设较短距离、较小直径的通信电缆、动力电缆、煤气管及上下水管,
具有施工进度快、经济合理的特点。如:干管通入建筑物的支管线连接、街道和铁路路堤
的横向穿越、煤气管网的入户。气动矛的成孔速度很快,平均为 12 m/h。

(二)气动矛构造

气动矛的构造因厂而异,其基本原理相同,构造上的不同之处主要在气阀的换气方
式。一般气动矛前端有一个阶梯状由小到大的头部,受到活塞的冲击后向前推进。活塞
后部有一个配气阀和排气孔。整个气动矛向前移动时,都依靠连接在其尾部的软管来供
应压缩空气。

气动矛的外径一般为 45 ~ 180 mm。活塞冲击频率为 200 ~ 570 次/分。压缩空气的
压力为 0.6 ~ 0.7 MPa。

近来又有定向气动矛面市。定向气动矛也是由压缩空气驱动,并借助于标准的导向

仪引导方向。传感器置于气动矛前腔室内,给显示器提供倾角及转动信息,地面上的手动定位装置可精确跟踪气功矛的位置和深度。

(三)气动矛施工方法

气动矛是不排土的,因此要求覆盖层有一定厚度,一般为管径的 10 倍。不排土施工的问题是成孔后要缩孔,因此要求敷设成品管的管径应比气动矛的外径小 10% ~ 15%,具体尺寸还须根据土质而定。成品管管径要小的另一个原因是为了减少送管时的摩擦阻力。

气动矛可施工的长度与口径有关,小的口径通常不超过 15 mm,较大口径一般为 30 ~ 150 mm。因为施工长度与矛的冲击力、地质条件有关,如果条件对施工有利,施工长度还可以增加。根据不同土壤结构,定向气动矛的最小弯曲半径为 27 ~ 30 m。

(四)适用范围

气动矛适用地层一般是可压缩的土层,例如淤泥质黏土、软黏土、粉质黏土、黏质粉土、非密实的砂土等。在砂层和淤泥中施工,则要求在气动矛之后直接拖入套管或成品管,这样做不仅用于保护孔壁,而且可提供排气通道。

气动矛适用于管径为 150 mm 及其以下的 PVC 管、PE 管和钢管。

四、夯管锤

(一)简介

夯管锤类似于卧放的气锤,是气动矛的互补机型,都是以压缩空气为动力。所不同的是:夯管锤敷设的管道较气动矛大;夯管锤施工时与气动矛相反,始终处于管道的末端;夯管锤铺管不像气动矛那样对土有挤压,因此管顶覆盖层可以较浅。

夯管锤敷设较短距离、较大直径的管道具有其突出的优点,适用于排水、自来水、电力、通信、油气等管道穿越公路、铁路、建筑物和小型河流,是一种简单、经济、有效的施工技术。

(二)铺管原理

夯管锤是一个低频、大冲击力的气动冲击器,将敷设的钢管沿设计轴线直接夯入地层。夯管锤对管道的冲击和振动作用,能使进入钢管内的土心疏松(干性土)或产生液化(潮湿土),对于绝大部分土层,土心均能随着钢管夯入地层而徐徐地进入管道内,这样既减小了夯管时的管端阻力,又避免造成地面隆起。同时,振动作用也可减少钢管与地层之间的摩擦力。夯管锤的冲击力还可使比管径小的砾石或块石进入管内,比管径大的砾石或块石被管头击碎。

(三)施工

夯管锤施工比较简单,只需要在平行的工字钢上正确地校准夯管锤与第一节钢管轴线,使其一致,同时又与设计轴线符合就可以了,不需要牢固的混凝土基础和复杂的导轨。为了避免损坏第一根钢管的管口,并防止变形,可装配上一个外径较大、内径较小的钢质切削管头。这样可以减少土体对钢管内外表面的摩擦,同时也对管道的内外涂层起到保护作用。

夯管锤依靠锤击的力量将钢管夯入土中。当前一节钢管入土后,后一节钢管焊接接长再夯,如此重复直至夯入最后一节钢管。钢管到位后,取下管头,再将管中的土心排出管外。排除土心可用高压水枪,冲成泥浆后流出管外。

夯管锤敷管长度与土质好坏、锤击力大小、管径的大小、要求轴线的精度有关一般为80 m左右。如果使用适当,还可增加,最长已达150 m。

夯管锤铺管效率高,每小时可夯管10~30 m。施工精度一般可控制在2%范围内。

(四)主机——夯管锤

目前,夯管锤锤体直径一般为95~600 mm,可铺管直径从几厘米到几米。夯管锤可水平夯管也可垂直夯管,水平夯管的管径较小,一般为800 mm或者更小。因此,水平管的夯管锤也较小,锤体在300 mm左右,冲击力有3 000 kN就可满足了。夯管锤的撞击频率一般为280~430次/min。

(五)主要配套设备

(1)空压机。夯管锤动力是空压机,压力为0.5~0.7 MPa,其排量根据不同型号夯管锤的耗气量而定。

(2)连接固定系统。连接固定系统由夯管头、出土器、调节锥套和张紧器组成。夯管头用于防止钢管端部因承受巨大的冲击力而损坏;出土器用于排出在夯管过程中进入钢管内又从钢管的另一端挤出的土体;调节锥套用于调节钢管直径、出土器直径和夯管锤直径间的相配关系。夯管锤通过调节锥套、出土器和夯管头与钢管相连,并用张紧器将它们紧固在一起。

(六)适用范围

(1)适用地层。除岩层和有大量地下水以外的所有地层均可用夯管锤敷管,但在坚硬土层、干砂层和卵石含量超过50%的地层中敷管难度较大。

(2)适用管材。钢管。

(3)适用长度。一般不大于80 m。

第七章　给水管网的养护管理与安全运行

第一节　竣工验收

一、给水排水管道工程验收

工程验收制度是检验工程质量必不可少的一道程序,也是保证工程质量的一项重要措施。如质量不符合规定,可在验收中发现并处理,避免影响使用和增加维修费用。因此,必须严格执行工序验收制度。

给水排水管道工程验收分为中间验收和竣工验收,中间验收主要是验收埋在地下的隐蔽工程,凡是在竣工验收前被隐蔽的工程项目,都必须进行中间验收,验收合格后,方可进行下一工序。当隐蔽工程全部验收合格后,方可回填沟槽。竣工验收就是全面检验给水排水管道工程是否符合工程质量标准,不仅要查出工程的质量结果,更重要的还应该找出产生质量问题的原因,对不符合质量标准的工程项目必须经过整修,甚至返工,再经验收达到质量标准后,方可投入使用。

给水排水管道工程竣工验收以后,建设单位应按规范规定的文件和资料进行整理、分类、立卷归档。这对工程投入使用后维修管理、扩建、改建及对标准规范修编工作等有重要作用。

给水排水管道工程施工及验收除应符合《给水排水管道工程施工及验收规范》(GB 50268)的规定外,还应符合国家其他现行的有关标准及规范、规程的规定。

(一)隐蔽工程验收

验收下列隐蔽工程时,应填写中间验收记录表:

(1)管道及附属构筑物的地基和基础。

(2)管道的位置及高程。

(3)管道的结构和断面尺寸。

(4)管道的接口、变形缝及防腐层。

(5)管道及附属构筑物防水层。

(6)地下管道交叉的处理情况。

(二)竣工验收

竣工验收应提供下列资料:

(1)竣工图及设计变更文件。

(2)主要材料和制品的合格证或试验记录。

(3)管道的位置及高程的测量记录。

(4)混凝土、砂浆、防腐、防水及焊接检验记录。

(5)管道的水压试验记录。

(6)中间验收记录及有关资料。

(7)回填土密实度的检验记录。

(8)工程质量检验评定记录。

(9)工程质量事故处理记录。

(10)给水管道的冲洗及消毒记录。

(三)竣工验收鉴定

竣工验收时,应核实竣工验收资料,并进行必要的复验和外观检查。对下列项目应做出鉴定,并填写竣工验收鉴定书:

(1)管道的位置及高程。

(2)管道及附属构筑物的断面尺寸。

(3)给水管道配件安装的位置和数量。

(4)给水管道的冲洗及消毒。

(5)外观。

管道工程竣工验收后,建设单位应将有关设计、施工及验收的文件和技术资料立卷归档。给水排水管道工程施工应经过竣工验收合格后,方可投入使用。

二、给水管道工程质量检查

(一)质检的目的与依据

把好给水管道工程的质量关,是给水排水系统正常运行的前提。一项工程从审批、设计到施工等都应符合国家有关标准、给水排水专业规范以及主管部门的相关规定及要求。质检的目的在于控制给水管道工程的施工质量,保证给水管道系统安全运行,减少维修工作量,并为城市规划建设提供准确的第一手资料。

质检依据现行国家有关标准给水排水专业规范、主管部门的相关规定及要求进行。国家标准是国家法规,必须严格遵照执行;专业规范是对设计施工等提出的常规做法及要求,通常情况下应遵照执行;主管部门依据国家标准及专业规范,结合当地的实际情况,制定了一系列的规章制度,应遵照执行。

(二)质检的程序及内容

1.审查设计

根据规划及设计方案制定人员的审批内容,审查设计管道的位置、管径、长度及管道附件的数量、口径等;审查设计是否符合国家标准、专业规范及主管部门的规定。对给水管网设计方案的几点特殊要求如下:

(1)为了减少维修工作量,应避免在同一条规划道路的一侧或一条胡同内同时存在两条可接用户的配水管道,要求在设计新管道时对现状管道的连通、撤除做出设计,解决现状管网不合理处,为今后的管理创造良好条件。

(2)特别注意设计管道有无穿越房屋或院落的情况,如有应落实拆迁或调整管道位置。

(3)审查管道附件的设置是否合理,包括消火栓、闸门、排气门、测流井和排泥井。

（4）管道在立交桥下或其他不能开挖修理的路面下埋设时，要考虑做全通或单通行管沟，以便维修。

（5）室外管道与建筑物距离一般为距楼房 3 m 以外、距平房 1.5 m 以外；对于公称直径为 400 mm 及 400 mm 以上的大管道，应距建筑物 5 m 以外。

2. 参加设计交底

听取设计人员说明设计依据、原则及内容；听取施工单位的疑难问题；对于审查设计中发现的问题明确提出要求和改进意见。

对使用的管材、管件和管道设备的型号、生产厂家及防腐材料的选择等提出要求；要及时将审查设计中发现的问题通知设计和施工单位；对于较大问题，在与设计和施工单位统一意见后，要通过设计变更或洽商的方式给予解决。

3. 验收过程

室外管道施工逐项验收以下内容。

1）施工放线

施工测量的允许偏差应规定。

2）验槽

测量定线的工程，按规划批准的位置和控制高程开槽；非测量定线的工程，按设计位置和高程开槽。

如用机械挖槽不应扰动或破坏沟底土壤结构。管道如安装在回填土等土质不好的地方要采取相应措施，保证不会因基础下沉或土质腐蚀使管道受到影响。

3）验管

下管之前需检查球墨铸铁管或普通铸铁管的规格、生产厂家、外观及防腐等；检查非金属管道的规格、生产厂家、外观等；检查钢管的钢号、直径、壁厚及防腐等。

下管时用软带吊装以防破坏管道外防腐；承插口管道注意大口朝来水方向。下管后检查球墨铸铁管及普通铸铁管的接口质量；DN400 及以上铸铁管的弯头、三通处要砌后背或支墩；钢管要检查焊口质量、接口的防腐处理，施工当中破坏的防腐层要重新防腐。检查外防腐可以使用电火花仪；检查焊口用 X 射线检测仪。

4）管道强度试验及严密性试验

给水管道应做强度试验及严密性试验。室外管道严密性试验前，除接口外，管道两侧及管顶以上回填高度不应小于 0.5 m。在水压不足的地区，当管道内径大于 700 mm 时，可按井段数量抽验 1/3。试验合格后，应及时回填其余部分。

5）沟槽回填验收

管道安装并进行隐蔽工程验收后，可回填沟槽。土方的回填质量以回填土的密实度控制：

$$回填土密实度 = \frac{回填土干容量(干质量密度)}{标准夯实仪所测定的最大干容量(干质量密度)}$$

测定密实度一般用单位测重比较法，用环刀取出土样并称重量，然后和标准密实度的土样重量相比较。

6）冲洗消毒

给水管道水压试验后，竣工验收前应冲洗、消毒。

冲洗时应避开用水高峰,以流速不小于 1.0 m/s 的水连续冲洗,直至出水口处浊度、色度与入水口处的进水浊度、色度相同为止。

为保证冲洗质量,采用清洁水冲洗的同时,出水口设专用取水管及龙头。冲洗后,管道应采用氯离子含量不低于 20 mg/L 的清洁水浸泡 24 h,再用清洁水进行第二次冲洗,直至水质化验部门取样化验合格为止。

7)竣工验收

在以上各项验收的基础上,要对工程进行竣工验收。竣工验收合格后,可以正式通水。竣工验收包括以下内容:

(1)各种井室(闸门井、消火栓井、测压测流井及水表井)的砌筑是否符合要求。

(2)设备安装是否合格。

(3)管道埋深是否符合要求。

(4)管道有无被圈、压、埋、占的地方。

4.竣工图纸资料的验收

1)技术文件资料

(1)竣工文字总结。凡在规划道路上安装的测量定线工程,都要编制正式竣工文字总结。包括以下内容:工程概况、施工过程(开竣工日期、施工组织设计、技术措施、重要情况及解决措施等)、工程质量、主要经验教训、存在问题以及处理意见,其他需要说明的问题。

(2)各种批文。包括规划部门的施工许可证、各主管部门的批文等。

(3)各种记录。设计变更洽商记录,隐蔽工程验收记录,管材、钢管内外防腐及需要先验收的分项验收记录,水压试验及渗水量试验记录等。

(4)监理表格。

(5)工程决算。

(6)竣工验收鉴定书。

2)竣工图纸

竣工图纸包括竣工平面图、竣工纵断面图、管件结合图、特制件标准图、各种井室及管沟的标准图,三通、弯管、闸门等基础、后背、支墩等的标准图和测量结果等。

三、管道冲洗和消毒

(一)管道冲洗

各种管道在投入使用前,必须进行清洗,以清除管道内的焊渣等杂物。一般管道在压力试验(强度试验)合格后进行清洗。对于管道内杂物较多的管道系统,可在压力试验前进行清洗。

清洗前,应将管道系统内的流量孔板、滤网、温度计、调节阀阀芯、止回阀阀芯等拆除,待清洗合格后再重新装上。冲洗时,以系统内可能达到的最大压力和流量进行,直到出口处的水色和透明度与入口处目测一致。

给水管道水冲洗工序,是竣工验收前的一项重要工作,冲洗前必须认真拟订冲洗方案,做好冲洗设计,以保证冲洗工作顺利进行。

1. 一般程序

设计冲洗方案→贯彻冲洗方案→冲洗前检查→开闸冲洗→检查冲洗现场→目测合格→关闸→出水水质化验。

2. 基本规定

(1)管道冲洗时的流速不小于 1.0 m/s。

(2)冲洗应连续进行,当排出口的水色、透明度与入口处目测一致时,即可取水化验。

(3)排水管截面积不应小于被冲洗管道截面积的 60%。

(4)冲洗应安排在用水量较小、水压偏高的夜间进行。

3. 设计要点

设计要点主要有以下几方面:

(1)冲洗水的水源。管道冲洗要耗用大量的水,水源必须充足,一种方法是被冲洗的管线可直接与新水源厂(水源地)的预留管道连通,开泵冲洗;另一种方法是用临时管道接通现有供水管网的管道进行冲洗。必须选好接管位置,设计好临时来水管线。

(2)放水口。放水路线不得影响交通及附近建筑物(构筑物)的安全,并与有关单位取得联系,以确保放水安全、畅通。安装放水管时,与被冲洗管的连接应严密、牢固,管上应装有阀门排气管和放水取样龙头,放水管的弯头处必须进行临时加固,以确保安全工作。

(3)排水路线。由于冲洗水量大并且较集中,必须选好排放地点,排至河道和下水道要考虑其承受能力,是否能正常泄水。临时放水口的截面不得小于被冲洗管截面的 1/2。

(4)人员组织。设专人指挥,严格实行冲洗方案。派专人巡视,专人负责阀门的开启、关闭,并和有关协作单位密切配合联系。

(5)制订安全措施。放水口处应设置围栏,专人看管,夜间设照明灯具等。

(6)通信联络。配备通信设备,确定联络方式,做到了解冲洗全线情况,指挥得当。

(7)拆除冲洗设备。冲洗消毒完毕,及时拆除临时设施,检查现场,恢复原有设施。

4. 放水冲洗注意事项

(1)准备工作。放水冲洗前与管理单位联系,共同商定放水时间、用水量及取水化验时间等。管道第一次冲洗应用清洁水冲洗至出水口水样浊度小于 3NTU 为止。宜安排在城市用水量较小、管网水压偏高的时间内进行。放水口应有明显标志和栏杆,夜间应加标志灯等安全措施。放水前,应仔细检查放水路线,确保安全、畅通。

(2)放水冲洗。放水时,应先开出水阀门,再开来水阀门。注意冲洗管段特别是出水口的工作情况,做好排气工作,并派人监护放水路线,有问题及时处理。支管线亦应放水冲洗。

(3)检查。检查沿线有无异常声响、冒水和设备故障等现象,检查放水口水质外观。

(4)关水。放水后应尽量使来水阀门、出水阀门同时关闭,如果做不到,可先关出水阀门,但留一两口先不关死,待来水阀门关闭后,再将出水阀门全部关闭。

(5)取水样化验。冲洗生活饮用水给水管道,放水完毕,管内应存水 24 h 以上再化验。由管理单位进行取水样操作。

（二）管道消毒

生活饮用水的给水管道在放水冲洗后,再用清水浸泡24 h,取出管道内水样进行细菌检查。如水质化验达不到要求标准,应用漂白粉溶液注入管道内浸泡消毒,然后再冲洗,经水质部门检验合格后交付验收。化验水质应符合国家《生活饮用水卫生标准》（GB 5749—2006）要求。

消毒对硬聚氯乙烯给水管道特别重要,除冲洗要使管道内的杂物冲出,消毒要杀死管道内的细菌外,还能减轻氯乙烯单体（VCM）的含量。经过几天的浸泡,氯乙烯大部分随冲洗水或消毒水排掉,使氯乙烯的浓度降低,保证饮用水安全。

管道消毒步骤如下:

（1）漂白粉溶液的制备。

①计算漂白粉用量按下式计算:

$$Q = \frac{4}{3} \times \frac{VA}{1\,000B} \tag{7-1}$$

式中　Q——漂白粉用量,kg;

　　　V——消毒管段存水体积,m³;

　　　A——管道中要求的游离氯含量,即每升水中含游离氯的质量,mg/L;

　　　B——漂白粉纯度（%）,标准纯度为25%;

　　　4/3——漂白粉的溶解度（为3/4）的倒数。

②材料工具。包括漂白粉、自来水、小盆、大桶、口罩、手套等劳保防护用品。

③溶解。先将硬块压碎,在小盆中溶解成糊状,直至残渣不能溶化为止,除去残渣,再用水冲入大桶内搅匀,即可使用。

（2）注入漂白粉。

漂白粉的注入方法可采用泵送或水射器进行注入。打开放水口和进水阀门,应注意根据漂白粉溶液浓度和泵入速度调节阀门开启程度,控制管内流速以保证水中游离氯含量在20 mg/L以上。

（3）关水。

当放水口放出水的游离氯含量为20 mg/L以上时,方可关阀。

（4）泡管消毒。

用漂白粉水浸泡24 h以上。

（5）换自来水。

放净氯水,放入自来水,关阀存水4 h。

（6）取水化验。

1 L水中大肠菌数不超过3个和1 mL水中的杂菌不超过100个菌落为合格。符合标准才算消毒完毕。

第二节　资料管理

一、给水管网技术资料管理

(一)管网建立档案的必要性

城市给水管网技术档案是在管网规划、设计、施工、运转、维修和改造等技术活动中形成的技术文献,它具有科学管理、科学研究、接续和借鉴、重复利用和技术转让、技术传递及历史利用等多项功能。它由设计、竣工、管网现状三部分内容组成,其日常管理工作包括建档、整理、鉴定、保管、统计、利用等六个环节。

建档是档案工作的起点,城市给水管网的运行可靠性已成为城市发展的一个制约因素,因此它的设计、施工及验收情况,必须要有完整的图纸档案。并且在历次变更后,档案应及时反映它的现状,使它能方便地为给水事业服务,为城市建设服务,这是给水管网技术档案的管理目的,也是城市给水管网实现安全运行和现代化管理的基础。

随着近年来我国经济的飞速发展,以及人民生活水平的不断提高,给水系统日趋完善,但仍然有很多普遍存在的问题,如设计、施工和管理质量差,重大事故较多,技术水平差,运行效率低,决策失误,大量资金浪费等。出现这种情况的原因就是没有充分发挥管网技术档案的作用,找不到管网出毛病的准确原因。管网安全运行所采取的技术措施针对性较差,也就不会收到好的效果。因此,要想利用有限的资金,解决旧系统的运行困难以及新系统的合理建设,兼顾近期和远期效益,迫切需要有完善的给水管网技术档案。

(二)给水管网技术资料管理的主要内容

管网技术资料的内容包括以下几部分。

1. 设计资料

设计资料是施工标准又是验收的依据,竣工后则是查询的依据。内容有设计任务书、输配水总体规划、管道设计图、管网水力计算图、建筑物大样图等。

2. 施工前资料

在管网施工时,按照建设部颁布的《市政工程施工技术资料管理规定》及省市关于建设工程竣工资料归档的有关要求,市政给水管道应该按标准及时整理归档,包括以下内容:开工令,监理规划,监理实施细则,监理工程师通知,质量监督机构的质监计划书及质量监督机构的其他通知及文件,原材料、成品、半成品的出厂合格证证明书,工序检查记录,测量复核记录等。

3. 竣工资料

竣工资料应包括管网的竣工报告,管道纵断面上标明管顶竣工高程,管道平面图上标明节点竣工坐标及大样,节点与附近其他设施的距离。竣工情况说明包括:完工日期,施工单位及负责人,材料规格、型号、数量及来源槽沟土质及地下水情况,同其他管沟、建筑物交叉时的局部处理情况,工程事故处理说明及存在隐患的说明;各管段水压试验记录隐蔽工程验收记录,全部管线竣工验收记录;工程预、决算说明书以及设计图纸修改凭证;等等。

4. 管网现状图

管网现状图是说明管网实际情况的图纸,反映了随时间推移,管道的减增变化,是竣工修改后的管网图。

1)管网现状图的内容

总图。包括输水管道的所有管线,管道材质管径、位置,阀门、节点位置及主要用户接管位置。用总图来了解管网总的情况并据此运行和维修。其比例为1∶2 000~1∶10 000。

方块现状图。应详细地标明支管与干管的管径、材质、坡度、方位,节点坐标、位置及控制尺寸,埋设时间,水表位置及口径。其比例是1∶500,它是现状资料的详图。

用户进水管卡片。卡片上应有附图,标明进水管位置、管径、水表现状、检修记录等。要有统一编号,专职统一管理,经常检查,及时增补。

阀门和消火栓卡片。要对所有的消火栓和阀门进行编号,分别建立卡片,卡片上应记录地理位置,安装时间、型号、口径及检修记录等。竣工图和竣工记录。

管道越过河流、铁路等的结构详图。

2)管网现状图的整理

要完全掌握管网的现状,必须将随时间推移所发生的变化、增减及时标明到综合现状图上。现状图主要标明管材材质、直径、位置、安装日期和主要用水户支管的直径、位置,供管道规划设计用。标注管材材质、直径、位置的现状图,可供规划、行政主管部门作为参考的详图。

在建立符合现状的技术档案的同时,还要建立节点及用户进水管情况卡片,并附详图。资料专职人员每月要对用户卡片进行校对修改。对事故情况和分析记录,管道变化,阀门、消火栓的增减等,均应整理存档。

为适应快速发展的城市建设需要,现在逐步开始采用供水管网图形与信息的计算机存储管理,以代替传统的手工方式。

二、给水管网地理信息系统

(一)地理信息系统

地理信息系统简称为 GIS(geographical information system,GIS)。GIS 是由计算机硬件、软件和不同的方法组成的系统,该系统设计用来支持空间数据的采集、管理、处理、分析和显示,以便解决复杂的规划和管理问题。

1. 地理信息系统的含义

(1)GIS 由若干个相互关联的子系统构成,如数据采集子系统、数据管理子系统、数据处理和分析子系统、可视化表达与输出子系统等。

(2)GIS 的技术优势在于它有效的数据集成、独特的地理空间分析能力、快速的空间定位搜索和复杂的查询功能、强大的图形可视化表达手段,以及空间决策支持功能等。

(3)GIS 与地理学和测绘学有着密切的关系。地理学为 GIS 提供了有关空间分析的基本观点与方法,成为 GIS 的基础理论依托。

2. 地理信息系统的组成

一个实用的 GIS 系统,要支持对空间数据的采集、管理、处理、分析、建模和显示等功能,其基本组成一般包括以下五个主要部分:系统硬件、系统软件、空间数据、应用人员和应用模型。

3.地理信息系统的功能

由计算机技术与空间数据相结合而产生的 GIS 技术,包含了处理信息的各种高级功能,但是它的基本功能是数据的采集、管理、处理、分析和输出。GIS 依托这些基本功能,通过利用空间分析技术、模型分析技术、网络技术、数据库和数据集成技术、二次开发环境等,演绎出丰富多彩的系统应用功能,满足用户的广泛需求。

(1)数据采集与编辑。数据采集编辑功能就是保证各层实体的地物要素按顺序转化为(x,y)坐标及相应的代码输入到计算机中。

(2)数据存储与管理。

(3)数据处理和变换。

(4)空间分析和统计。

(二)给水管网的地理信息系统

地理信息系统在水务领域的分支被称为给水管网地理信息系统。给水管网地理信息系统中图形与数据(如管线类型、长度、管材、埋设年代、权属单位、所在道路名等)之间可以双向访问,即通过图形可以查找其相应的数据,通过数据也可以查找其相应的图形,图形与数据可以显示于同一屏幕上,使查询、增列、删除、改动等操作直观、方便。

目前,许多专家在 GIS 技术应用于给水管网档案管理方面做了大量的研究,给这些城市已建立了给水管网图形信息管理系统,并积累了不少实际操作经验。

1.供水管网地理信息系统的功能

通过 GIS 技术建立的给水管网信息系统一般可实现以下功能:

(1)资料的电子化管理利用电脑存储供水管网的改扩建、维修保养等工程竣工资料,可以避免纸质资料的遗失损坏,同时实现资料的动态管理。大城市的供水网络纵横交错,管线数量庞大,管网管理难度大。以前大量的竣工资料和图表采取人工管理,存档在资料室。随着管网建设的不断发展和管理水平要求的不断提高,手工管理很难做到科学高效,各种资料容易损坏丢失,信息检索查阅也非常不方便,遇到紧急情况无法及时得到相关准确信息。传统的手工资料管理方式已不适应供水行业的发展需要。给水管网地理信息系统将管线的地理位置信息与属性信息相结合,通过资料输入、数据储存、数据库链接、信息查询、资料输出等一系列操作,可以给行业各部门提供高效准确的信息服务。

(2)管网的查询、统计、计算和分析。利用 GIS 系统可以方便地对各种信息进行查询,如地名、管径、安装年限等。

(3)管网故障分析与处理。当涉及管道作业时往往需要进行停水作业,这时必须认真查询信息系统上的用户信息,正确了解受影响用户的分布。通过模拟管网停水的关阀方案,可以准确显示停水区域图,给出停水预处理方案并帮助客户服务部门准确及时地通知受影响的用户,告知其停水的起止时间,提高服务水平。

(4)GIS 系统是其他信息系统的基础,如水力模型等。水力模型的建立需要大量跟实际相符的用户信息和管网信息,地理信息系统可以为水力模型的建立提供重要的数据支持。

2.供水管网地理信息系统的组成

供水管网地理信息系统包含的基本信息可归类为以下几点。

1)地理信息

管道所在的区号、街道名、下水道井盖位置以及用户接口所在的建筑物门牌号等。

2)管网信息

管网位置信息、管道信息(直径、材料、连接口类型、支撑物类型、管道状况、支撑物状况、连接口状况、核对日期、核对性质、长度、铺设时间、铺设动因、更新日期、更新的性质、项目编号等)以及管道之间的连接关系。

3)设备信息

类型、直径、详细信息、编号、状态等。

4)维护信息

管网的维修养护信息,包括时间、地点、维修内容、竣工图等。

第三节　监测检漏

一、给水管网水压和流量测定

(一)管道测压和测流的目的

管网测压、测流是加强管网管理的具体步骤。通过它系统地观察和了解输配水管道的工作状况,管网各节点自由压力的变化及管道内水的流向流量的实际情况,有利于城市给水系统的日常调度工作。长期收集、分析管网测压、测流资料,进行管道粗糙系数 n 值的测定,可作为改善管网经营管理的依据。通过测压、测流及时发现和解决环状管网中的疑难问题。

通过对各段管道压力流量的测定,核定输水管中的阻力变化,查明管道中结垢严重的管段,从而有效地指导管网养护检修工作。必要时对某些管段进行刮管涂衬的大修工程,使管道恢复到较优的水力条件。当新敷设的主要输、配水干管投入使用前后,对全管网或局部管网进行测压、测流,还可推测新管道对管网输配水的影响程度。管网的改建与扩建,也需要以积累的测压、测流数据为依据。

(二)水压的测定

1.管道压力测点的布设和测量

在测定管网水压时首先应挑选有代表性的测压点,在同一时间测读水压值,以便对管网输、配水状况进行分析。测压点的选定既要能真实反映水压情况,又要均匀合理布局,使每一测压点能代表附近地区的水压情况。测压点以设在大中口径的干管线上为主,不宜设在进户支管上或有大量用水的用户附近。测压点一般设立在输配水干管的交叉点附近、大型用水户的分支点附近、水厂、加压站及管网末端等处。当测压、测流同时进行时,测压孔和测流孔可合并设立。

测压时可将压力表安装在消火栓或给水龙头上,定时记录水压,能有自动记录压力仪则更好,可以得出 24 h 的水压变化曲线。测定水压,有助于了解管网的工作情况和薄弱环节。根据测定的水压资料按 0.5 ~ 1.0 m 的水压差,在管网平面图上绘出等水压线,由此反映各条管线的负荷。由等水压线标高减去地面标高,得出各点的自由水压,即可绘出等自由水压线图,据此可了解管网内是否存在低水压区。在城市给水系统的调度中心,为了及时掌握管网控制节点的压力变化,往往采用远传指示的方式把管网各节点压力数据传递到调度中心来。

2. 管道测压的仪表

管道压力测定的常用仪器是压力表。这种压力表只能指示瞬时的压力值,若是装配上计时、纸盘、记录笔等装置,成为自动记录的压力仪,它就可以记测出 24 h 的水压变化关系曲线。

常用的压力测量仪表有单圈弹簧管压力表,电阻式、电感式、电容式、应变式、压阻式、压电式、振频式等远传压力表。单圈弹簧管压力表常用于压力的就地显示,远传式压力表可通过压力变送器将压力信号远传至显示控制端。

管网测压孔上的压力远传,首先可通过压力变送器将压力转换成电信息,用有线或无线的方式把信息传递到终端(调度中心)显示、记录、报警、自控或数据处理等。

现在许多自来水公司都配有压力远传设备,采用分散目标,无线电通道的数据及通话两用装置,把数十千米范围内管网测压点的压力等参数,以无线遥测系统的方法,远传到调度中心,并在停止数传时可以通话。

3. 管道流量测定

管道的测流就是指测定管段中水的流向、流速和流量。

1) 测流孔的布设原则

(1) 在输配水干管所形成的环状管网中,每一个管段上应设测流孔,当该管段较长,引接分支管较多时,常在管段两端各设一个测流孔;若管段较短而没引接支管时,可设一个测孔,若管段中有较大的分支输水管,可适当增添测流孔。测流的管段通常是管网中的主要管段,有时为了掌握某区域的配水情况,以便对配水管道进行改造,也可临时在支管上设立测流孔,测定配水流量等数据。

(2) 测流孔设在直线管段上,距离分支管、弯管、阀门应有一定间距,有些城市规定测流孔前后直线管段长度为 30 ~ 50 倍管径值。

(3) 测流孔应选择在交通不频繁、便于施测的地段,并砌筑在井室内。

(4) 按照管材、口径的不同,测流孔的形成方法亦不同。对于铸铁管、水泥压力管的管道,可安装管鞍、旋塞,采取不停水的方式开孔;对于中、小口径的铸铁管也可不停水开孔;对于钢管用焊接短管节后安装旋塞的方法解决。

2) 测定方法

一般用毕托管测流,测定时将毕托管插入待测水管的测流孔内。毕托管有两个管嘴,一个对着水流,另一个背着水流,由此产生的压差 h 可在 U 形压差计中读出。

实测时,须先测定水管的实际内径,然后将该管径分成上下等距离的 10 个测点(包括圆心共 11 个测点),用毕托管测定各测点的流速。因圆管断面各测点的流速不均匀分布,可取各测点流速的平均值 V,乘以水管断面面积即得流量。用毕托管测定流量的误差一般为 3% ~ 5% 。

除用毕托管测流量外,还可用便携式超声波流量计、电磁流量计及其他新型的流量测量仪器(电磁流量计),并可打印出流量、流速和流向等相应数据。

二、给水管网检漏

(一)给水管网漏水的原因

城市给水管网的漏水损耗是相当严重的,其中绝大部分为地下管道的接口暗漏所致。据多年的观察和研究,漏水有以下几个原因:

(1)管材质量不合格。

(2)接口质量不合格。

(3)施工质量问题:管道基础不好,接口填料问题,支墩后座土壤松动,水管弯转角度偏大,易使接头坏损或脱开,埋设深度不够。

(4)水压过高时水管受力相应增加,爆管漏水概率也相应增加。

(5)温度变化。

(6)水锤破坏。

(7)管道防腐不佳。

(8)其他工程影响。

(9)道路交通负载过大。如果管道埋设过浅或车辆过重,会增加对管道的动荷载,容易引起接头漏水或爆管。

(二)国内外给水管网漏水控制的指标

国际上衡量管网漏损水平有三个指标,即未计量水率、漏水率、单位管长漏水率。

未计量水率,亦称漏耗率或损失率或漏损率,按下式计算:

$$未计量水率 = \frac{年供水量 - 年售水量}{年供水量}$$

漏水率计算式为

$$漏水率 = \frac{年漏水量}{年供水量}$$

这种方法在实际运用中不易计算,采用较少。

单位管长漏水率为

$$单位管长漏水率 = \frac{漏水量}{配水管长 \times 时间}$$

这种方法是目前国际上公认的比较合理的衡量管网漏损水平的指标。

供水损失量的定义是指供水总量和有效供水量之差。

供水损失率的定义为

$$供水损失率 = \frac{供水损失量}{供水量} \times 100\%$$

按照定义,供水损失量为

$$供水损失量 = 供水量 - 有效水量$$

目前,在计算供水损失量时采用的是:

$$供水损失量 = 供水量 - 售水量$$

(三)给水管检漏的传统方法

1.音频检漏

当水管有漏水口时,压力水从小口喷出,水就会与孔口发生摩擦,相当能量会在孔口消失,孔口处就形成振动。听音检漏法分为阀栓听音和地面听音两种,前者用于漏水点预定位,后者用于精确定位。漏水点预定位法主要分阀栓听音法和噪声自动监测法。

阀栓听音法:阀栓听音法是用听漏棒或电子放大听漏仪直接在管道暴露点(如消火栓、阀门及暴露的管道等)听测由漏水点产生的漏水声,从而确定漏水管道,缩小漏水检测范围。

漏水声自动监测法:泄漏噪声自动记录仪是由多台数据记录仪和一台控制器组成的整体化声波接收系统。只要将记录仪放在管网的不同地点,如消火栓、阀门及其他管道暴露点等,按预设时间(如 02:00 ~ 04:00)同时自动开/关记录仪,可记录管道各处的漏水声信号,该信号经数字化后自动存入记录仪中,并通过专用软件在计算机上进行处理,从而快速探测装有记录仪的管网区域内是否存在漏水。

漏水点精确定位:当通过预定位方法确定漏水管段后,用电子放大听漏仪在地面听测地下管道的漏水点,并进行精确定位。听测方式为沿着漏水管道走向以一定间距逐点听测比较,当地面拾音器越靠近漏水点时,听测到的漏水声越强,在漏水点上方达到最大。

相关检漏法:相关检漏法是当前最先进最有效的一种检漏方法,特别适用于环境干扰噪声大、管道埋设太深或不适宜用地面听漏法的区域。用相关仪可快速准确地测出地下管道漏水点的精确位置。一套完整的相关仪是由一台相关仪主机(无线电接收机和微处理器等组成)、两台无线电发射机(带前置放大器)和两个高灵敏度振动传感器组成。其工作原理为:当管道漏水时,在漏口处会产生漏水声波,该波沿管道向远方传播,当把传感器放在管道或连接件的不同位置时,相关仪主机可测出该漏水声波传播到不同传感器的时间差 T 只要给定两个传感器之间管道的实际长度 L 和声波在该管道的传播速度 V,漏水点的位置 L 就可按下式计算出来:

$$L_x = \frac{L - VT}{2} \tag{7-2}$$

式中　V——取决于管材、管径和管道中的介质,单位为 m/s,并全部存入相关仪主机中。

2.区域装表法

把整个给水管网分成小区,凡是和其他地区相通的阀门全部关闭,小区内暂停用水,然后开启装有水表的一条进水管上的阀门,使小区进水。

如小区内的管网漏水,水表指针将会转动,由此可读出漏水量。

(1)干管漏水量的测定。关闭主干管两端阀门和此干管上的所有支管阀门,再在一个阀门的两端焊 DN15 小管,装上水表,水表显示的流量就是此干管的漏水量。

(2)区域漏水量测定。要求同时抄表。

(3)利用用户检修、基本不用水的机会,将用户阀门关闭,利用水池在一定时间内的落差计算漏水量。关闭用水阀门,根据水位下降计算漏水量。

3.质量平衡检漏法

质量平衡检漏法工作原理为:在一段时间 Δt 内,测量的流入质量可能不等于测得的流出质量。

4. 水力坡降线法

水力坡降线法的技术不太复杂。这种方法是根据上游站和下游站的流量等参数,计算出相应的水力坡降,然后分别按上游站出站压力和下游站进站压力作图,其交点就是理想的泄漏点。但是这种方法要求准确测出管道的流量、压力和温度值。

5. 统计检漏法

一种不带管道模型的检漏系统。该系统根据在管道的入口和出口测取的流体流量和压力,连续计算泄漏的统计概率。对于最佳检测时间的确定,使用序列概率比试验方法。当泄漏确定后,可通过测量流量和压力及统计平均值估算泄漏量,用最小二乘算法进行泄漏定位。

6. 基于神经网络的检漏方法

基于人工神经网络检测管道泄漏的方法,能够运用自适应能力学习管道的各种工况,对管道运行状况进行分类识别,是一种基于经验的类似人类的认知过程的方法。试验证明这种方法是十分灵敏和有效的。这种检漏方法能够迅速准确预报出管道运行情况,检测管道运行故障并且有较强的抗恶劣环境和抗噪声干扰的能力。

(四)管网检漏应配备的仪器

我国城市供水公司生产规模、技术条件和经济条件等因素差异相当大,根据这些差异可分为四类:

第一类为最高日供水量超过 100 万 m^3,同时是直辖市、对外开放城市、重点旅游城市或国家一级企业的供水公司。

第二类为最高日供水量在 50 万～100 万 m^3 的其他省会城市或国家二级企业的供水公司。

第三类为最高日供水量在 10 万～50 万 m^3 的其他供水公司。

第四类为最高日供水量在 10 万 m^3 以下的供水公司。

根据供水量的差异,按下列情况配置必要的仪器:一类供水公司配备一定数量电子放大听漏仪(数字式)、听音棒、管线定位仪、井盖定位仪及超级型相关仪漏水声自动记录仪。二类供水公司配备一定数量电子放大听漏仪(数字式)、听音棒、管线定位仪、井盖定位仪及普通型相关仪。三类供水公司配备一定数量电子放大听漏仪(模拟式)听音棒、管线定位仪及井盖定位仪。四类供水公司配备少量电子放大听漏仪(模拟式)、听音棒、管线定位仪及井盖定位仪。

(五)管网漏水的处理与预防

1. 管网漏水的处理方法

据以上方法测定的漏水量若超过允许值,则应进一步检测以确定准确漏水点再进行处理。根据现场不同的漏水情况,可以采取不同的处理方法。

(1)直管段漏水处理,处理方法是将表面清理干净停水补焊。

(2)法兰盘处漏水处理,更换橡皮垫圈,按法兰孔数配齐螺栓,注意在上螺栓时要对称紧固。如果是因基础不良而导致的,则应对管道加设支墩。

(3)承插口漏水,承插口局部漏水,应将泄露处两侧宽 30 mm 深 50 mm 的封口填料剔除,注意不要动不漏水的部位。用水冲洗干净后,再重新打油麻,捣实后再用青铅或石棉水泥封口。

2.管道渗漏的修补

渗漏的表现形式有接口渗水、窜水、砂眼喷水、管壁破裂等。可以使用快速抢修剂快速抢修剂为稀土高科技产品,是应用在管道系统的紧急带压抢修的堵塞剂。其优点是:数分钟快速固化致硬,迅速止住漏水。抢修剂的堵塞处密封性好、防渗漏性能佳、抗水压强度高、胶黏度强。应用范围较广,如钢管、铸铁管、UPVC 管、混凝土管及各类阀门的渗漏情况。

(六)管网检漏的管理

1.检漏队伍的管理

(1)检漏人员素质:检漏人员应熟悉本地区管道运行的情况;熟练掌握检漏仪器和管线定位仪器的使用方法;熟练掌握常规检漏方法;能负责本区巡回检漏;负责仪器的维护和保养;做好检漏记录,填写报表,并编写检漏报告。

(2)有效地选配检漏仪器:从地理情况分析,南方管线埋设较浅,用听漏仪可解决70%的漏水;而北方管线埋设较深,漏水声较难传到地面,最好选用相关仪器。但从经济技术条件分析,直辖市省会城市及经济发达城市的供水公司可选先进的检漏仪器,这样为快速降低漏耗提供了前提条件。

(3)加强检漏人员的培训:检漏是一项综合性的工作,需要加强对检漏人员的培训,以便提高检漏技能,同时更要培养检漏人员吃苦耐劳的敬业精神。

(4)选择有效的检漏方法。

(5)要充分调动检漏人员的积极性:检漏是一项很难的户外工作,有时还需夜晚工作,应采用有效的管理体制,来调动检漏人员的积极性。

2.供水管道检漏过程中应注意的问题

(1)如果遇到多年未开启的井盖要点明火验证,一定要证明井中无毒气以后方可下井操作(应通风 20 min,有条件的可使用毒气检测仪检测)。

(2)在市区检漏时,一定要注意交通安全,应放置警示牌,穿上警示背心。

(3)对某些漏点难以定位,需用打地钎法核实时,一定要查清此处是否有电缆等。

(4)注意保持拾音器或传感器与测试点接触良好。

第四节　养护更新

一、给水管道防腐

(一)给水管道的外腐蚀

金属管材引起腐蚀的原因大体分为两种:化学腐蚀(包括细菌腐蚀)和电化学腐蚀(包括杂散电流的腐蚀)。

1.化学腐蚀

化学腐蚀是由于金属和四周介质直接相互作用发生置换反应而产生的腐蚀。如铁的腐蚀作用,首先是由于空气中的二氧化碳溶解于水,生成碳酸,它们往往也存在于土壤中,使铁生成可溶性的酸式碳酸盐 $Fe(HCO_3)_2$,然后在氧的氧化作用下最终变成 $Fe(OH)_3$。

2. 电化学腐蚀

电化学腐蚀的特点在于金属溶解损失的同时,还产生腐蚀电池的作用。

形成腐蚀电池有两类,一类是微腐蚀电池,另一类是宏腐蚀电池。微腐蚀电池是指金属组织不一致的管道和土壤接触时产生腐蚀电池。宏腐蚀电池是指长距离(有时达几公里)金属管道沿线的土壤特性不同时,因而在土壤和管道间,发生电位差而形成腐蚀电池。

地下杂散电流对管道的腐蚀,是一种因外界因素引起的电化学腐蚀的特殊情况,其作用类似于电解过程。由于杂散电流来源的电位往往很高,电流也大,故杂散电流所引起的腐蚀远比一般的电腐蚀严重。

(二)给水管道的内腐蚀

1. 金属管道内壁侵蚀

这种侵蚀作用在前面已经述及了两大类化学腐蚀与电化学腐蚀。对金属管道而言,输送的水就是一种电解液,所以管道的腐蚀多半带有电化学的性质。

2. 水中含铁量过高

作为给水的水源一般含有铁盐。生活饮用水的水质标准中规定铁的最大允许浓度不超过 0.3 mg/L,当铁的含量过大时应予以处理,否则在给水管网中容易形成大量沉淀。水中的铁常以酸式碳酸铁形式存在。以酸式碳酸铁形式存在时最不稳定,分解出二氧化碳,而生成的碳酸铁经水解成氢氧化亚铁。这种氢氧化亚铁经水中溶解氧的作用,转为絮状沉淀的氢氧化铁。它主要沉淀在管内底部,当管内水流速度较大时,上述沉淀就难形成;反之,当管内水流速度较小时,就促进了管内沉淀物的形成。

3. 管道内的生物性腐蚀

城市给水管网内的水是经过处理和消毒的,在管网中一般就没有产生有机物和繁殖生物的可能。但是铁细菌是一种特殊的自养菌类,它依靠铁盐的氧化,以及在有机物含量极少的清洁水中,利用细菌本身生存过程中所产生的能量而生存。这样,铁细菌附着在管内壁上后,在生存过程中能吸收亚铁盐和排出氢氧化铁,因而形成凸起物。由于铁细菌在生存期间能排出超过其本身体积近500倍的氢氧化铁,所以有时能使水管过水截面发生严重的堵塞。

(三)防止管道外腐蚀的措施

管道除使用耐腐蚀的管材外,管道外壁的防腐方法可分为:金属或非金属覆盖的防腐蚀法、电化学防腐蚀法。

1. 覆盖防腐蚀法

1)金属表面的处理

金属表面的处理是搞好覆盖防腐蚀的前提,清洁管道表面可采用机械和化学处理的方法。

2)覆盖式防腐处理

按照管材的不同,覆盖防腐处理的方法亦有不同。对于小口径钢管及管件,通常是采取热浸镀锌的措施。明设钢管,在管表面除锈后用涂刷油漆的办法防止腐蚀,并起到装饰及标志作用。设在地沟内的钢管,可按上述油漆防腐措施处理,也可在除锈后刷 1 ~ 2 遍冷底子油,再刷两遍热沥青。埋于土中的钢管,应根据管道周围土壤对管道的腐蚀情况,选择防腐层的种类。

3)铸铁管外壁的防腐处理

铸铁管外壁的防腐处理,通常采用浸泡热沥青法或喷涂热沥青法。

2. 电化学防腐蚀法

电化学防腐蚀方法是防止电化学腐蚀的排流法和从外部得到防腐蚀电流的阴极保护法的总称。但是从理论上分析,排流法和阴极防蚀法是类似的,其中排流法是一种经济而有效的方法。

1)排流法

当金属管道遭受来自杂散电流的电化学腐蚀时,埋设的管道发生腐蚀处是阳极电位,如若在该处管道和流至电源(如变电站的负极或钢轨)之间,用低电阻导线(排流线)连接起来,使杂散电流不经过土壤而直接回到变电站去,就可以防止发生腐蚀,这就是排流法。

2)阴极保护法

阴极保护法是从外部给一部分直流电流,由于阴极电流的作用,将金属管道表面上下不均匀的电位消除,不能产生腐蚀电流,从而达到保护金属不受腐蚀的目的。从金属管道流入土壤的电流称为腐蚀电流。从外面流向金属管道的电流称为防腐蚀电流。阴极保护法又分为外加电流法和牺牲阳极法两种。

(1)外加电流法。是通过外部的直流电源装置,把必要的防腐电流通过地下水或埋设在水中的电极,流入金属管道的一种方法。

(2)牺牲阳极法。是用比被保护金属管道电位更低的金属材料做阳极,和被保护金属连接在一起,利用两种金属之间固有的电位差,产生防蚀电流的一种防腐方法。

(四)防止管道内腐蚀的措施

1. 传统措施

管道内壁的防腐处理,通常采用涂料及内衬的措施解决。小口径钢管采用热浸镀锌法进行防腐处理是广泛使用的方法。大口径管道一般采用水泥砂浆衬里,不但价格低廉,而且坚固耐用,对水质没有影响。

早期采用沥青层防腐,作用在于使水和金属之间隔离开,但很薄的一层沥青并不能充分起到隔离作用,特别是腐蚀性强的水,使钢管或铸铁管用 3 ~ 5 年就开始腐蚀。环氧沥青、环氧煤焦油涂衬的方法,因毒性问题同沥青一样引起争议。

2. 其他措施

(1)投加缓蚀剂可在金属管道内壁形成保护膜来控制腐蚀。由于缓蚀剂成本较高及对水质的影响,一般限于循环水系统中应用。

(2)水质的稳定性处理在水中投加碱性药剂,以提高 pH 值和水的稳定性,工程上一般以石灰为投加剂。投加石灰后可在管内壁形成保护膜,降低水中 H^+ 浓度和游离 CO_2 浓度,抑制微生物的生长,防止腐蚀的发生。

3.管道氯化法

投加氯来抑制铁硫菌杜绝"红水""黑水"事故出现能有效地控制金属管道腐蚀。管网有腐蚀结瘤时,先进行次氯消毒,抑制结瘤细菌,然后连续投氯,使管网保持一定的余氯值,待取得相当的稳定效果后,可改为间歇投氯。

二、给水管道清垢和涂料

(一)结垢的主要原因

(1)水中含铁量高。水中的铁主要以酸式碳酸盐、碳酸亚铁等形式存在。以酸式碳酸盐形式存在时最不稳定,分解出二氧化碳,而生成碳酸亚铁,经水解生成氢氧化亚铁,氢氧化亚铁与水中溶解的氧发生氧化作用,转为絮状沉淀的氢氧化铁。铁细菌是一种特殊的自养菌类,它依靠铁盐的氧化,顺利地利用细菌本身生存过程中所产生的能量而生存,由于铁细菌在生存过程中能排出超过其本身体积数百倍的氢氧化铁,所以有时能使管道过水断面严重堵塞。

(2)生活污水、工业废水的污染。由于生活污水和工业废水未经处理大量泄入河流,河水渗透补给地下水,地下水的水质逐年变坏。个别水源检出有机物、金属指标超标率严重。这些水源的出厂水已不符合生活饮用水水质标准,因此管网的腐蚀和结垢现象更为严重。

(3)水中悬浮物的沉淀。

(4)水中碳酸钙(镁)沉淀。

在所有的天然水中几乎都含有钙镁离子,同时水中的酸式碳酸根离子转化成二氧化碳和碳酸根离子,这些钙镁离子和碳酸根离子化合成碳酸钙(镁),它难溶于水而变为沉渣。

(二)管线清垢的方式

结垢的管道输水阻力加大,输水能力减小,为了恢复管道应有的输水能力,需要刮管涂衬。管道清洗也就是管内壁涂衬前的刮管工序。清洗管内壁的方式分水冲洗、机械清洗和化学清洗三种方式。

1.水冲洗

(1)水冲洗。管内结垢有软有硬,清除管内松软结垢的常见方法,是用压力水对管道进行周期性冲洗,冲洗的流速应大于正常运行流速的1.5~3倍。能用压力水冲洗掉的管内松软结垢,是指悬浮物或铁盐引起的沉积物,虽然它们沉积于管底,但同管壁间附着得不牢固,可以用水冲洗清除。

为了有利于管内结垢的清除,在需要冲洗的管段内放入冰球、橡皮球、塑料球等,利用这些球可以在管道变小了的断面上造成较大的局部流速。冰球放入管内后是不需要从管内取出的。对于局部结垢较硬,可在管内放入木塞,木塞两端用钢丝绳连接,来回拖动木塞以加强清除作用。

(2)气水冲洗。

(3)高压射流冲洗。利用5~30 MPa的高压水,靠喷水向后射出所产生向前的反作用力,推动运动。管内结垢脱落、打碎、随水流排掉。此种方法适于中、小管道,一般采用的高压胶管长度为 50 ~ 70 m。

(4)气压脉冲法清洗。该法的设备简单、操作方便、成本不高。进气和排水装置可安装在检查井中,因而无须断管或开挖路面。

2. 机械清洗

管内壁形成了坚硬结垢,仅仅用水冲洗的方法是难以解决的,这时就要采用机械刮除。刮管器有多种形式,对于较小口径水管内的结垢刮除,是由切削环、刮管环和钢丝刷等组成,用钢丝绳在管内使其来回拖动,先由切削环在水管内壁结垢上刻划深痕,然后刮管环把管垢刮下,最后用钢丝刷刷净。

刮管法的优点是工作条件较好,刮管速度快。缺点是刮管器和管壁的摩擦力很大,往返拖动相当费力,并且管线不易刮净。

口径 500 ~ 1 200 mm 的管道可用锤击式电动刮管机。它是用电动机带动链轮旋转,用链轮上的榔头锤击管壁来达到清除管道内壁结垢的一种机器,它通过地面自动控制台操纵,能在地下管道内自动行走,进行刮管。刮管工作速度为 1.3 ~ 1.5 m/min,每次刮管长度 150 m 左右。这种刮管机主要由注油密封电机、齿轮减速装置、刮盘、链条锒头及行走动力机构四个部分组成。

另外还有弹性清管器法。该技术是国外的成熟技术。其刮管的方法,主要是使用聚氨酯等材料制成的“炮弹型”的清管器,清管器外表装有钢刷或铁钉,在压力水的驱动下,使清管器在管道中运行。在移动过程中由于清管器和管壁的摩擦力,把锈垢刮擦下来,另外通过压力水从清管器和管壁之间的缝隙通过时产生的高速度,把刮擦下来的锈垢冲刷到清管器的前方,从出口流走。

3. 化学清洗

把一定浓度(10% ~ 20%)的硫酸、盐酸或食用醋灌进管道内,经过足够的浸泡时间(约 16 h),使各种结垢溶解,然后把酸类排走,再用高压水流把管道冲洗干净。

(三)清垢后涂料

1. 水泥砂浆

管壁积垢清除以后,应在管内衬涂保护涂料,以保持输水能力和延长水管寿命。一般是在水管内壁涂水泥砂浆或聚合物改性水泥砂浆。前者涂层厚度为 3 ~ 5 mm,后者为 1.5 ~ 2 mm。

1)LM 型螺旋式抹光喷浆机

这种喷浆机将水泥砂浆由贮浆筒送至喷头,再由喷头高速旋转,把砂浆离心散射至管壁上。作业时,喷浆机一面倒退行驶,一面喷浆,同时进行慢速抹光,使管壁形成光滑的水泥砂浆涂层。

2)活塞式喷浆机

活塞式喷浆机是利用针筒注射原理,将水泥砂浆用活塞皮碗在浆筒内均匀移动而推至出浆口,再由高速旋转的喷头,离心散射至管壁的一种涂料机器,它同螺旋式喷浆机一样,也是多次往返加料,进行长距离喷涂。

2. 环氧树脂涂衬法

环氧树脂具有耐磨性、柔软性、紧密性,使用环氧树脂和硬化剂混合后的反应型树脂,可以形成快速、强劲、耐久的涂膜。

环氧树脂的喷涂方法是采用高速离心喷射原理,一次喷涂的厚度为 0.5 ~ 1 mm,便可满足防腐要求。环氧树脂涂衬不影响水质,施工期短,当天即可恢复通水。但该法设备复杂,操作较难。

3. 内衬软管法

内衬软管法即在旧管内衬套管,有滑衬法、反转衬里法、"袜法"及用弹性清管器拖带聚氨酯薄膜等方法,该法改变了旧管的结构,形成了"管中有管"的防腐形式,防腐效果非常好,但造价比较高,材料需要进口,目前大量推广有一定的困难。

4. 风送涂料法

国内不少部门已在输水管道上推广采用了风送涂衬的措施。利用压缩空气推进清扫器、涂管器,对管道进行清扫及内衬作业。用于管道内衬前的除锈和清扫,一般要反复清扫 3 ~ 4 遍,除去管内壁的铁锈,并把管段内杂物扫除。用压力水对管段冲洗,用压缩空气再把管内余水吹排掉。

压缩空气涂衬时,将两涂管器放好,按分层涂衬的材料需用量均匀地从各加料口装入管内。缓慢地送入压缩空气,推动涂管器完成第一遍内衬防腐,养护 5 h 后进行第二遍内衬防腐。

消除水管内积垢和加衬涂料的方法,对恢复输水能力的效果很明显,所需费用仅为新埋管线的 1/12 ~ 1/10,还有利于保证管网的水质。但对地下管线清垢涂料,所需停水时间较长,影响供水,在使用上受到一定的限制。

三、阀门的管理

(一)阀门井的安全要求

阀门井是地下建筑物,处于长期封闭状态,空气不能流通,造成氧气不足。所以井盖打开后,维修人员不可立即下井工作,以免发生窒息或中毒事故。应首先使其通风半小时以上,待井内有害气体散发后再行下井。阀门井设施要保持清洁、完好。

(二)阀门井的启闭

阀门应处于良好状态,为防止水锤的发生,起闭时要缓慢进行。管网中的一般阀门仅作启闭用,为减少损失,应全部打开,关闭时要关严。

(三)阀门故障的主要原因及处理

阀杆端部和启闭钥匙间打滑。主要原因是规格不吻合或阀杆端部四边形棱边损坏,要立即修复。

阀杆折断,原因是操作时搞错了旋转方向,要更换杆件。

阀门关不严,造成的原因是在阀体底部有杂物沉积。可在来水方向装设沉渣槽,从法兰入孔处清除杂物。

因阀杆长期处于水中,造成严重锈蚀,以至无法转动。解决该问题的最佳办法是:阀杆用不锈钢,阀门丝母用铜合金制品。因钢制杆件易锈蚀,为避免锈蚀卡死,应经常活动阀门,每季度一次为宜。

（四）阀门的技术管理

阀门现状图纸应长期保存，其位置和登记卡必须一致。每年要对图、物、卡检查一次。工作人员要在图、卡上标明阀门所在位置、控制范围、启闭转数、启闭所用的工具等。对阀门应按规定的巡视计划周期进行巡视，每次巡视时，对阀门的维护、部件的更换、油漆等均应做好记录。启闭阀门要由专人负责，其他人员不得启闭阀门。管网上的控制阀门的启闭，应在夜间进行，以防影响用户供水。对管道末端，水量较少的管段，要定期排水冲洗，以确保管道内水质良好。要经常检查通气阀的运行状况，以免产生负压和水锤现象。

（五）阀门管理要求

阀门启闭完好率应为100%。每季度应巡回检查一次所有的阀门，主要的输水管道上阀门每季度应检修、启闭一次。配水干管上的阀门每年应检修、启闭一次。

第五节　给水管网运行调度

城市供水系统一般由取水设施净水厂、送水泵站（配水泵站）和输配水管网构成。供水系统从水源地取水，送入净水厂进行净化处理，经泵站加压，将符合国家水质标准的清洁水通过配水管网送至用户。城市供水系统通常是由若干座净水厂向配水管网供水。每座净水厂的送（配）水泵站设有数台水泵（包括调速水泵），根据需水量进行调配。此外，某些给水区域内的地形和地势对配水压力影响较大时，在配水管网上可设有增压泵站、调蓄泵站或高位水池等调压设施，以保证为用户安全、可靠和低成本供水。

城市供水系统的调度工作主要是掌握各净水厂送水量、配水管网特征点的运行状态，根据预定配水需求计划方案进行生产调度，并且进行供水需求趋势预测、管网压力分布预期估算与调控和水厂运行的宏观调控等。

一、城市供水调度的目标与任务

城市供水调度的目的是安全可靠地将符合水压和水质要求的水送往每个用户，并最大限度地降低供水系统的运行成本。既要全面保证管网的水压和水质，又要降低漏水损失和节省运行费用；不仅要控制水泵（包括加压泵站的水泵）、水池、水塔、阀门等的协调运行，并且要能够有效地监视、预报和处理事故；当管网服务区域内发生火灾、管道损坏、管网水质突发性污染、阀门等设备失控等意外事件时，能够通过水泵、阀门等的控制，及时改变部分区域的水压，隔离事故区域，或者启动水质净化或消毒等设备。

供水管网水质控制是城市供水调度的一项新内容，受到越来越多的重视。我国1993年实施的《城市供水行业2000年技术进步发展规划》，以及2001年颁布的《生活饮用水水质卫生规范》（GB 5749）对出厂水和管网水质提出了更加严格的要求，这使得通过运行调度手段来保证管网水质变得非常必要。供水管网水质保护和控制的主要对象是管道中水的物理、化学变化过程和水的流经时间，合理调度管网系统，控制管道中水流速度，是保证管网水质稳定和安全的重要措施。

城市的供水管网往往随着用水量的增长而逐步形成多水源的供水系统，通常在管网中设有中间水池和加压泵站。多水源供水系统必须由调度管理部门，即调度中心及时了解整个供水系统的生产运行情况,采取有效的科学方法和强化措施,执行集中调度的任务。通过管网的集中调度,各水厂泵站不再只根据本厂水压的大小来启闭水泵,而是由调度中心按照管网控制点的水压确定各水厂和泵站运行水泵的台数。这样,既能保证管网所需的水压,又可避免因管网水压过高而浪费能量。通过调度管理,可以改善运转效果,降低供水的耗电量和生产运行成本。

调度管理部门是整个管网也是整个供水系统的管理中心,不仅要负责日常的运转管理,还要在管网发生事故时,立即采取措施。要做好调度工作,必须熟悉各水厂和泵站中的设备,掌握管网的特点,了解用户的用水情况。

二、我国城市供水调度现状及发展方向

目前,国内大多数城市供水管网系统仍采用传统的人工经验调度方式,主要依据为区域水压分布,利用增加或减少水泵开启的台数,使管网中各区域水的压力能保持在设定的服务压力范围之内。许多自来水公司在调度中心对各测点的工艺参数集中检测,并用数字显示连续监测和自动记录,还可发现和记录事故情况。不少城市的水厂已建立城市供水的数据采集和监控系统,即 SCADA 系统,并通过在线的、离线的数据分析和处理系统,水量预测预报系统等,逐渐向优化调度的方向发展。

随着现代科学技术的快速发展,仅凭人工经验调度已不能符合现代化管理的要求。现代城市供水调度系统越来越多地采用四项基础技术:计算机技术(computer)、通信技术(communication)、控制技术(control)和传感技术(sensor),简称 3C + S 技术,也统称为信息与控制技术。而建立在这些基础技术之上的应用技术包括管网模拟、动态仿真优化调度、实时控制和智能决策等,正在逐步得到应用。随着我国供水企业技术资料的积累和完善,管理机制的改革,管理水平的提高,应用条件将逐步具备,应用效益也会逐渐明显地体现出来。

根据技术应用的深度和系统完善程度,可以将管网运行调度系统分为如下三个发展阶段:人工经验调度,计算机辅助优化调度,全自动优化调度与控制。

城市供水调度发展的方向是:实现调度与控制的优化、自动化和智能化;实现与水厂过程控制系统、供水企业管理系统的一体化进程。充分利用计算机信息化和自动控制技术,包括管网地理信息系统(GIS)、管网压力、流量及水质的遥测和遥讯系统等,通过计算机数据库管理系统和管网水力及水质动态模拟软件,实现供水管网的程序逻辑控制和运行调度管理。供水系统的中心调度机构须有遥控、遥测、遥讯等成套设备,以便统一调度各水厂的水泵,保持整个系统水量和水压的动态平衡。对管网中有代表性的测压点及测流点进行水压和流量遥测,对所有水库和水塔进行水位遥测,对各水厂和泵站的出水管进行流量遥测。对所有泵站的水泵机组和主要阀门进行遥控。对泵站的电压、电流和运转情况进行遥讯。根据传示的情况,结合地理信息管理与专家分析系统,综合考虑水源与制水成本,实现全局优化调度是城市供水调度的最高目标。

三、城市供水调度系统组成

现代城市供水调度系统,就是应用自动检测、现代通信计算机网络和自动控制等现代

信息技术,对影响供水系统全过程各环节的主要设备、运行参数进行实时监测、分析,提出调度控制依据或拟定调度方案,辅助供水调度人员及时掌握供水系统实际运行工况,并实施科学调度控制的自动化信息管理系统。

目前,国内外供水行业应用现代信息技术的调度系统,多数仍为由自动化信息管理系统辅助调度人员实施调度控制工作,属于一种开环信息管理控制系统(半自动控制系统)。只有当供水调度管理系统满足以下条件时:基础档案资料完备且准确;检测、通信、控制等技术及设备可靠;检测、控制点分布密度合理;与地理信息管理、专家分析系统有机结合后,才有可能实现真正的全自动化计算机调度。

城市供水调度系统由硬件系统和软件系统组成,可分为以下组成部分:

(1)数据采集与通信网络系统包括:检测水压、流量、水质等参数的传感器、变送器;信号隔离、转换、现场显示、防雷、抗干扰等设备;数据传输(有线或无线)设备与通信网络;数据处理、集中显示、记录打印等软硬件设备。通信网络应与水厂过程控制系统、供水企业生产调度中心等联通,并建立统一的接口标准与通信协议。

(2)数据库系统即调度系统的数据中心,与其他三部分具有紧密的数据联系,具有规范的数据格式(数据格式不统一时,要配置接口软件或硬件)和完善的数据管理功能。一般包括:地理信息系统(GIS),存放和处理管网系统所在地区的地形、建筑、地下管线等的图形数据;管网模型数据,存放和处理管网图及其构造和水力属性数据;实时状态数据,如各检测点的压力、流量、水质等数据,包括从水厂过程控制系统获得的水厂运行状态数据;调度决策数据,包括决策标准数据(如控制压力、水质等)决策依据数据、计算中间数据(如用水量预测数据)决策指令数据等;管理数据,即通过与供水企业管理系统接口获得的用水抄表、收费、管网维护、故障处理、生产核算成本等数据。

(3)调度决策系统是系统的指挥中心,又分为生产调度决策系统和事故处理系统。生产调度决策系统具有系统仿真、状态预测、优化等功能;事故处理系统则具有事件预警、侦测、报警、损失预估及最小化、状态恢复等功能,通常包括爆管事故处理和火灾事故处理两个基本模块。

(4)调度执行系统由各种执行设备或智能控制设备组成,可以分为开关执行系统和调节执行系统。开关执行系统控制设备的开关、启停等,如控制阀门的开闭、水泵机组的启停、消毒设备的运停等;调节执行系统控制阀门的开度、电机转速、消毒剂投量等,有开环调节和闭环调节两种形式。调度执行系统的核心是供水泵站控制系统,多数情况下,它也是水厂过程控制系统的组成部分。

以上划分是根据城市供水调度系统的功能和逻辑关系进行的,有些部分为硬件,有些则为软件,还有一些既包括硬件也包括软件。初期建设的调度系统不一定包括上述所有部分,根据情况,有些功能被简化或省略,有时不同部分可能共用软件或硬件,如用一台计算机进行调度决策兼数据库管理等。

四、城市供水调度 SCADA 系统

SCADA(supervisory control and data acquisition)是集成化的数据采集与监控系统,又称计算机四遥,包括遥测(telemetering)、遥控(telecontrol)、遥讯(telesignal)、遥调(teleadjusting)技术,在城市供水调度系统中得到了广泛应用。它建立在 3C + S 技术基础上,与地理信息系统(GIS)、管网模拟仿真系统、优化调度等软件配合,可以组成完善的城市供水调度管理系统。

(一)城市供水调度 SCADA 系统组成

现代 SCADA 系统不但具有调度和过程自动化的功能,也具有管理信息化的功能,而且向着决策智能化方向发展。现代 SCADA 系统一般采用多层体系结构,一般可以分 3 ~ 4 层。

1. 设备层

设备层包括传感检测仪表、控制执行设备和人机接口等。设备层的设备安装于生产控制现场,直接与生产设备和操作工人相联系,感知生产状态与数据,并完成现场指示、显示与操作。在现代 SCADA 系统中,设备层也在逐步走向智能化和网络化。

城市供水调度 SCADA 系统的设备层具有分散程度高的特点往往需要使用些自带通信接口的智能化检测与执行设备。

2. 控制层

负责调度与控制指令的实施。控制层向下与设备层连接,接受设备层提供的工业过程状态信息,向设备层给出执行指令。对于具有一定规模的 SCADA 系统,控制层往往设有多个控制站(又称控制器或下位机),控制站之间联成控制网络,可以实现数据交换。控制层是 SCADA 系统可靠性的主要保证者,每个控制站应做到可以独立运行,至少可以保证生产过程不中断。

城市供水调度 SCADA 系统的控制层一般由可编程控制器(PLC)或远方终端(RTU)组成,有些控制站又属于水厂过程控制系统的组成部分。

3. 调度层

实现监控系统的监视与调度决策。调度层往往是由多台计算机联成的局域网组成,一般分为监控站、维护站(工程师站)、决策站(调度站)、数据站(服务器)等。其中,监控站向下连接多个控制站,调度层各站可以通过局域网透明地使用各控制站的数据与画面;维护站可以实时修改各监控站及控制层的数据与程序;决策站可以实现监控站的整体优化和宏观决策(如调度指令、领导指示)等;数据站可以与信息层共用计算机或服务器,也可以设专用服务器。城市供水调度 SCADA 系统的调度层可与水厂过程控制系统的监控层合并建设。

4. 信息层

提供信息服务与资源共享,包括与供水企业内部网络共享管理信息和水厂过程控制信息。信息层一般以广域网(如国际互联网)作为信息载体,使得一个 SCADA 系统的所有信息可以发布到全世界任何地方,也可以从全世界任何地方进行远程调度与维护。也可以说,全世界信息系统、控制系统可以联成一个网。这是现代 SCADA 系统发展的大趋势。

SCADA 系统应用的不断普及,得益于 3C + S(computer, communication, control, sensor)技术近年来的快速发展,了解这些技术的发展,有利于 SCADA 系统应用水平的提高。

1）计算机（computer）技术

近年来，计算机技术飞速发展，强大的硬件平台、不断更新的视窗操作系统支持着庞大的网络运行，可以处理大型的控制和信息处理任务。功能强大的计算机系统平台，使计算机得到了广泛的应用，更为构建高功能的 SCADA 系统创造了条件。

在 SCADA 系统中，计算机主要用作调度主机和数据服务器，近年来国内外许多厂家都推出了基于 Windows 的 SCADA 组态软件。在这些软件平台上可以完成与城市供水调度相关的数据采集提供了与多种控制或智能设备通信的驱动程序、动态数据交换（DDE）等功能，便于实现数据处理、数据显示和数据记录等工作，具有良好的图形化人机界面（MMI），以及趋势分析和控制功能，为优化调度、节能降耗提供了手段。计算机的网络功能使多级 SCADA 调度系统的建设和水厂过程控制系统、供水企业管理系统的一体化具备了条件。

2）通信（communication）技术

SCADA 系统设计是否合理，与通信技术的选择有关。目前，各种通信技术发展迅速，这里只做简单介绍。

SCADA 系统中的通信可以分为三个层次：

（1）信息与管理层的通信。这是计算机之间的网络通信，实现计算机网络互联与扩展，获得远程访问服务。将 SCADA 联入互联网，不但可以享受公共网络的廉价服务，而且可以将控制与管理信息漫游到全世界，实现全球资源共享。

（2）控制层的通信。即控制设备与计算机，或控制设备之间的通信。这些通信多采用标准的测控总线技术，要根据控制设备的选型确定通信协议，也要求控制设备选型尽量统一，以便于维护管理。

（3）设备底层的通信。即检测仪表、执行设备、现场显示仪表、人机界面等的通信。底层设备数字化，以替代传统的电流或电压信号连接。数字化设备之间的通信多采用串行通信，如 RS232C、RS485、RS422 等，而 USB（universal serial bus，USB）是近期推出的高效率、即插即用、热切换的接口通信协议，具有良好的应用前景。

根据数据传输方式，通信可以分为有线通信和无线通信两大类。选择不同的传输方式，对通信可靠性和通信成本有显著影响。

无线通信技术包括微波通信短波通信、双向无线寻呼等，有些是公共数据网的应用，应用最多的是超短波 200 MHz 的通信。当前正在发展的双向无线寻呼，是既可靠又廉价的通信手段，对城市供水调度 SCADA 中的测压点、井群等通信将会有十分重要的作用。

有线通信可以利用公共数据网进行，或通过电话、电力线进行载波通信，但成本非常高，只有短距离或要求可靠性高时采用。

3）控制（control）技术

控制设备为 SCADA 系统的下位机，是城市供水调度执行系统的组成部分。控制设备在每一个 SCADA 系统中都会有若干台，对 SCADA 系统的可靠性和价格影响最大。

目前常用的控制设备有工控机（IPC）、远方终端（RTU）、可编程逻辑控制器（PLC）、单片机、智能设备等多种类型。

IPC 的软硬件与普通计算机相同，其本质还是计算机，具有大容量和高速数据处理能力,其软件十分丰富,有理想的界面,为开发者所熟悉。目前在城市供水调度 SCADA 系统中应用还不多见,但随着现场设备的数字化及与控制设备通信连接技术发展(如USB),IPC 的应用可能会不断增加。

PLC 是方便、易安装、易编程、高可靠性的技术产品。它提供高质量的硬件、高水平的系统软件平台和易学易懂的应用软件平台(用户平台),能与现场设备方便连接,特别适于逻辑控制和计时、计数等,多数产品还适用于复杂计算和闭环调节控制。PLC 一般用于构建城市供水调度 SCADA 的调度执行系统,特别是泵站的控制。

RTU 是介于 IPC 与 PLC 之间的产品,它既有 IPC 强大的数据处理能力,又具备 PLC方便可靠的现场设备接口,特别是远程通信能力比较强。RTU 适于在城市供水调度 SCADA 系统完成较大型的或远程的控制任务。

单片机是一种廉价的控制设备,在追求低成本的情况下,单片机构成城市供水调度SCADA 系统下位机已成为主流。单片机有多个系列,品种丰富,但在使用前都必须经过二次开发,需要进行逻辑设计、驱动设计、可靠性设计和软件开发等。单片机应该主要用于城市供水调度 SCADA 系统中的数据采集或小型的控制任务。近年来的现场总线技术(FCS)的发展又为单片机的应用带来了良好的前景,可以解决复杂的通信控制任务,使得控制网络的构建非常简单,价格低廉。

4)传感(sensor)技术

在城市供水调度 SCADA 系统的生产现场,安装有许多传感器,完成 SCADA 系统的数据采集任务。

传感器可分为智能型和非智能型两类。非智能型完成电量的标准化信号转换和非电量的理化数据向标准化电量信号转换。智能型传感器除完成上述非智能型传感器的工作之外,还具有上、下限报警设置、自诊断与校准、数据显示、简单数字逻辑控制等功能。最新的智能传感器大都具有某种现场总线功能,可以与 SCADA 系统的上位计算机或下位控制单元通信,构成 SCADA 系统的一个部分。

在城市供水调度 SCADA 系统中常用的传感器主要有水位、压力、流量、温度、湿度、浊度余氯、电压、电流、功率、电度、功率因素以及接近开关、限位开关、水位开关、继电器等。传感器在 SCADA 系统数量相对较大,类型也很多,其可靠性提高是 SCADA 系统长期稳定工作的关键。

(二)管网测压点的布置

管网中的测压点是 SCADA 系统中的重要组成部分,合理布置测压点的位置和数量不仅可以节省投资,而且是供水服务质量的一个重要保证。

供水管网服务压力必须达到一定的水平,而管网压力又与漏失量直接相关,在其他外部条件相同的情况下,管网漏水率随服务压力的增大而增大。因此,管网系统中测压点的位置和数量应合理布置,以达到全面反映供水系统的管网服务压力分布状况,及时显示供水系统异常情况发生的位置、程度及其影响范围,监测管网运行工况,据此评估管网运行状态的目的。

为此,管网测压点应能够覆盖整个供水管网,每一个测压点都能代表附近地区的水压情况,真实反映管网的实际工作状况。由于供水支管水压往往受局部供水条件影响,不能反映该地区的供水压力实际情况,所以测压点须设在大中口径供水主干管上,不宜设在进户支管或有大量用水的用户附近,一般在以下地区设置管网测压点:

(1)每 10 km² 供水面积需设置一处测压点,供水面积不足 10 km² 的,最少要设置两处。

(2)水厂、加压站等水源点附近地区。

(3)供水管网压力控制点、供水条件最不利点处,如干管末梢、地面标高特别高的地点。

(4)多水源供水管网的供水分界线附近。

(5)供水压力较易波动的集中大量用水地区。

(6)对用水有特定要求的国家要害部门。

五、城市供水优化调度数学方法

城市供水优化调度的目标是在满足管网系统中各节点的用水量和供水压力条件下,合理地调度供水系统中各水厂供水泵站和水塔、水池的运行,达到供水成本最小的目标。当供水系统中的各水厂的生产成本相同时,达到供水电费最低。

城市供水优化调度的数学方法就是首先提出优化调度数学模型,然后采用适当的数学手段进行求解,最后用求解结果形成调度执行指令。目前,常用的数学方法可分为微观数学模型法和宏观数学模型法两种类型。

微观数学模型法将管网中尽可能多的管段和节点纳入模拟计算,通过管网水力分析,求解满足管网水力条件的最经济压力分布,优选最适合该压力分布方案的水泵组合及调速运行模式。微观数学模型与管网的物理相似性很好,但其计算时间较长,数据准备工作量很大。

宏观数学模型法不考虑泵站和测压点之间实际管网的物理连接,而是用假想的简化管网将它们连接起来,甚至完全不考虑它们之间的物理连接,而是通过统计数学或人工智能等手段确定它们之间的水力关系,并由此计算确定优化调度方案。宏观数学模型比较简单,计算速度快,但模型参数不易准确,需要较长时期的数据积累和模型校验。而且,一旦管网进行改造和扩建,宏观数学模型需要重新调整和校验。

管网建模是建立供水管网水力模型的简称,是研究和解决管网问题的重要数学手段。管网优化调度技术的成功运用有两个重要基础,一是调度时段用水量的准确预测;二是建立准确的管网水力模型。如果它们不准确,再好的优化调度算法也是没有意义的。

(1)管网建模的基础工作。做好管网基础资料的收集、整理和核对工作,是管网建模工作的基础。管网建模与建立管网地理信息系统(GIS)相结合是发展方向。

(2)管网模型的表达。正确合理的管网模型表达方法是重要的,国外在此方面的研究已经很成熟,值得借鉴。国内对于管网模型的概念体系已经基本建立,但一些特殊的水力元件(如减压阀等)还无法处理,模型表达的数据格式和标准化编码还有待研究。

(3)模型的校核与修正。由于管网模型准确性有待提高和管网构造本身的变化与发展,管网模型要经常进行校核和修正。较为理想的是采用动态模型技术,即通过各种检测、分析和计算手段,在管网运行中,实时地验证管网模型的准确性,并随时修正。为了检测管网运行的实际状态,必须安装各种压力和流量检测设备,如果利用管网模型进行的调度计算所得结果与实测值不一致,要根据误差进行模型修正。

管网优化调度的宏观模型法,就是建立一种高度抽象的管网动态模型,因为其模型较微观模型具有更大的不确定性,必须在调度运行过程中不断修正。

六、城市供水运行调度管理

(一)运行调度管理机构

我国目前运行调度管理机构大致有两种类型:对整个制、配水体系由单一中心运行调度机构进行统一、集中调度管理,称为一级调度管理系统,适用于小型城市;对生产、配水系统分别通过水厂运行调度和中心运行调度二级机构进行相对独立又相互联系调度管理,称为二级调度管理系统,适用于大中城市。

尽管城市供水行业的调度机构的形式不一,但就其内在联系而言,都承担着水厂(泵站)的运行管理、管网运行管理,以及对两者进行协调和对本地区的供水进行统一调度这三种工作职能。依据这三种工作职能,有条件时宜设置水厂(泵站)运行调度和中心运行调度并存的调度机构。

(二)运行调度岗位职责

1. 水厂(泵站)运行调度岗位职责

(1)运行调度的范围为取水、输水和净化工艺设施。

(2)编制和实施净水系统的运行方式。

(3)执行中心运行调度指令。

(4)分析水质、水量、水压、能耗等经济指标,提出改进水厂经济运行的措施。

2. 调度中心运行调度岗位职责

(1)运行调度的范围包括送水设备(含管网加压泵站)、出厂(站)阀门、输配水管网。

(2)编制和实施供水系统的运行方案。

(3)协调水厂运行和管网运行之间的关系,制定和实施因管道工程施工需大面积降压、停水的运行调度方案。

(4)负责或组织安排调度系统内有关软件系统与硬件设备管理、维护和检修。

(5)全面分析水质、水量、水压、电耗、药耗等经济指标,提出改进供水系统运行的措施。

(三)运行调度岗位人员要求

调度人员须具有一定的给水排水、电气及计算机专业知识;掌握调度工作的基本原理和工作标准;了解城市供、用水量及水压的变化规律;熟悉国家对水质、水压、电耗的要求与标准;能够依据公司生产计划,制订合理、经济的调度方案。同时,依据其调度权限、职责的不同,调度人员还应达到相应的技术要求:

(1)水厂(泵站)运行调度人员,应熟悉本厂(站)的生产能力、生产工艺过程、电气设备一次接线图、设备性能及状况、厂(站)管道阀门布置及供水范围、水量的曲线计算及经济运行中的有关技术参数等。

(2)中心运行调度人员,应熟悉系统内所属各水厂(泵站)的生产能力、生产工艺过程设施状况、专(备)用电源的线路图、供水管道和阀门的布置、供水范围,掌握管道工程施工及维修的工程量、工程进度,以及所影响的供水范围。

(四)调度事件管理

调度事件主要指因实际需要或意外因素,对供水设施进行检修(包括计划检修、临时检修和事故处理检修),从而导致供水管网降压甚至停水。

调度事件的申报注销与变更应遵循以下原则:

(1)凡因检修需要而将导致水厂(泵站)、管网降压、停水,须由水厂(泵站)运行调度人员事先向中心运行调度提出申请,由中心运行调度统一安排。

(2)为了减少检修次数,保证正常供水,在安排设备检修时,应对水厂、泵站、供电以及管网进行全盘考虑,尽可能地使各项检修工作同步进行。

(3)检修、降压、停水工作应尽量做到有计划地安排,并依据其影响的程度和范围,至少在工作实施的前一天,通过报纸、电视、网站等传媒或人工通知到用户,以便用户能及时地安排好生产和生活。

(4)突发性事故发生时,应边进行紧急检修,边利用传媒或人工尽可能地通知到用户。必要时用水车送水到户。

(5)已安排的检修、降压、停水事件,如因特殊原因需要注销或变更时,应迅速告知用户。再次进行此项工作时,应重新办理有关手续。

(五)运行调度规章制度

为实现城市供水调度目标,保证城市供水安全,运行调度一般应遵守:运行值班制度;交接班制度;调度事件的申报、注销与变更制度;调度指令下达与执行情况考核制度;调度设备维护管理制度;阀门调度管理制度;安全防火制度。

七、城市供水调度 SCADA 系统实例

某市调度系统由城市供水调度 SCADA 系统、供水调度管理系统组成,实现了调度数据的采集与监控、集中储存、查询、统计与分析管理,调度业务实现了计算机管理和无纸化办公。该市还开发建立了供水 GIS 系统、供水管网模型系统和优化调度系统,初步实现了供水调度的计算机现代化管理。

(一)城市供水调度 SCADA 系统

该系统由一个主站、13 个水厂及泵站分站、34 个管网测压点分站组成。水厂泵站和管网测压点分站分别采用 233 MHz 和 266 MHz 超短波组网通信方式。主站是整个系统的核心,其硬件设备由交换机连接两台服务器、五台工作站及其他附属设备构成 100 MB 以太网。分站硬件由各种传感器和终端组成,主要完成对现场数据采集和转换,累计量的累加,并将这些数据按照通信协议传给主站。测压点分站终端采用 SIMENS - 700PLC 为控制及输出、输入单元,水厂及泵站分站终端采用 AB - SLC 为控制及输出、输入单元。这些以 PLC 为控制及输出、输入单元的终端,具有集成度高、技术成熟、性能稳定等特点。

该市调度 SCADA 系统软件设计采用客户机/服务器(C/S)结构,具有集中储存、灵活管理、查询迅速的功能;系统基于 MS WINDOWSNT 4.0 操作系统及 MSSQL7.0 数据库,运行稳定、安全可靠;系统应用图形化窗口等技术,显示清楚、界面友好。实现了生产数据的

实时采集、定时存储、集中处理、数据发布、远程查询和远程控制的功能。

该市调度 SCADA 系统的主要功能是自动巡测和选站遥测供水网中所有分站的监测量,水厂分站监测量为出水压力出水浊度、出水余氯、出厂水量用电量、清水池水位、水源取水点水位,管网测压点分站监测量为水压浊度、余氯。上述供水物理量监测数据分别在调度中心的两个计算机屏幕上进行显示,并每 2 min 刷新一次数据,每 2 min 的数据被送入服务器数据库存盘,以上数据中各水厂出水压力、泵房水泵开关状态、所有测压点的管网压力在超宽模拟屏上同时实时显示。系统还具有越限报警查询功能,用户可自行设置各输入量报警上下限,一旦发生数值越限,即在计算机显示器上显示相应报警指示。系统还可对历史报警记录进行查询。

(二)供水调度管理系统

该管理系统采用客户机/服务器(C/S)结构。系统客户端应用程序可以在 WINDOWS 系统下运行。系统分为生产数据管理和调度业务管理两大功能。

1. 生产数据管理

(1)对历史数据的查询、统计功能。查询的内容有任一时间段供水量的最大、平均、最小值和日均供水压力;任一时间段的日变化系数、时变化系数、累计水量;任一时间段的瞬间压力、单位电耗、单位矾耗、单位氯耗以及这些指标的最大和最小值;还可以对数据库中的各类历史数据、曲线进行浏览、查询和编辑。

(2)数据滤波功能。消除非正常干扰因素,自动对该数据进行滤波处理,滤除浊度、余氯数据中的非正常干扰脉动值。以上脉动值的出现主要是由于各水厂安装的在线式浊度仪(余氯测定仪)灵敏度很高,当泵房开关或调节阀门时,出水母管中有时会产生小气泡,从而造成浊度仪(余氯测定仪)显示值假超标,反映在数据曲线上就是有上升的尖脉冲。

(3)生产数据编辑功能。当系统采集数据失败或发生错误时,可由人工对错误数据进行补齐或修正,以保证生产数据的完整性。

(4)制水成本分析功能。自动统计分析全公司和各水厂的水量、三耗成本,以及它们的同期比、同计划比和不同时段比。

2. 调度业务管理

(1)调度员上班注册功能。当班调度员上班后首先需通过该系统进行注册,注册成功后,系统将自动记录该班次的调度员姓名、工号、注册时间。注册时如密码不符,则数据库中信息编辑功能的菜单将被禁止,系统只显示查询功能的菜单。注册成功后,在该班次内打印的各类报表将自动以注册调度员署名。

(2)调度管理员审核注册功能。对某些要发布的报表,需经有权限的调度管理员审核,不经审核则不能有效打印。调度管理员每天审核数据后要注册,系统将核对调度管理员密码,如无误就将该调度管理员的姓名、审核时间记录在案。

(3)调度大事、爆管、事故、工程记录的输入和编辑修改功能。当班调度员可以输入相应记录发生的地点、内容时间报告人、记录人、恢复时间等信息,并对以上信息进行编辑和修改。

(4)交接班记录功能。在调度员上班注册后,打开这个窗口就能看到本班的班次、当班人姓名以及三天来的大事记录。在这个窗口的调度命令输入栏内,调度员可以输入下达的开关车指令输入后系统将自动记录调度指令的发出时间、执行时间以及指令内容。另外,该功能还可以查询任一时段的上述所有调度管理信息,例如某时段内的所有爆管记录,也可查询某日的所有调度管理信息和考勤记录。

3. 调度数据发布与共享

调度中心的生产数据除了调度中心自己使用外,还向供水企业各部门提供数据查询。一般用户通过企业网的调度中心网页(B/S 结构),查询生产日报表、水厂出水压力、主要测压点压力等常规生产数据。生产管理部门、技术部门、总公司主管领导等重要用户,通过在当地安装专用客户端(供水数据查询系统)来查询所有调度实时数据。

第六节　给水管网的水质管理

一、管网水质污染的原因

从水厂出来的水在管网内部可流动数小时乃至数天时间,有足够时间与管壁表面进行充分接触,管壁在与水接触时会渗漏出一些化学物质,污染饮用水;同时某些管材所释放的有机物能促进微生物在管内生长。曾对全国 30 余座大、中城市自来水公司某些年份的供水量及出厂水、管网水水质进行调研;收集到各自来水公司日平均供水量及水质监测值,并用加权平均值法计算出平均水质。

计算方法如下:

$$系数值 = \frac{某城市平均供水量}{所统计城市的平均供水量}$$

$$水质平均值 = \frac{\sum(各公司的监测值 \times 系数值)}{\sum 各公司的系数值}$$

这种综合统计分析,虽然准确性不够,但仍可参考性地反映出管网水质的变化趋势。

(一)管材对供水水质的影响

就供水管材而言,不仅现有管道 90% 以上使用的是铸铁管、钢管,近几年来新建的给水管道仍有 85% 采用金属管道。

1. 金属管材(铸铁管、球墨铸铁管和无缝钢管)

水是一种电解质,铁在水中的腐蚀大多是电化学腐蚀,生成锈垢。由于管道内锈垢的存在,自来水不是沿着管壁流动而是沿着垢层在流动,它们的存在不仅降低了管道的有效过水面积,当管网中水的流速发生剧变或在其他因素的影响下,厚而不规则的锈垢将从管网中排出,并且对供水水质构成污染。

2. 石棉水泥管和水泥管

石棉水泥管中的水泥为高炉矿渣水泥和普通水泥,或者是火山和熟石灰水泥。水泥中有多于 100 种的化合物已被认识并检出。石棉是一系列纤维状硅酸盐矿物的总称,这些矿物有着不同的金属含量、纤维直径、柔软性抗张强度和表面性质。石棉对人体健康有着严重影响,它可能是一种致癌物质。石棉水泥管中水泥基质的破裂可能导致石棉纤维向水中渗入,从石棉水泥管释放石棉纤维到自来水中。研究表明,当使用石棉水泥管时,从水源到管网,石棉纤维都有不同程度的增加。水泥管是由水泥砂子、砾石、水和钢筋所构成。水泥管小的裂缝能自发地与渗入的腐蚀产物形成碱性物质,并从水泥中浸出。

3. 塑料管

塑料在水中可能发生溶解反应,使化学物质从塑料中浸出,污染在塑料管中流动的水。

(二)管壁的化学物质对水质的影响

资料表明,一些城市的铸铁管内壁仍使用沥青涂料,较大城市已推行管内壁衬水泥砂浆的措施。

1. 沥青涂层

沥青主要为高分子脂肪烃物质,通常表现为惰性,并在水中无溶解性,但沥青中所含痕量多环芳烃(PAH)对人体健康构成一定危害。试验表明,在涂有沥青涂料的管道中,水含有一定的 PAH,当管网中水的流动较缓时,水中的酚、苯含量剧增,这严重危害人体健康。

2. 水泥砂浆衬里

水泥砂浆衬里是国内外最常见的给水管道内衬涂料。它可有效地防止管网内壁腐蚀,并阻止"红水"现象的产生。但砂浆衬里会受到水中酸性物质的侵蚀,从而导致腐蚀,并发生脱钙现象,进而污染水质。

二、二次供水引起的水质问题

自来水二次污染是指自来水在输送到用户使用过程中受到的污染,自来水供配水系统是由输水管、管网、泵站和调节构筑物等组成。从供水环节中,可能引起水质污染的原因很多,找出主要原因有利于从根本上找到解决问题的对策。

(一)二次污染的主要原因

自来水的二次污染主要由以下 3 个方面引起:供水管道、供水调节设施和二次加压设施。

自来水在管道滞留时间对水质的影响:

(1)随着自来水在用户管道滞留时间的增加,水质逐渐恶化,滞留时间超过 24 h,水质严重恶化,且有异味,不宜饮用。

(2)供水调节设施对水质的二次污染。通过对自来水在钢板、玻璃钢,钢筋混凝土水箱中,不同贮水时间的水质变化情况的监测结果表明,除铁质水箱中铁、锰含量略有增大外,一般理化指标和毒理指标无明显差异。但自来水在水箱中贮存 24 h 后,余氯为零,不宜直接饮用。

(3)二次加压设施对水质的二次污染。由于二次加压系统多为容器类的设施,易存死水,更易繁殖微生物,产生有害物质,污染水质。从设计上看,有的加压泵进水口和自来水管道直接连接,中间没有设置止回阀;有的甚至将溢流管同自来水管网连通,其结果是二次加压供水系统延伸到局部管网。

(4)溢流管设置不合理,无卫生防护措施。

（5）水池池口无防护设施。大部分水池均为平底，加之出口水位显著高于池底，易造成淤泥聚积；有的水池口露天设置，与地面平行，甚至池口无盖、无锁，一旦下雨或冲洗地面，污水便流入池中。

（6）蓄水池内衬材料和结构不符合卫生要求。

（7）缺乏合格的卫生管理人员。有的供水人员卫生知识缺乏，又没有经过卫生知识培训，管水人员及水池（箱）清洗人员不进行健康体检就上岗工作。个别单位在没有取得卫生部门颁发的《卫生许可证》的情况下，便私自使用二次供水设施。

（8）卫生管理制度及卫生设施不健全。有的供水单位卫生管理制度不够完善，无必要的水质净化消毒设施及水质检验仪器、设备，没有经常性的卫生监督、监测检查制度及水池清洁制度。

（二）对策

要消除供水二次污染，应当从产生污染的六个方面原因入手。

（1）合理选择管材。

（2）采取有效防范措施。对供水调节构筑物，若是已建的，第一步应完善它的结构，如水池盖的密封、溢水放空管的防污措施等，避免外界的虫、鼠、尘等进入其内；第二步应添加过滤装置，对已有的不合格内壁涂衬材料加以改装，如采用不锈钢、玻璃钢、不含铅瓷片等措施；死水问题则可采用进水管插入池底的方法解决，特别是对于容积超过 12 h 贮水时间的池水应采取补充加氯或其他消毒方法，以保证水质。对新建的调节构筑物，在设计时首先要考虑容积宜小不宜大，前提是供水贮存时间不超过 12 h。

（3）加强管理，健全和完善操作规范。对二次加压设施，除了从设计和施工上做好有效防范措施，关键在于颁发有关的法律法规、办法及系统运行标准来加强管理，做到从设计到验收，直至清洗、消毒的全过程都有人负责。

（4）加强宣传及培训工作。大力宣传并严格执行《生活饮用水卫生监督管理办法》是使生活饮用水卫生、安全、保障人体健康的可靠保证。《生活饮用水卫生监督管理办法》的颁布、实施，使二次供水卫生管理有了统一的法规，步入了正轨，使其有章可循，有法可依。要加大宣传力度，特别是要加强对建筑设计人员的宣传，使建筑设计符合卫生要求，为卫生管理打下基础。加强培训，提高管水人员的饮水卫生知识，控制水源性疾病的发生。

（5）强化预防性卫生监督。对新建、扩建、改建的二次供水设计，当地卫生监督部门应把好关，认真审查、验收，以防止二次供水在设计和施工中不规范、不合理而出现使用中难以克服的问题。

（6）建立健全卫生监督监测制度。二次供水系统包括二次加压供水设施、供（用）水单位的责任人员的管理和卫生监督部门的监督三个环节，其中的任何一个失控，都可能造成水质污染事故的发生。加强对二次供水管理人员的培训及建立健全各项规章制度，使之形成有效的管理体制。同时，卫生监督部门也应加强对二次供水的管理，定期进行监督、监测，以防止水质污染事故的发生。

三、管网水质维持措施

为维持管网内的水质可采取以下具体措施。

(一)新建管道冲洗和消毒

管道试压合格后,应进行冲洗,用含氯 20~40 mg/L 的氯水进行消毒和再用清水冲洗后,方可投入使用。

(二)运行管道定期冲洗和检测

在运行管道上利用排泥口和消火栓对管网进行冲洗,并定期进行水质化验。为了消除死角带来的污染,应该定期对管网进行排污,确保水质符合国家卫生规范。特别是在居民区管网末端,或者相对用水量较少的区域,应间隔设立排污阀,以便将某区段的水尽可能排除干净,避免死水锈蚀、水垢、滋生细菌而污染水质。

(三)旧管道的更新改造

旧管道腐蚀和结垢严重,影响管网水质。再次更换管道时,尽可能地推广应用高分子塑料管材以减少管道本身被腐蚀的可能性,杜绝如氧化、锈蚀等现象影响水质。

(四)消灭管网死端

管网死端,易造成通水不畅细菌繁殖而导致水质污染,应尽早消灭管网死端。

(五)采取分质供水

应将优质水供给居民,将水质较低但符合工业用水水质要求的水供给工业企业。某些用水量大的工业企业,其用水量的 80% 为循环用水和冷却用水,对水质要求低于饮用水,通常都设有两套供水系统。

市政管网严格禁止与循环用水、锅炉回水等其他管道相连接。单位的自备井供水系统无论其水质状况如何均不得与市政供水系统直接连通,以市政自来水为备用水源的单位其自备水源的供水管道也不得与市政管道相连,防止污染市政管道水质。

第八章　排水管网维护与运行管理

第一节　排水管网维护与运行管理

　　排水管网是城市重要的基础设施之一,是城市水污染防治、排渍防涝和防洪的骨干工程,担负着收集城市生活污水和工业生产废水、及时排除城区雨水的任务,是保证城市正常运转的重要生命线。城市排水管网系统是一个结构复杂、规模庞大、随机性强的巨型网络系统,它由收集管网、提升泵站、输送干线、污水处理排放与回用系统组成。目前,城镇化急剧膨胀,排水管道建设日益加速,旧城区的管道系统逐渐老化,已有管网缺乏维护管理,很多排水管道不能健康运行。排水管道的健康问题直接威胁道路交通、地下管线及附近的建(构)筑物的安全,污染土质和地下水,影响城市的正常运行。

一、排水管网维护和管理现状

　　目前,我国大部分城市的排水管网运行管理水平较低,很多城市仍然沿用传统人力养护和经验管理的模式,机械化和信息化程度都比较低,无法体现排水管网的复杂网络特征。有部分发达城市已经采用了基于 GIS 的管理模式,但专业分析功能通常较弱,系统仅体现了排水管网的地理特征,只实现了基本的地图显示和查询功能,缺少网络分析、动态模拟和优化分析等专业功能,不能为排水管网安全运行提供科学的决策支持。

　　随着我国城市化进程的加快,城市排水管网系统快速增长,整体规模持续扩大,排水管网管理的难度也越来越大。长期以来,我国排水管网系统管理中存在的问题,主要包括以下五个方面:

　　(1)排水管网系统重建设、轻维护的情况普遍存在,管道维护技术依旧十分落后,与日益发展的城镇建设和水环境改善要求不相适应。

　　(2)缺乏全面完整、科学有效的管道养护筛选数据库,难以制定高效的管道养护计划,排水管网及排水设施的管理养护随意性与主观性大,养护效果也较难评估。

　　(3)大部分城市排水管网数据资料管理方式分散、不系统,排水管网数据不完整、不准确,管理法规和相关技术标准不完善,缺乏完善可靠的排水管网数字化管理技术规范。

　　(4)缺乏有效的管网状态评估和运行监测手段,不能及时准确地掌握管网运行状况的变化,基于在线数据的全管网系统分析和动态模拟管理模式鲜有应用案例。

　　(5)排水管网的调度控制分析、布局优化分析和应急事故分析缺乏科学依据,流域级别的综合管理模式无法实现,在应对城市防汛抢险等危机事件过程中,现有的管理调度手段常显无力。

二、排水管网维护工作

排水管网日常维护的最终目的是管道设施完好无损、管通水畅,保障城市排水交通(包括车辆、人员)安全。

排水管网日常维护工作主要包括管道的巡视和检查,检查井及雨水口的清掏,沟渠的疏通作业,损坏设施的修复,排水用户接管检查等。

(一)检查井、雨水口养护

检查井是排水管中连接上下游管道并供养护工人检查维护和进入管内的构筑物。检查井的养护包括对井盖安全性的检查,井内沉泥的清除等内容。

铸铁井盖和雨水箅宜加装防丢失的装置,优先采用防盗型井盖,或采用混凝土、塑料树脂等非金属材料的井盖。井盖的标识必须与管道的属性相一致。雨水、污水、雨污合流管道的井盖上应分别标注"雨水""污水""合流"等标识。井盖在车辆经过时不应出现跳动和声响。

井盖下沉是检查井养护中的常见问题。传统的井框坐落在井筒上,车辆荷载也都压在井筒上,造成检查井下沉,路面凹陷。近十多年来,上海开始在一些重车道路上试用一种称为大盖板的分离式井盖,将荷载通过混凝土大盖板传递到路基上,并取得一定效果。与此同时,在推广塑料检查井时也采用了这种大盖板。但大盖板的尺寸很大(有 2 m×2 m),不仅笨重,而且占用了很多地下空间,影响其他管线的施工和维护,加上施工时间长,成本高,所以实际应用并不多。

针对井盖下沉的情况,近年来上海市市政工程管理部门开始推广一种称为自调试井盖的新型井盖。自调试井盖最早用于德国等欧洲国家,其井座与井筒分离,通过顶部的宽边将车辆荷载直接传递给路面。由于路面的材料强度远远大于路基强度,所以不需要像大盖板那样做得很大。上海的自调试井盖采用混凝土和球墨铸铁的混合结构,不仅平整、不下沉,而且防盗。

开启与关闭检查井井盖是经常性的养护工作,井盖开启严禁直接用手操作,开启必须采取相应安全措施,立即加盖安全网盖或设置安全护栏,白天应加挂三角红旗,夜间应加点红灯或设置反光锥。日常维护中,经常会遇到井盖被卡死在井框内的情况,即便使用撬棒、大锤仍很难打开。这不仅消耗了工人的体力也浪费了宝贵的时间。目前有一种液压开盖器,是由一小段槽钢制成,前端支点搁在井盖上,中间的吊钩勾住井盖开启孔,只需按动尾端力点下面的千斤顶就能把卡死的井盖轻松打开。上海市排水管理处在德国的杠杆式开盖器的启发下,研制成这种液压开盖器并批量生产。

雨水口是用于收集地面雨水的构筑物。雨水箅是安装在雨水口上部带格栅的盖板,它既能拦截垃圾、防止坠落,又能让雨水通过。为防止雨水箅被盗,常将金属雨水箅更换成非金属材料雨水箅,雨水箅更换后的过水断面不得小于原设计标准,避免过水断面减少,影响排水效果,目前在实际应用中,效果不佳。

在合流制地区,雨水口异臭是影响城镇环境的一个突出问题。国外的解决方法是在雨水口内安装防臭挡板或水封。安装水封也有两种做法,一是采用带水封的预制雨水口;二是给普通雨水口加装塑料水封,水封的缺点是在少雨的季节里会因缺水而失效。

在德国的许多城市,雨水口内都装有一个用镀锌铁皮做的用来拦截垃圾的网篮,有圆形的和椭圆形两种,还装有把手。网篮下部有细的排水孔,上部四周有较大的排水孔用来排除雨水。平时烟头、树叶、垃圾被尽收其中,养护工人只需定期开车把网篮中的垃圾倒入车中。省去了清掏作业,简单,省力。

目前,上海也研制成功一种类似的网篮并通过水务局组织的专家鉴定。该网篮用聚丙烯塑料制成,网篮缝隙宽 1.6 mm,拦截率为 83%,雨后 3 d 截污含水率 <60%,养护周期为三个半月。

(二)清掏作业

排水管道及附属构筑物的清掏作业的工作量很大,通常要占整个养护工作的 60% ~ 70%。管道、检查井和雨水口内不得留有石块等阻碍排水的杂物。我国清掏检查井和雨水口的技术数十年来几乎没有大的改变,除少数发达城市外,大部分城镇依旧沿用大铁勺、铁铲等手工工具,工作效率低,劳动强度大,安全隐患多。在有条件的地方,检查井和雨水口的清掏宜采用吸泥车、抓泥车等机械作业。

吸泥车按工作原理可分为真空式、风机式和混合式三种:

(1)真空式吸泥车。采用气体静压原理,工作过程是由真空泵抽去储泥罐内的空气,产生负压,利用大气压力把井下的泥水吸进储泥罐。真空式吸泥适用于管道满水的场合,抽泥深度受大气压限制。真空式吸泥车的吸泥管可以插入水面以下吸泥,理论上,在一个大气压下总吸水高度不能超过 10 m,但实际上,由于受到机械损耗和车辆本身高度影响,最多只能吸取井深小于 5 m 井底的污泥,且一旦吸入空气后真空度下降较快。

(2)风机式吸泥车。采用空气动力学原理,适用于管道少水的场合,抽泥深度不受真空度限制,利用高速气流产生真空,吸泥管插入水下则无法工作,故受高水位地区影响较大,但总吸水深度不受 10 m 水真空度的限制,吸入空气后对真空度影响不大。

(3)混合式吸泥车。采用大功率真空泵,兼有储气罐产生高负压和吸泥产生较强气流的功能,适用于管道满水和少水的场合,抽泥深度不受真空度限制。

在井内,泥和水处在分离而非混合状态,泥沉积在井底,水的流动性比泥流动性好很多,所以所吸污泥含水率很高,效率不高。为了克服所吸污泥含水率高的问题,近年来广州、上海等城市在采用吸泥车的同时还开始使用抓泥车并取得很好的效果。抓泥车装有液压抓斗,价格低,车型比吸泥车小,对道路交通的影响小,污泥含水率也比吸泥车低许多,但最后的剩余污泥很难抓干净,且只有在带沉泥槽的井里才能发挥优势。为适应抓泥车养护的需要,排水行业管理部门专门发了指导意见,要求在新建、改建雨水排水管道时,要求每隔 2 座井设 1 座沉泥槽深度达 1 m 的落底井。

(三)管道疏通

管道疏通离不开疏通工具,通沟器(俗称通沟牛)是一种在钢索的牵引下,用于清除管道积泥的除泥工具,形式有桶形、铲形、圆刷形等。《城镇排水管道与泵站维护技术规程》(CJJ 68—2006)中规定了各种疏通方法和实用条件。

1. 绞车疏通

绞车疏通是采用绞车牵引通沟器清除管道积泥的疏通方法。绞车疏通在我国可能已有上百年历史了,目前仍旧是上海、天津、沈阳等许多城市管道的主要疏通方法。其主要设备包括绞车、滑轮架和通沟牛。绞车可分为手动和机动两种。其中,滑轮架的作用是避免钢索与管口、井口直接摩擦,通沟牛的作用是把污泥等沉积物从管内拉出来。由于受到管内沉积物的性质和数量不同(如建筑工地排放的泥浆沉积物),存在着将通沟牛按从小到大的顺序,反复疏通的情况,专业上把这种作业称"复摇"。

在绞车疏通时,为了防止井口和管口被钢索磨损,也为了延长钢索的使用寿命,必须使用滑轮架来加以保护。我国的滑轮架目前大多用角钢或钢管整体制成,长度有 2 m、3 m、4 m 不等,将笨重的滑轮放入井内或从检查井中取出需耗费大量体力。国外普遍采用分体式滑轮,搁在井口,下滑轮用钢管固定在管口。

2. 推杆疏通

推杆疏通是一种用人力将竹片、钢条等工具推入管道内清除堵塞的疏通方法,按推杆的不同,又分为竹片疏通或钢条疏通等。

3. 转杆疏通

转杆疏通是采用旋转疏通杆的方式来清除管道堵塞的疏通方法,又称为轴疏通或弹簧疏通。转杆疏通机按动力不同可分为手动、电动和内燃几种,目前我国生产的只有手动和电动两种,电动疏通机在室外使用时供电比较麻烦。转杆机配有不同功能的钻头,用以疏通树根、泥沙、布条等不同堵塞物,其效果比推杆疏通更好。

4. 射水疏通

射水疏通是采用高压射水清通管道的疏通方法。因其效率高、疏通质量好,近 20 年来已被我国许多城市逐步采用。不少城市还进口了集射水与真空吸泥为一体的联合吸污车,有些还具备水循环利用的功能,将吸入的污水过滤后再用于射水。射水疏通在支管等小型管中效果特别好,但是在管道水位高的情况下,由于射流速度受到水的阻挡,疏通效果会大大降低。多数射水车的水压都在 14.7 MPa 左右,少数可达 19.6 MPa,在非满管流的情况下能较好地清除一般管壁油垢和管道污泥。

5. 水力疏通

水力疏通就是采用提高管渠上下游水位差,加大流速来疏通管渠的一种方法。水力疏通具有设备简单、效率高、疏通质量好、成本低、能耗省、适用范围广的优点,水力疏通一般可采用以下方式来达到加大流速的目的:

在管道中安装自动或手动闸门,蓄高水位后突然开启闸门形成大流速;

暂停提升泵站运转,蓄高水位后再集中开泵形成大流速;

施放水力疏通浮球的方法来减少过水断面,达到加大流速清除污泥的目的。

水力疏通优点很多,但缺点也明显,主要是:

(1)容易发生逃"牛",容易将泥沙冲入泵站的泵排系统中,造成泵机故障或损坏。

(2)在泵排系统中,需要泵站进行配合,在管、泵分别管理体制下,协调困难。

(3)在直排江河的排水系统中,如无特别的措施,将增加排入江河的泥沙量,对环境有一定污染,目前这种方法使用不多,在我国上海已不再使用。

(四)管道封堵

在进行管道检测、疏通、修理等施工作业之前大多需要封堵原有管道。传统的封堵方法如麻袋封堵、砖墙封堵等存在工期长、工作条件差、封堵成本高、拆除困难等缺点。近

20 多年来,充气管塞的研制和应用在国外发展很快。

　　充气管塞使用方便,只需清除管底污泥,将管塞放入管口,充气,然后加上防滑动支撑。在正常情况下,封堵一个 1 500 mm 的管道只需半个多小时。拆除封堵则更加方便,而且不会像拆除砖墙那样留下断墙残坝影响管道排水。充气管塞主要由橡胶加高强度尼龙线制成,配有充气嘴、阀门、胶管、压力表等。按膨胀率不同充气管塞可分为单一尺寸的和多尺寸的两种。单一尺寸的一个管塞只能用于一个管径,国产充气管塞大多属于这种。多尺寸的一个管塞可用于多种管径,如一个小号管塞可分别用于 300 ~ 600 mm 任何尺寸的管道,一个中号管塞可分别用于 600 ~ 1 000 mm 任何尺寸的管道。

　　按功能不同,充气管塞还可分为封堵型、过水型(又称旁通型)和检测型等几种。过水型管塞能将上游来水经过旁通管接通下游管道,在一定程度上解决了施工期间的临时排水问题。检测型管塞则可用来检测管道渗漏以及管道验收前的闭水试验或闭气试验。尽管多尺寸管塞的价格较贵,而且需要进口,但由于其优异的性能和广泛的用途,多尺寸管塞在江、浙、沪地区还是受到排水施工单位的青睐。

　　使用充气管塞要注意的事项:

　　(1)注意阅读产品出厂说明中的背水压力值,防止出现因背水压力超过管塞与管道的摩擦力时发生的滑动,造成人员或设备的损失。

　　(2)必须在产品规定的充气压力范围内,防止发生爆炸。

　　(3)充气管塞在使用中会发生缓慢漏气现象,需要加强观察补气,故仅适用于短时间的,且无人员在管道内的作业。

(五)井下作业

　　井下清淤作业宜采用机械作业方法,并应严格控制人员进入管道内作业。井下作业必须严格执行作业制度,履行审批手续,下井作业人员必须经过专业安全技术培训、考核,具备下井作业资格,并应掌握人工急救技能和防护用具、照明、通信设备的使用方法。严格按照现行行业标准《排水管道维护安全技术规程》(CJJ 6—2009)的规定操作、执行。井下作业前,应开启作业井盖和其上下游井盖进行自然通风,且通风时间不应小于 30 min。当排水管道经过自然通风后,井下的空气含氧量不得低于 19.5% ,否则应进行机械通风。管道内机械通风的平均风速不应小于 0.8 m/s。有毒有害、易燃易爆气体浓度变化较大的作业场所应连续进行机械通风。

　　下井作业前,应对作业人员进行安全交底,告知作业内容和安全防护措施及自救互救的方法,做好管道的降水、通风以及照明、通信等工作,检测管道内有害气体。作业人员应佩戴供压缩空气的隔离式防毒面具、安全带、安全绳、安全帽等防护用品。

　　井下作业时,必须配备气体检测仪器和井下作业专用工具,并培训作业人员掌握正确的使用方法。井下作业时,必须进行连续气体检测,井室内应设置专人呼应和监护。下井人员连续作业时间不得超过 1 h。

(六)排水管道检查

　　排水管道检查可分为管道状况巡查、移交接管检查和应急事故检查等。管线日常巡查的内容主要包括及时发现和处理污水冒溢、管道塌陷、违章占压、违章排放、私自接管等情况及影响排水管道运行安全的管线施工、桩基施工等。对完成新建、改建、维修或新管接入等工程措施的排水管道,在向排水管道管理单位移交投入使用之前,应进行接管检查,结构完好、管道畅通的,接管单位可接管并正式投入使用。排水管道应急事故时,经检修、清通后,管理维护部门也须对管道内的状况进行应急检查。管道检查项目可分为功能状况和结构状况两类:功能状况检测是对管道畅通程度的检测;结构状况检测是对管道结构完好程度的检查,例如管道接头、管壁、管基础状况等,与管道的结构强度和使用寿命密切相关。

　　管道功能状况检查的方法相对简单,加上管道积泥情况变化较快,所以功能性状况的普查周期较短;管道结构状况变化较慢,检查技术复杂且费用较高,故检查周期较长,德国一般采用 8 年,日本采用 5~10 年。在实施结构性检测前应对管道进行疏通清洗,管道内壁应无泥土覆盖。

　　排水管道检查可采用电视检查、声呐检测、反光镜检查、人员进入管道、水力坡降检查、潜水检查等方法进行。

　　1. 电视检查

　　管网健康检查一般采用管道内窥电视检测系统,即 CCTV(closed circuit television, CCTV)检测,电视检测是采用远程采集图像,通过有线传输方式,对管道内状况进行显示和记录的检测方法。该系统出现于 20 世纪 50 年代,到该世纪 80 年代此项技术基本成熟。CCTV 可以进入管道内进行摄像记录,技术人员根据检测录像进行管道状况的判读,可以确定下一步管道修复采用哪种方法比较合适。

　　通常,CCTV 系统有自走式和牵引式两种,其中自走式系统较为常见。电视检测时应控制管内水位不宜大于直径的 20%。在对每一段管道开拍前,必须先拍摄看板图像,看板上应写明道路或被检对象所在地名称、起点和终点编号、属性、管径以及时间等。爬行器的行进方向应与水流方向一致。管径小于等于 200 mm 时,直向摄影的行进速度不宜超过 0.1 m/s;大于 200 mm 时,直向摄影的行进速度不宜超过 0.15 m/s。圆形或矩形排水管道摄像镜头移动轨迹应在管道中轴线上,蛋形管道摄像镜头移动轨迹应在管道高度 2/3 的中央位置,偏离不应大于 ±10%。影像判读时应在现场确认并录入缺陷的类型和代码。剪辑图像应采用现场抓取最佳角度和最清晰图片方式,特殊情况下也可采用观看录像抓取图片的方式。

　　2. 声呐检查

　　声呐是一种利用水中声波对水下目标进行探测、定位的电子设备。最早用于海军,以后扩大到海洋地貌、鱼群探测等领域,用于排水管道检测的时间还不长,主要用于管道水下功能性检测。声呐检测可与电视检测同步进行。电视检测必须在水面以上的环境中才能使用,而声呐则可以在高水位的管道中工作。在排水管道检测中,如果管道中充满水,那么管道中的能见度几乎为零,故无法直接采用 CCTV 进行检测。声呐技术正好可以克服此难点。将声呐检测仪的传感器浸入水中进行检测。和 CCTV 不同,声呐系统采用一个适当的角度对管道内进行检测,声呐探头快速旋转,向外发射声呐波,然后接收被管壁或管中物反射的信号,经计算机处理后,形成管道纵横断面图。

　　用于管道检测的管道声呐装置主要由声呐头、线缆、显示器等部分组成。每种技术都有它的适用范围,虽然声呐图像不能反映裂缝等管道缺陷,但在检查管道变形、管道积泥等方面非常准确。近年来,上海市排水管理处都会定期采用声呐技术对各区排水管道的积泥状况进行检查考核,并取得满意的效果。

声呐探头的推进方向应与流向一致,探头行进速度不宜超过 0.1 m/s。声呐检测时管内水深不宜小于 300 mm。声呐系统的主要技术参数包括:反射的最大范围不小于 3 m;125 mm 范围的分辨率应小于 0.5 mm;均匀采样点数量应大于 250 个。检测前应从被检管道中取水样通过调整声波速度对系统进行校准。在进入每段管道记录图像前,必须录入地名和被测管段的起点、终点编号。

3. 人员进入管内检查

对人员进入管内检查的管道,其直径不得小于 800 mm,流速不得大于 0.5 m/s,水深不得大于 0.5 m。人员进入管内检查宜采用摄影或摄像的记录方式。

4. 潜水检查

采用潜水检查的管道,其管径不得小于 1 200 mm,流速不得大于 0.5 m/s。从事管道潜水检查作业的单位和潜水员必须具有特种作业资质。

5. 水力坡降检查

水力坡降检查在国外经常被用来调查管道的水力状况,在上海也经常用来帮助确定管道堵塞的位置并取得很好的效果。水力坡降检查前,应查明管道的管径、管底高程、地面高程和检查井之间的距离等基础资料。水力坡降检测应选择在低水位时进行。泵站抽水范围内的管道,也可从开泵前的静止水位开始,分别测出开泵后不同时间水力坡降线的变化,同一条水力坡降线的各个测点必须在同一个时间测得。测量结果应绘成水力坡降图,坡降图的竖向比例应大于横向比例。

具体做法是先绘制一张标有检查井位置的被调查管线流向图,并查明管径、相关检查井之间的间距、地面高程和管底高程,如果查不到高程资料则须实地补测。试验当日先停开下游泵站,让管道水位抬高,同时安排测量人员在各自负责的检查井测量水位。泵站停开时各测点的水位应该是一条水平线,泵站开车后每隔 5 ~ 10 min 各测量点同时测量一次水位,连续测量 1 ~ 2 h。最后绘制抽水试验图并进行分析。抽水试验图中应包括地面高程线、管顶高程线、管底高程线和数条不同时间的液面坡降线。如果最终的液面坡降线与管底坡降线大致平行,则说明管道没有明显堵塞,如果某一管段的最终液面坡降线明显变陡则说明该管段中有堵塞,测量点越密,精度越高。

6. 混接排查

我国的分流制排水系统中大多存在雨污水混接的情况。污水接入雨水管会污染水体,雨水接入污水管则无谓地增加了污水处理厂的处理量。国外通常采用染色试验和烟雾试验来发现雨污水混接。染色试验的方法是将染色剂倒入污水管接着打开相邻的雨水井盖观察,如果在雨水管中发现颜色,则说明有雨污水混接存在,高锰酸钾是可选用的染色剂之一。

烟雾试验是以专用送风机将烟雾发生器产生的烟雾送入检查井,如果在不应该出现烟雾的地方有烟雾冒出,则表明存在混接,或管道中有裂缝或泄漏。

7. 电子测漏

在地下水位高的地区,在设计污水管流量时一般都要加上 10% 的地下水渗入量。同济大学的一项研究表明：在上海中心城区旧管道中，地下水的渗入量有时竟高达30%。有些污水处理厂的进水COD浓度只有150 mg/L左右，一个重要原因就是地下水渗入。

目前，调查地下水渗入的方法有供排水量对比法、水桶测量法、COD浓度对比法、温度对比法、电视检测法等。这些方法大多存在工作量大、准确率不高等问题。

近年来，国外开始应用电流法检测排水管道渗漏，其中就有一种名为FELL的技术。FELL是Fast Electro – Scan Leak Locator五个单词中的四个首字母：快速、电子、泄漏、定位仪的缩写。该技术的原理是通过管壁电阻变化来确定漏点的位置。

FELL具有以下技术特点：

（1）操作简便、快速，一次检测即可探测管道内所有错接、破裂等泄漏点。

（2）精确定位管道缺陷（精度2 cm）。

（3）成本低，效率高，成本仅为CCTV检测的1/4，效率为CCTV检测的3倍。

上海曾经采用该技术做过一些试验，由于经验不足和环境信号干扰等原因，目前在试验精度方面还存在一些问题。

8.对用户接管的审批和监督

为加强对用户排水许可的管理，排水管理部门应严格按照建设部《城市排水许可管理办法》的规定，对用户排水许可进行管理。用户需排水时，应到排水管理部门进行申报登记，根据水质水量、图纸资料情况办理排水许可证，由排水管理部门统一制定排水方案，用户不得乱接管道、私接进入市政排水管道，确保雨污水完全分流。在用户排水管道出口设置水质检测井，对重点工业企业排水应设置水质在线监测装置，确保用户排水水质达标。居民区住户接管时要审查并检验水质、核算水量、确认连通管道的位置和接管方法，同时进行监督和指导施工，用户接入管道一般要求接入检查井与井中管线管顶平接，具体要求如下：

（1）有粪便污水的出户管只能与污水管或合流管直接连接。

（2）不管是雨水还是污水，出户管均不得接入雨水口内。

（3）污水出户管不得接入雨水管道，雨水出户管不得接入污水管道，合流出户管接入污水管道时必须有截流设施。

三、排水管理和管网地理信息系统

城市排水管理是"水务"管理的主要内容之一，内容复杂时间和空间跨度大，既包括前期排水系统的规划设计、建设管理，还包括建成后的维护、运营调度、设施与设备管理、防汛调度与决策指挥、水质监测与污水处理、执法管理等。在我国，城市排水管理模式正处于变革之中，随着"城市水务"概念的引入，城市排水管理朝市场化、信息化方向发展。

地理信息系统（geographic information system，简称GIS）是对具有空间特征的管网信息进行分析、利用和管理的有效工具。像城市给水管网信息系统一样，排水管网信息获取与处理是最合适，也是最需要应用地理信息系统的领域之一。根据管网信息系统数据库、水力数据和优化运行模型的计算结果制定决策方案，将彻底改变人为管理、经验决策的运行局面，建立GIS排水管网信息系统的意义。

(一)建立信息库、方便信息查询

利用地理信息系统的数据采集功能,可以提高排水管网信息获取的效率方便地将多种数据源、多种类型的排水管网信息集成到地理信息系统的空间数据库中。为规范数据采集行为,上海市水务局还专门制订了《排水设施地理信息数据维护技术规定》,为数据质量提供了技术保障;利用地理信息的数据编辑功能,通过友好的用户界面可对图形和属性数据进行增添、删除、修改等操作及复杂目标的编辑、图形动态拖动旋转拷贝、自动建立拓扑关系和维护图形与属性的对应关系;利用地理信息系统的信息查询功能,可以迅速提供用户所需要的各种管网信息(包括空间信息、属性信息、统计信息等),且查询方式可以是多种多样的,如表达式查询、图形方式、坐标方式、拓扑方式等;利用地理信息系统的数据库管理功能,可自动管理大量排水管网数据,并进行管网数据库创建数据库操作、数据库维护等工作,还可以调用任何连续空间的管网数据;利用地理信息系统的统计制图功能,可将大量抽象的管网信息变成直观的管网专题地图或统计地图,形象地展示出排水管网专题内容、管网空间分布与数据统计规律;利用地理信息系统的空间分析功能,可以从管网目标之间的空间关系中获取派生的信息和新知识,以满足管网信息分析的各种实际需要;利用地理信息系统的专业模型应用功能,可进行管网预测、评价、规划、模拟和决策;利用地理信息系统的演示输出功能,可支持多媒体演示及基于多种介质的管网信息输出,还可用可视化方法生成各种风格的菜单、对话框等。

(二)实时监测、动态管理

通过信息管理系统能实现对运行排水泵站水泵开停机运转情况、集水井水位变化降雨情况以及系统内积水敏感地(如低洼地、下立交地道的积水情况)等实时监测,为指挥调度,调整排水系统运行方案及时提供决策依据。同时也可在工程作业车上安装 GPS 定位系统,跟踪抢险车辆运行轨迹,指挥车辆走最佳路线,迅速赶到抢险救灾现场等。

(三)优化设计、节省投资

在传统的排水管网设计方法中,设计者虽然根据经验进行初步优化选择,并尽量使设计达到技术上先进、经济上合理,但其技术经济分析一般仅考虑几个不同布置形式的比较方案,且不考虑同一布置形式下不同设计参数组合的方案比较。欲从根本上解决排水管网设计优化问题,以节省投资,需建立数学模型进行优化设计。另外,排水管网的优化设计应从整个排水系统角度考虑,而不是单独某一管段的优化,因此需准确掌握城市整体排水管网系统的现状。

(四)科学决策与分析

只有建立优化分析系统,才能进行科学决策分析,这包括投资决策、事故分析和重大设计决策等。例如,在确定排水管渠系统投资标准时,应进行技术经济评价和风险性分析,投资决策部门或投资者要平衡提高投资标准获得的效益与降低投资标准可能造成的经济损失及给社会造成的危害。

四、排水管网地理信息系统数据库的建立

地理信息系统能够描述与空间和地理分布有关的数据,基于 GIS 技术的排水管网信息管理系统将基础地理信息和排水管网信息有效地融合为一体,以实现对排水管网的动

态管理和维护。

　　建立排水管网地理信息系统首先需要对辖区排水管网进行普查,获取基础数据的准确性、全面性是以后各项工作的基础。排水管网普查主要采用物探、测量等方法查明排水管道现状,包括的内容有:排水管线和窨井的空间位置、埋深、形状、尺寸、材质、窨井及附属设施的大小等。我国较早就开展了地下管线普查的工作,经过多年的发展和积累,管线普查已经形成了成熟的技术标准和规范,为排水管网普查和数据采集奠定了基础。排水管网普查涉及物探、测绘、计算机、地理信息等多专业的综合性系统工程,包括排水管线探查、排水管线测量、建立排水管线数据库、编制排水管线图、工程监理和验收等部分。

　　建立基于 GIS 的排水管网信息管理系统。排水管网信息系统是在硬件、软件和网络的支持下,对排水管线普查信息进行存储、分析管理和提供用户应用的技术系统,是体现普查成果的最终方式,保持成果实用性的有效手段。因此,建立该系统是排水管网普查后实现管网数据科学化管理的保证。排水管网信息管理系统包含的功能有:数据检查、数据入库和编辑、地图管理、查询与统计、空间分析、排水管道检测管理、管道养护管理、数据输出、用户管理等。

　　由英国 Wallingford 公司研制的 InfoNet 系统是目前世界上最优秀的基于 GIS 的排水管网信息管理系统之一。该系统有效地集成了排水管网资产数据、测量数据、模型数据、养护数据,可实现排水管网日常维护规划和管理、排水管网规划分析、管网运行报告等功能。

第二节　排水管道维护案例

一、检查井、雨水口人工清掏

　　【例 8-1】　某公司清掏组按公司养护计划对某一区域的检查井、雨水口进行日常清掏作业。本养护案例安排一个清掏班(组)(共 4 人),具体工作和要求如下:

　　(1)前一日,清掏班班长以通知单形式通知运输班将空污泥拖车停放在指定道路旁。污泥车停放道路边时,白天插生产作业用三角小红旗,夜晚放警示灯(点红灯或黄灯)。

　　(2)清掏班班长带队出发到达指定地点,分 4 段,4 人分开进行清掏作业。

　　(3)某一工人推手推车到指定检查井,手推车顺车道停放,检查井侧,前后各放一个警示帽,用手钩或洋镐开启井盖,并将井盖移到近井边的手推车车轮下方靠到车轮。

　　(4)用“鸭嘴扒”或“猫耳朵”摸一下检查井内污泥数量、软硬,决定首先使用的清掏工具,如质软量多,可先用吊桶。

　　(5)将吊桶放入井里,翻转并插入污泥中,提直后慢慢提出水面,动作一定要慢,否则桶中污泥会流走。然后,较快地提到井口,滗去桶内水,将桶中的泥倒入手推车内。

　　(6)重复以上动作,直到井底污泥无法用桶清掏。

　　(7)用“鸭嘴扒”清掏井四角残存污泥,用“猫耳朵”检查,直到摸不到井内有污泥。

　　(8)检查井内水冲洗井口遗落污泥。

　　(9)用铁铲铲去井壁上污泥,并用毛刷洗刷井壁。

（10）关闭井盖,撤走警示标志,转到下一座检查井,再做清掏。

（11）手推车污泥满后,再次淘去手推车内的水,并将手推车推到空污泥车旁,用污泥勺子将手推车内污泥舀入污泥车内,再回到作业点清掏。

（12）污泥车装满后,通知运输班将污泥车拖到指定地点处理。

（13）清掏作业完成后,用检查井水冲洗手推车和工具,找一个交通量和人流相对较少的人行道树旁,将车和工具放好销定。

二、管道疏通

【例8-2】　某公司管道疏通班根据公司下达的疏通计划对辖区内的某条路下段φ600管道进行疏通。工作安排和要求如下:

（1）现场查勘和准备。

了解管道管径、流水方向、积泥、交通等情况;检查绞车、绳索、滑轮架、通沟牛(大小配比和种类)、竹片(人工引绳用)、污泥推车、手工具、安全生产指示架(扶栏、警戒带、三角红旗)等设备。

（2）现场施工。

①设备运抵现场,设立安全标志并围出作业区域,绞车、滑轮架等设备就位。打开井盖、绑扎竹片、引绳、穿钢丝绳、固定中300圆筒通沟牛至绞车钢丝绳上、固定牛尾钢丝绳,放入滑轮架至绞车处检查井内,将钢丝绳子卡入滑轮槽内。引绳工作也可由冲水车完成,这样效率可提高。

②人工转动绞车手柄收紧钢丝绳,将井内通沟牛缓慢拉入管口,同时另一井口一人拉起牛尾绳,将通沟牛轻轻提起,顺势将通沟牛送入管口,回到绞车弯。

③人工转动绞车两边手柄,将通沟牛缓慢拉动,一人观察井内管道出泥量情况,根据泥量及时清捞污泥,防止污泥进入下节管道,直至见到通沟牛从管口内露出。若采用机动绞车,人员配制可减少到4人,可直接使用φ600双片橡皮通沟牛,虽然结算单价偏高,但长期来看,省时省力效率更高。

④绞车停止收钢丝绳,向后移动滑轮架将通沟牛缓慢从管道拨入井内,取出并卸下φ300通沟牛。

⑤清捞检查井内污泥,同时拉出绞车上刚收起的钢丝绳、放到另一井口作为φ600双片橡皮通沟牛的牛尾钢丝绳,将管道内钢丝绳一头固定在φ600双片橡皮通沟牛的牛头上,另一头固定在绞车上,重复②～④动作。这次称为复摇,因管道积泥多,不能直接使用φ600双片橡皮通沟牛,而发生额外工作。

⑥清捞检查井内污泥,并将污泥装入污泥车内,由污泥运输工将污泥送到指定地点转运处置点;清理设备,撤离井口;冲清落下的污泥等污物,关闭井盖,撤离安全标志。

（3）转到下一施工点。

三、管道堵塞冒溢处理

【例8-3】　2019年2月某天,某市城建热线12319接到某区某路上一电力公司反映:公司内部发生污水冒溢,经公司基建部门派人疏通后,冒溢状况未能得到改善,请排水部门给予解决。

工作方案和处理要求：

（1）信息传送与处理。

①市城建热线将信息发送到市水务局水务热线962450，处理时限3 d。

②市水务局水务热线962450，通过内部专线，传送到市排水管理处水务热线处理终端。

③市排水管理处水务热线处理终端通过市内电话通知该区给水排水管理所热线电话人员。

④该区给水排水管理所热线电话人员通过电话将任务安排给该区污水处理厂。

（2）现场处理。

①辖区污水处理厂派人员现场检查后得出如下结论：该公司门前的一条φ300的污水管道其上游是尽头井，该电力公司的污水直接接入其中，该管道水位很高，接近地面，判断为管道堵塞，沿管道向下游方向检查，发现管道高水位现象直到2 km处才消失，在经污水泵站抽水无效后，向厂生产部门报告。（注意：该事故基本判断为管道堵塞是正确的，至少一个堵塞点位置也基本确定，但采取的开泵抽水措施是错误的）

②厂生产部门认为厂内无疏通设备，故即刻向辖区给水排水管理所报告，要求支援。

③给水排水管理所派出区管道养护公司现场处理，发现堵塞点位所在的管道两端窨井相距80 m，用推杆疏通（人力将竹片等工具推入管道内清除堵塞的疏通方法）无法解决。区给水排水管理所请污水厂直接向市排水处求援。

④市排水处从某区市政署调用了进口的集射水与真空吸泥为一体并具备水循环利用功能的联合吸污车，并要求其将射水管加长到120 m后，立即赶到现场。

⑤联合吸污车到现场经15 min的作业，管道打通，从取出堵头的碎块看，是油污结块引起的堵塞［由于餐饮油污直接排入管道后在管道特定处（如弯曲、暗井、倒虹等）聚集并凝结成块状物逐步形成堵塞］。管道打通后，厂生产部门向区排水管理部门报告情况，并同时通报电力公司。

（3）信息回复。

区排水所报告市排水处案件处理完毕，市排水处第二天向电力公司进行回访，得到满意回复后，向市水务销单。市水务局向城建热线销单后，电脑自动记录信息处理结果。

四、井盖缺失应急处置

【例8-4】　某日23时，市排水热线接到市水务热线转来的12319电话，反映某东西向路西向东快车道上一窨井盖缺失，巡逻交警在井边等候维护交通，请排水部门处理。

处理方案和工作要求如下：

（1）排水热线立即通知相关区市政工程管理署热线，要在2 h内处理完毕。（按排水行业规定，此类事件应从接到电话开始，2 h内处理完成）

（2）区市政工程管理署热线立即通知值班抢险队伍，立即出发，一面通过电话与交警联系，一边赶赴案发地点。

（3）到地点后，立即与交警交接；查明该窨井性质（道路上井盖很多，有排水的，但也有电力、电信、上水、燃气、军用、照明、交通信号等井盖)属电力井盖(若为排水污水井盖即从车上取下备用井盖盖上)，立即用安全扶栏做了安全警示，并点上黄色警示灯，离开案发地。

(4)回单位同时，通知区市政工程管理署热线处理情况，并在第二天通知公司管理人员，交给电力公司处理。排水热线接到区市政工程管理署热线转来信息后，转市水务热线(计时结束)，市水务热线将转来的 12319 电话转电力部门处理。

第九章　管道非开挖修复技术

第一节　管道状况的检测与评估

对地下排水管道进行评估,掌握管道状况是进行修复的前提,根据管道状况的评估结论,可以确认管道是否需要修复以及修复应采用何种工法。管道内部的健康状况可分为结构性缺陷和功能性缺陷。结构性缺陷指管道本身的结构状况,例如管道破裂、变形、错位、脱节、渗漏、腐蚀、胶圈脱落、支管暗接和异物侵入等状况,通常需要通过维修而得到改善,对管道的寿命影响很大。功能性缺陷指管道的通畅状况,例如管道沉积、结垢、障碍物、树根、洼水、坝头、浮渣等问题,通常可以通过管道养护疏通而得到改善,对管道的寿命影响不大。

国外在管道状况分析评价标准方面做了很多工作,但各个国家的做法或标准并不相同。其中英国 WRC(水务研究中心)标准、丹麦标准和日本标准具有一定代表性。

为了给水排水管道检测、评估提供一个可供比较的客观标准,英国水研究中心(WRC)于 1980 年颁布了《排水管道健康状况分类手册》。该手册将管道内部状况分为结构性缺陷、功能性缺陷、建造性缺陷和特殊原因造成的缺陷。该手册将结构性缺陷分为管身裂痕、管身裂缝、脱节、接头位移、管身断裂、管身穿孔、管身坍塌、管身破损、砂浆脱落、管身变形、砖块位移、砖块遗失共 12 项;将功能性缺陷分为树根侵入、渗水、结垢、堆积物、堵塞、起伏蛇行共 6 项。丹麦、日本等国家也制定了管道缺陷的分类与定义标准。丹麦将管道缺陷分为结构性缺陷、功能性缺陷及特殊构造缺陷三类。结构性缺陷主要有断裂、腐蚀、侵蚀、变形、接头错口、脱节、橡皮圈松脱,共 6 项;功能性缺陷主要有树根侵入、渗入、沉淀、沉积、洼水和障碍物,共 6 项,两类缺陷共 12 项。日本于 2003 年颁布了《下水管道电视摄像调查规范》,该规范中将管道状况分为破损、腐蚀、裂缝、接头错口、起伏蛇行、灰浆黏着、漏水、支管突出、油脂附着、树根侵入,共 10 项。

我国部分地区参照丹麦等国家的做法,采用指数法通过计算对管道状况进行评估。其中常用的管道状况指数是修复指数(rehabilitation index, RI)和养护指数(maintenance index, MI)。

为规范上海市排水管道检测行为,上海制定了《排水管道电视和声呐检测评估技术规程》的地方性标准。对排水管道检测程序、设备要求、操作要求、缺陷种类和定义、评估方法、维护建议、归档资料等都做了规定。

修复指数是依据管道的结构性缺陷的程度和数量,按一定公式计算得到的数值,数值区间为 0～10,数值越大表明修复的强度越大。养护指数是依据管道的功能性缺陷的程度和数量,按一定公式计算得到的数值,数值区间为 0～10,数值越大,表明养护强度越大。

一、管道缺陷等级分类

管道结构性缺陷等级分为 4 级,依次为轻微缺陷、中等缺陷、严重缺陷、重大缺陷。管道功能性缺陷等级分为 3 级,依次为轻微缺陷、中等缺陷、严重缺陷。

二、管道结构性状况评估

管道结构性状况评估可以通过计算修复指数来进行,评估方法如下:

(1)计算管道结构性缺陷参数 F。

按式(9-1)式(9-2)计算:

当 $S < 40$ 时 $\qquad F = 0.25S$ $\qquad$ (9-1)

当 $S > 40$ 时 $\qquad F = 10$ $\qquad$ (9-2)

式中,损坏状况系数 S 按下式计算:

$$S = \frac{100}{L}\sum_{i-1}^{n_1} P_i L_i \qquad (9-3)$$

式中 L——被评估管道的总长度,m;

$\quad L_i$——第 i 处缺陷纵向长度,m(以个为计量单位时,1 个相当于纵向长度 1 m);

$\quad P_i$——第 i 处缺陷权重;

$\quad n_1$——结构缺陷处总个数。

(2)按表 9-1 选定地区重要性参数 K。

表 9-1　地区重要性参数 K

K 值	适用范围
10	中心商业及旅游区域
6	交通干道和其他商业区域
3	其他行车道路
0	所有其他区域或 $F < 4$ 时

(3)根据管道的口径,按下列规定确定管道重要性参数 E:

$E = 10$,管道直径 $> 1\ 500$ mm;

$E = 6$,管道直径为 $1\ 000 \sim 1\ 500$ mm;

$E = 3$,管道直径为 $600 \sim 1\ 000$ mm;

$E = 0$,管道直径 < 600 mm 或 $F < 4$。

(4)根据已有的地质资料或掌握的管道周围土质情况,按表 9-2 的规定确定土质影响参数 T 值。

表 9-2　管道周围的土质影响参数 T

土质	一般土层或 $F = 0$	粉砂层
T 值	0	10

在上海,因地下水位很高,土质对已损伤排水管道影响是很大的,管道上的一个细小裂缝,在动水压力下,会让粉砂土流入管内,造成管道周围掏空和管道错位、变形等,加速管道损坏,故根据上海的特点,专门设计了这一参数。

(5)管道修复指数按下式计算:

$$RI = 0.7 \times F + 0.1 \times K + 0.05 \times E + 0.15 \times T \tag{9-4}$$

(6)依据 RI 值的大小按表9-3的规定进行等级确定和结构状况评价,并提出管道修复的建议。

表9-3　管道结构性状况评定和修复建议

修复指数	$RI < 4$	$4 \leqslant RI < 7$	$RI \geqslant 7$
等级	一级	二级	三级
结构状况总体评价	无或有少量管道损坏,结构状况总体较好	有较多管道损坏或个别处出现中等或严重的缺陷,结构状况总体一般	大部分管道已损坏或个别处出现重大缺陷
管段修复方案	不修复或局部修理	局部修理或缺陷管段整体修复	紧急修复或翻新

三、管道功能性状况评估

管道功能性状况评估可以通过计算管道养护指数来进行,具体方法如下:

(1)计算功能性缺陷参数 G。

功能性缺陷参数 G 按式(9-5)或式(9-6)计算。

当 $Y < 40$ 时　　　　　　　　　$G = 0.25Y$ (9-5)

当 $Y > 40$ 时　　　　　　　　　$G = 10$ (9-6)

式中,运行状况系数 Y 按式计算:

$$Y = \frac{100}{L} \sum_{i=1}^{n_2} P_i L_i \tag{9-7}$$

式中　L——被评估管道的总长度,m;

L_i——第 i 处缺陷纵向长度,m(以个为计量单位时,1个相当于纵向长度1 m);

P_i——第 i 处缺陷权重,按表9-4查得;

n_2——功能缺陷处总个数。

(2)按表9-1查得地区重要性参数 K。

(3)按下列规定确定管道重要性参数 E:

当管道直径 $> 1\,500$ mm 时,$E = 10$;

当管道直径为 $1\,000 \sim 1\,500$ mm 时,$E = 6$;

当管道直径为 $600 \sim 1\,000$ mm 时,$E = 3$;

表9-4　功能性缺陷权重和计量单位

缺陷代码、名称	缺陷等级			计量单位
	1	2	3	
CJ 沉积	0.05	0.25	1.00	m
JK 结垢	0.15	0.75	3.00	个(环向)或 m(纵向)
ZW 障碍物	0.00	3.00	6.00	个
SG 树根	0.15	0.75	3.00	个
WS 洼水	0.01	0.05	0.20	m
BT 坝头	0.50	3.00	6.00	个
FZ 浮渣	不参与 MI 评估计算			m

当管道直径 <600 mm 或 $F < 4, E = 0$。

(4)计算管道养护指数。

管道养护指数按下式计算：

$$MI = 0.8 \times G + 0.15 \times K + 0.05 \times E \tag{9-8}$$

(5)依据 MI 值的大小按表9-5 的规定进行等级确定和功能状况评价,并提出管道养护的建议。

表9-5　管道功能性状况评定和养护建议

养护指数	$MI < 4$	$4 \leqslant MI < 7$	$MI \geqslant 7$
等级	一级	二级	三级
功能状况总体评价等级	无或有少量管道局部超过允许淤积标准,功能状况总体较好	有较多管道超过允许淤积标准,功能状况总体一般	大部分管道超过允许淤积标准,功能状况总体较差
管段养护方案	不养护	养护	养护

第二节　管道非开挖修复技术发展及种类

一、管道非开挖修复技术发展

随着城市的发展,城市地下管网的规模在不断扩大,但大批的地下管道由于铺设时间久远,现已达到或接近使用年限。管道的修复技术已日益引起各方面的关注。传统的开挖修复和更换管道技术,不但导致施工成本居高不下,而且给施工区域的居民与社区生活带来了严重的干扰和影响。基于传统技术种种弊端的显现,使非开挖技术应运而生。非开挖技术(tenchless technology,又称 No – dig)是在地表不开槽的情况下探测、检查、铺设、更换或修复各种地下管线的技术或科学。排水管道非开挖修复技术是非开挖施工技术领域中的一部分,是指在地表不开挖或少开挖的情况下对地下排水管道进行修复的技术。非开挖施工技术具有少破坏环境、少影响交通、施工周期短、综合成本低、社会效益显著等优点而越来越受到用户的青睐。

国外的非开挖管道修复技术随着科技的进步发展迅速。据统计,在西方发达国家中,目前非开挖设备制造商和材料供应商达 400 多家,工程承包商达 4 000 余家,各种非开挖施工方法达百余种。近年来非开挖管线工程施工量已占全部地下管线工程量的 10% ,个别地区如柏林市已达到 40% 左右。我国非开挖施工技术和设备的开发、研制工作起步较晚,相应的科学研究与试验尚处于初期阶段,与国外先进国家相比差距较大。随着我国经济的飞速发展,近 20 年来我国的非开挖事业取得了巨大的进步。

二、管道非开挖修复技术分类

排水管道的非开挖修复技术,按使用年限来分类,可分为临时性修复和长效修复;按修复时机来分,可分为抢险型修复和预防性修复;按修复目的来分类,可分为结构性修复,防腐蚀修复和防渗漏修复;按修理部位来分类,可分为非开挖局部修复技术(spot repair)和非开挖整体修复技术(whole repair),又称为非开挖点状修复技术和非开挖线状修复技术。按局部修复和整体修复来划分,是排水管道非开挖修复技术分类是一种基本方法。

非开挖修理方法有很多,但都应是针对某一种或几种病害的,其最大缺点是不能对已沉降的管道进行整形,故不适应变形较大的管道修理,且有的修理方法(如短管内衬等)会对管道管径产生很大影响,导致管道使用功能受到影响,在实际应用时应慎重选择。

(一)点状修复

主要有嵌补法、注浆法和套环法。嵌补法是应用最早的一种非开挖修理方法,是在管道接口或裂缝部位,采用嵌补止水材料来阻止渗漏的做法。按照所用材料不同,嵌补法又可分为刚性材料嵌补和柔性材料嵌补。注浆法是采用注浆的方法在管道外侧形成隔水帷幕,或在裂缝或接口部位直接注浆来阻止管道渗漏的做法。前者称为土体注浆,后者称为裂缝注浆。套环法是在接口部位安装止水套环的一种点状修复方法。套环与母管之间的止水材料有两种,一种是橡胶圈,另一种是密封胶。除老式钢套环外,套环法在各种点状修理方法中施工最方便,修理质量也是最可靠的。其缺点是套环对水流有一定影响,容易造成垃圾沉淀,对管道疏通也有妨碍。

(二)线状修复

即对一整段损坏管道进行修复的技术,又称整体修复技术。按在旧管修复时新管材料插入旧管的方式,以及新管成型的方法,非开挖修复技术分为翻转法、牵引法、制管法以及短管内衬法等。其中的翻转法和牵引法属于 CIPP(cured in place pipe)现场固化管技术。

1. 翻转法

即把灌浸有热硬化性树脂的软管材料运到工地现场,利用水和空气的压力把材料翻转送至管道并使其紧贴于管道内壁,通过热水、蒸气、喷淋或紫外线加热的方法使树脂材料固化,在旧管内形成一根高强度的内衬树脂新管的方法。由于翻转的动力是空气和水,只要材料加工上没有问题,一次施工的距离可以非常长。在日本北海道的工地上,有过对

DN600 的污水管道一次性施工长度为 500 m 的记录。

在世界上具有代表性的翻转法技术为 Insituform 工法,在日本比较成熟的技术有 Turn young 工法、In Pipe 工法、ICP Breathe 工法、Hose Lining 工法等,这些工法在材料强度、施工技术等方面各有特色,活跃在管道非开挖修复施工最前线。

2. 牵引法

即把灌浸有热硬化性树脂的软管材料运到工地现场后,采用牵引的方式把材料插入旧管内部,然后加压使之膨胀,并紧贴于管道内壁。其加热固化的方式和翻转法类似,一般也采用热水、蒸气、喷淋或紫外线加热的方法加热固化。具有代表性的牵引法施工技术有:日本的 EX 工法、FFT – S 工法、Omega Liner 工法和德国的 All Liner 工法等。

3. 制管法

是在旧管内,采用带状的硬塑材料使之嵌合后形成螺旋管,或采用塑料片材在旧管内接合制成塑料新管。在新管和旧管之间的缝隙内注浆,塑料新管只作为注浆时的内壳,起维持修复管道内部形状的作用。

该方法的特点是在管道内即使有少量污水流动时也可以施工的特点,在大管径(DN800 以上)以及临时排水有困难的管道进行修复施工时应用较多。其缺点是管道的流水断面损失大,注浆的情况不易确认等。

具有代表性的螺旋制管法施工技术有:澳大利亚的 Rib Loc 工法、日本的 SPR 法、Japan Danby 工法等。

4. 短管法

是在 CIPP 技术尚未普及时作为临时的应急技术使用的一种修复方法。由于该技术成型的内衬管接头多,管道的流水断面损失大,注浆的情况不易确认等原因,将逐渐被其他技术所替代。

管道经翻转法、牵引法和制管法修复后,管道的结构情况可为下面三种情况中的一种:

第一种是自承管结构。内衬管结构可以不考虑旧管的强度,内衬管自身可以承受外部的压力,具有和新管同等以上的耐负载能力和持久性能,是按开槽埋管时管道所承受的载荷来进行内衬管的结构设计的管道。

第二种是复合管结构。内衬管和旧管形成一体后共同承受外部的载荷,两者合成一体后具有和新管同等以上的耐负载能力和持久性能。这种管道需要在旧管和内衬管之间的缝隙内注浆,以达到复合的目的。

第三种是双层构造管结构。考虑旧管可以承受外部荷载,旧管和内衬管以双层构造的方式共同承受外部的载荷,具有和新管同等以上的耐负载能力和持久性能。

第三节　管道非开挖修复的常用施工方法

现在工程实际中常用的管道非开挖修复方法主要有 CIPP 翻转内衬法、HDPE 管穿插牵引法、螺旋制管法等,以下就以上三种常用方法分别介绍。

一、CIPP翻转内衬法修复技术

现场固化法(cured in place pipe,CIPP)是现在世界上应用最广泛的非开挖修复技术,从CIPP出现至今,已有超过15 500 km的排水管道通过此法修复。1971年,Insituform公司发明了现场固化法(翻转法),并成功地在英国伦敦进行了一段排水管道的修复。1991年,Insituform公司重新对这段管道进行检测,结果表明:经过20年的使用,该段CIPP管的物理强度基本未发生变化,腐蚀和破损等管道缺陷也很少。1984年,Eric Wood在英国发明了CIPP紫外光固化法。1990年后,气翻转工法和蒸汽固化法也陆续被开发出来。20世纪末,现场固化法传入我国,并在北京、天津和上海等大城市进行试验性修复应用。现场固化法适用范围广,质量好,对交通环境影响小,是目前世界上使用最多的一种非开挖修复方法。现场固化法不仅可用于圆形管道的修复,而且对蛋形、马蹄形甚至方形管道的修复都有很好的适用性,经过准确的设计计算可以保证CIPP内衬管与旧管道完全紧贴在一起,保证较高的物理强度,单次连续修复长度超过200 m,尤其适用于交通繁忙的城市中心地下排水管道的修复。

(一)工艺原理

CIPP翻转内衬法是将浸满热固性树脂的毡制软管注水翻转将其送入旧管内后再加热固化,在管内形成新的内衬管的一种非开挖管道修理方法。由于CIPP法使用的树脂在未固化前是液态黏稠材料,内衬管能够紧贴原管道内壁形成与原管道完全相同的形状,当被修复管道在短距离内出现较大起伏或拐弯折点时能够顺利通过,完成非开挖内衬修复。

CIPP翻转法工艺是将无纺毡布或有纺尼龙粗纺布与聚乙烯或聚氯乙烯、聚氨酯薄膜复合成片材,根据介质不同选择工艺膜,然后根据被修管道内径,将薄膜向外缝制成软管,并用相同品种薄膜条封住缝合口,排出软管内空气,加入树脂,经过赶压使树脂与软管浸渍均匀,然后利用水或气将软管反转进入被修管道内,此时软管内树脂面翻出并紧紧贴在已清洗干净的被修管道内,经过一定时间,软管固化成刚性内衬管,从而达到堵漏、提压、减阻的目的。常用的树脂材料有三种:非饱和聚合树脂、乙烯酯树脂和环氧树脂。非饱和聚合树脂由于性能好,价格经济,使用最广,环氧树脂能耐腐蚀、耐高温,主要用于工业管道和压力管道。通过CIPP翻转内衬实现内衬管与外管道的复合结构,改善了原管道的结构与输送状态,使修复后的管道能恢复甚至加强了其原来的输送功能,从而延长了管道的使用寿命。

(二)工艺设计

1.确定工程概况

CIPP翻转内衬施工工艺需要了解的工程概况内容如下:

(1)需修复管道种类、内部情况、管径和管道长度。

(2)确定原管底部至地面距离(埋深)。

(3)确定地下水位。

(4)确定设计外压:从管内调查结果分析确定管道本身的承压能力。

2. 材料厚度设计

1) 材料厚度计算方法

若按现场调查，变形为管径的 5% 之内，管道本身可承受现有土压力。因此，只考虑外水压时，内衬塑料管的厚度计算方法如下：

$$\delta = \frac{D}{\left[\dfrac{2NCE_L}{P\,F_s(1 - \nu^2)}\right]^{1/3} + 1} \tag{9-9}$$

式中　　δ——内衬管厚度，mm；

　　　　D——旧管管径，mm；

　　　　N——圆周支持率 7.0；

　　　　C——旧管变形系数 1.0；

　　　　E_L——长期抗弯曲弹性模量，30 年使用期限时取值为 1 500 MPa；

　　　　P——外水压力，MPa；

　　　　F_s——安全系数，取 1.5；

　　　　ν——泊松比，取 0.3。

2) 材料厚度计算结果

例如，若旧管管径 $D = 450$ mm，作用水压 = 0.014 5 MPa，按使用年限 30 年计，计算得 $\delta = 5.67$ mm，取厚度为 6 mm；若旧管管径 $D = 600$ mm，作用水压 = 0.031 9 MPa，按使用年限 30 年计，计算得 $\delta = 8.50$ mm，取厚度为 9 mm。

（三）施工工序与流程

主要施工步骤如下：

（1）准备工作。为尽量减小施工作业面，减少对交通的影响，可以将原有窨井作为翻转施工井。在施工井上部制作翻转作业台，固定翻衬软管施工的辅助内衬管，辅助内衬管下端对准工作段旧管入口。在到达井内或管道的中间部设置停止管，使之坚固、稳定，以防止事故的发生。

（2）翻转送入辅助内衬管。为保护树脂软管，并防止树脂外流影响地下水水质，把事先准备好的辅助内衬管翻转送入管内。

（3）树脂软管的翻转准备工作是在事先已准备的翻转作业台上，把通过保冷运到工地的树脂软管安装在翻转头上，接上空压机等。内衬软管首端进入辅助内衬管，在出口处将首端外翻并用夹具固定。在作业前要防止材料固化，否则影响质量。

（4）翻转送入树脂软管经检查无误后，开动空压机等设备，用压缩空气使树脂软管沿工作段边外翻边前进，最终全部进入管内。翻转使内衬软管饱含树脂的一面向外，与原管内壁相贴。

（5）管头部切开。树脂管加热固化完毕后，为了保证施工后 CIPP 管材的管口部分保持整洁光滑，并能与井壁连成一体，把管的端部用特殊机械切开，采用快凝水泥在内衬材料和井壁间做一个斜坡，达到防渗漏、保护管口的目的。

（6）施工后管内检测。施工完成后，进行竣工验收。为了了解固化施工后管道内侧的质量情况，在管端部切开以后，对管道内部用 CCTV 进行检查。对于厚度小于 10.5 mm

的管道,允许误差为设计厚度的 0 ~ 20%。

(7)善后工作。拆除临时泵和管内的堵头,恢复管道通水,施工完成,工地现场恢复到原来的状况,管道的隐患解除。

(四)CIPP 翻转修复技术的主要特点

(1)施工时间短。内衬管材料在工厂加工后运至工地,现场施工从准备、翻转、加热到固化,需要时间短,可十分方便地解决施工临时排水问题。

(2)施工设备简单,占地面积小。

(3)内衬管耐久实用。内衬材料具有耐腐蚀、耐磨的特点,可提高管线的整体性能。材料强度大,耐久性根据设计要求最高可达 50 年,管道的地下水渗入问题可彻底解决。

(4)管道的断面损失小,内衬管表面光滑,水流摩阻下降(摩阻系数由混凝土管的0.013 ~ 0.014 降为 0.010)。

(5)保护环境,节省资源,不开挖路面,不产生垃圾。对交通影响小,使施工形象大为改观,有较好的社会效益。

(6)施工不受季节影响,且适用各种材质和形状管道。

(7)目前材料一般需进口,材料成本较高,应进行国产化以降低其成本。

(8)一次翻转厚度 10 mm 以上软管,工艺难度较大。

二、HDPE 穿插牵引修复技术

(一)工艺原理

非开挖 HDPE 管道穿插牵引修复技术是将一条新的管径略小于或等于旧管道的HDPE 管,通过专用设备将横截面变为 U 形拉入管道,然后利用水压、高温水或高压蒸汽的作用将变形的管道复原并与原有管道内壁紧贴在一起。该方法操作简单易行,修复后的管道运行可靠性高。对于直管段,只需要在两端各开挖一个操作坑,即可实现穿插HDPE 管道修复,最长可一次穿插 1 000 m,可以用于 DN100 ~ DN1000 的各种材质管线的内衬修复。

(二)HDPE 穿插牵引施工条件

非开挖 HDPE 管道穿插牵引修复技术在施工前需要确定和完成下列施工条件:

(1)确定原管道的管材、管径。

(2)对原管道进行冲洗及泄漏试验。

(3)对原管道进行防腐层检测。

(4)对原管道进行测量定位,绘制坐标图。

(三)内衬管材尺寸设计

内衬 HDPE 管道壁厚(δ)可按下式计算:

$$\delta = KpD_e/(2[\sigma] + p) \tag{9-10}$$

式中 K——经验系数,根据工程实际情况而定,一般取 0.3 ~ 0.6;

p——管道要求试验压力,MPa;

D_e——内衬管公称外径,mm;

$[\sigma]$——管材的最低屈服强度,取 18 MPa。

例如,某排水管道,经测量须使得内衬管外径达到 790 mm,管道内衬后的试验压力 p 需要达到 1.3 MPa,内衬施工经验系数 K 取 0.5,根据式(9-10)计算得 $\delta = 13.77$ mm。

(四)工程施工

总体施工步骤如下。

1. 检测

对原管道进行清洗后,必须采用 CCTV 管道内窥成像系统对清洗后的管道内壁进行检查,管道内不能有尖锐突起杂物,管道错位应进行修补,达到不影响 HDPE 管道与原管道紧密贴合的程序。清洗后应避免杂物、水等进入管道。

2. HDPE 管道焊接

HDPE 管道采用电热熔专用设备焊接,应在无风、干燥的条件下进行,焊接后要自然冷却绝对禁止油污。应有专人对每道焊口进行质量检验,检查凸边高度是否均匀、错皮量是否大于壁厚10%,不合格的焊口必须割开后重新焊接。必要时进行拉伸试验,检查焊口强度。管道焊接后需要自然冷却,导致焊接工作量较大,单个焊口从开始焊接到冷却完成,至少需要 30 min 以上。为减少现场工作量,制造 HDPE 管道时应在条件允许的情况下尽量使管段长一些,以减少焊口数量。

3. HDPE 管穿插入管

HDPE 管道穿插时,牵引端和操作端应有可靠的通信方式,联合操作,控制牵引速度使 HDPE 管道匀速入管,避免忽快忽慢。各预焊管段需要连接时,两边要采用预见性减速制动,防止两端操作不同步导致拉力过大造成管道断裂。

4. 管道试压

试压时要做好安全措施,两端临时端板应采用钢管支撑,并临时点焊固定,避免试压时将临时端板压出造成透水事故。

(五)技术特点

1. 连接可靠

聚乙烯管道系统之间采用电热熔方式连接,接头的强度高于管道本体强度,聚乙烯管与其他管道之间采用法兰连接,方便快捷。

2. 适用温度广

高密度聚乙烯的脆化温度约为 -70 ℃,管道可在 -60~60 ℃温度范围安全使用,不会发生脆裂。

3. 应力开裂性好

HDPE 具有低的缺口敏感性、高的剪切强度和优异的抗刮痕能力,耐环境应力开裂性能非常突出。

4. 化学腐蚀性好

HDPE 管道可耐多种化学介质的腐蚀,土壤中存在的化学物质不会对管道造成任何降解作用,不会发生腐烂、生锈或电化学腐蚀现象。因此,它也不会促进藻类、细菌或真菌生长。

5. 耐老化、使用寿命长

含有2%~2.5%的均匀分布的炭黑的聚乙烯管道能够在室外露天存放或使用50

年,不会因遭受紫外线辐射而损害。

6. 可挠性好

HDPE 管道的柔性使得它容易弯曲,特别是对于老管线修复,可以吸收管线地质结构变化产生的微小变形。

7. 水流阻力小

HDPE 管道具有光滑的内表面和黏附特性,具有比传统管材更高的输送能力,降低了管路的压力损失和输水能耗。HDPE 管在加工过程中不添加重金属盐稳定剂,无毒性,具有良好的卫生性能。

三、螺旋缠绕制管法

(一)工艺原理

该工艺是将专用制管材料(如带状聚氯乙烯 PVC)放在现有的检查井底部,通过专用的缠绕机,在原有的管道内螺旋旋转缠绕成一条固定口径的连续无缝的结构性防水新管,并在新管和旧管之间的空隙中灌入水泥砂浆完成修复。

(二)施工工艺流程

螺旋缠绕制管施工工艺如下:

准备工作——旧有管道清洗——CCTV 检测——缠绕机具就位——加润滑剂——管道缠绕就位——张拉钢丝——空隙灌浆——支管、检查井恢复——CCTV 检测——浸水试验。

关于螺旋缠绕制管施工工艺的几点说明。

1. 修复长度

螺旋缠绕管工艺施工是从检查井到检查井,或通过其他适合的进口安装。修复管道的最长长度限制来源于扩张时的扭矩。如果提供足够的扭矩力,可修复管道的长度就可以无限延长。目前一次性修复最长长度超过 200 m,带状型材是连续不断地被卷入且中间无任何接口。管道口径从 150 mm 到 2 500 mm 均可采用该方法修复。

所选产品需经过严格的检验以确保质量。所用型材外表面布满 T 形肋,以增加其结构强度。内表面则光滑平整。型材两边各有公母锁扣,型材边缘的锁扣在螺旋旋转中互锁。

2. 现场工作井

螺旋缠绕管固定口径法利用检查井作为工作井。对于大口径的管道,在检查井上部进行少量的开挖,扩大入口。检查井周围进行一定范围的围蔽,施工设备和材料直接堆放在检查井边。缠绕机放置在检查井底部。设备连接线和型材可以通过检查井口送到缠绕机。路面上放置型材的滚筒和辅助设备可以固定在卡车上,确保交通影响程度减到最小。

3. 设备准备

所有需要的设备可以安装在卡车上,并在卡车上操作。这些设备包括:

(1)检查井中制作新管的特殊缠绕机。

(2)适用于不同口径的缠绕头。

(3)驱动缠绕机的液压动力装置和软管。

（4）提供动力和照明的发电机。

（5）检查管道及监控施工用的闭路电视。

（6）放置型材的滚筒和支架。

（7）灌浆用的泵。

（8）检查井通风设备。

以上设备在施工前安装好，并进行调试。

4. 管道清洗和检测

用高压水清除管道内所有的垃圾、树根和其他可能影响新管安装的废物。需要修复的污水管线通过闭路电视进行检测并录像。所有障碍物都被记录在案，必要情况下重新清洗。支管的位置也被记录下来并堵塞关闭，等待安装后重新打开。插入管道的支管和其他可能影响安装的障碍物都必须被清除。

5. 水流控制

通常情况下，在螺旋缠绕扩张工艺的施工中并不需要抽水来改变水流，部分水流还是可以在管内通过。当水流过大或过急影响工人安全或在业主要求的情况下，需要进行水流改道或抽水。

修复的管段内的水流可以通过各种方法进行控制。在上游检查井内用管塞将管道堵住或在必要情况下将水抽到下游入孔井、坑道或其他调节系统。螺旋缠绕管工艺的设备允许在施工过程中暂停，让水流通过。

6. 管道的缠绕

管道按固定尺寸缠绕时，制管型材被不断地卷入缠绕机，通过螺旋旋转，型材两边的主次锁扣分别互锁，形成一条固定口径的连续无缝防水新管。当新管到达另一检查井后，停止缠绕。用于螺旋缠绕固定口径管的制管型材接口采用电熔机进行电熔对焊。

7. 管道的灌浆

按固定尺寸缠绕新管，衬管安装后可能在母管和衬管之间留有一定的环形间隙（环面），这一间隙需用水泥浆填满。环面灌浆的作用在于将母管的载荷转移到安装的新管上。

（1）灌浆材料的要求。灌浆采用流动性大、固化收缩性小、水合热量低的水泥浆，水泥∶水配合比为1∶3，水泥浆比重不小于1.5，强度不小于5 MPa。

（2）分段灌浆。为了防止缠绕管因为灌浆而漂浮，采用注水压管分段灌浆。缠绕管安装完成后先封闭末端，然后往缠绕管中注水至管径一半或以上位置，再进行灌浆。整个管环面分段灌浆，每次灌入水泥浆的重量都要小于管内注水重量。先灌浆至缠绕管底部，利用水泥浆黏合将缠绕管固定在旧管道底部，然后再逐段地完成灌浆，直至整个管环面注满水泥浆。在注浆时，通过观察泥浆搅拌器旁边的压力表监控环面是否完全被水泥浆灌满。在灌浆的最后一步，一旦发现水泥浆从位于衬管另一端的注射管顶流出，马上关闭注射管阀门。如果水泥浆搅拌器上的压力表显示压力升高，这就意味着水泥浆已经完全灌满，过量的水泥浆造成了水泥浆内部的压力升高。至此，注浆应立即结束以防止损坏已经安装好的缠绕管。

（三）制管技术的特点

（1）一般情况下无须开沟槽，只需利用现有的检查井，占地面积小。

（2）施工所需设备固定放置在施工卡车上，便于移动施工快速，也可根据现场情况放置在地面。

（3）适合在地理位置复杂的地方施工。

（4）即使管内留有少量污水（最高达30%）也可带水继续施工。

（5）无养护过程，用户支管可在施工后立即打通。

（6）在损坏严重的管道内也能穿过断管处和接头断开处。

（7）柔性良好，即使在地层运动的情况下也能正常工作。

（8）具有独立的承载能力而不依赖原管道。

（9）内表面十分光滑，可提高水流通过能力。

（10）施工安全，无噪声，不污染周边环境和对居民的干扰。

（11）抗化学腐蚀能力大，材料的性能和质量不受环境影响。

第十章　给水排水工程施工现场管理

第一节　成本管理

一、成本管理的依据

成本管理的依据如下：

(1)工程承包合同。施工成本控制要以工程承包合同为依据，围绕降低工程成本这个目标，从预算收入和实际成本两方面，努力挖掘增收节支潜力，以求获得最大的经济效益。

(2)施工成本计划。施工成本计划是根据施工项目的具体情况制定的施工成本控制方案，既包括预定的具体成本控制目标，又包括实现控制目标的措施和规划，是施工成本控制的指导文件。

(3)进度报告。进度报告提供了每一时刻工程实际完成量，工程施工成本实际支付情况等重要信息。施工成本控制工作正是通过实际情况与施工成本计划相比较，找出二者之间的差别，分析偏差产生的原因，从而采取措施改进以后的工作。此外，进度报告还有助于管理者及时发现工程实施中存在的隐患，并在事态还未造成重大损失之前采取有效措施，尽量避免损失。

(4)工程变更。在项目的实施过程中，由于各方面的原因，工程变更是很难避免的。工程变更一般包括设计变更、进度计划变更、施工条件变更技术规范与标准变更、施工次序变更、工程数量变更等。一旦出现变更，工程量、工期、成本都必将发生变化，从而使得施工成本控制工作变得更加复杂和困难。因此，施工成本管理人员就应当通过对变更要求当中各类数据的计算、分析，随时掌握变更情况，包括已发生工程量、将要发生工程量、工期是否拖延、支付情况等重要信息，判断变更以及变更可能带来的索赔额度等。

(5)其他。除上述几种施工成本控制工作的主要依据以外，有关施工组织设计、分包合同文本等也都是施工成本控制的依据。

二、成本管理的内容

(一)工程投标阶段的成本管理

(1)根据工程概况和招标文件，联系建筑市场和竞争对手的情况，进行成本预测，提出投标决策意见。

(2)中标以后，应根据项目的建设规模，组建与之相适应的项目经理部，同时以"标书"为依据确定项目的成本目标，并下达给项目经理部。

（二）施工准备阶段的成本管理

（1）根据设计图纸和有关技术资料,对施工方法、施工顺序、作业组织形式、机械设备选型、技术组织措施等进行认真的研究分析,并运用价值工程原理,制定出科学先进、经济合理的施工方案。

（2）根据企业下达的成本目标,以分部分项工程实物工程量为基础,联系劳动定额、材料消耗定额和技术组织措施的节约计划,在优化的施工方案的指导下,编制明细而具体的成本计划,并按照部门施工队和班组的分工进行分解,作为部门施工队和班组的责任成本落实下去,为今后的成本控制做好准备。

（3）间接费用预算的编制及落实:根据项目建设时间的长短和参加建设人数的多少,编制间接费用预算,并对上述预算进行明细分解,以项目经理部有关部门（或业务人员）责任成本的形式落实下去,为今后的成本控制和绩效考评提供依据。

（三）施工阶段的成本管理

（1）加强施工任务单和限额领料单的管理,特别要做好每一个分部分项工程完成后的验收（包括实际工程量的验收和工作内容、工程质量、文明施工的验收）以及实耗人工、实耗材料的数量核对,以保证施工任务单和限额领料单的结算资料绝对正确,为成本控制提供真实可靠的数据。

（2）将施工任务单和限额领料单的结算资料与施工预算进行核对,计算分部分项工程的成本差异,分析差异产生的原因,并采取有效的纠偏措施。

（3）做好月度成本原始资料的收集和整理,正确计算月度成本,分析月度预算成本与实际成本的差异。对于一般的成本差异要在充分注意不利差异的基础上,认真分析有利差异产生的原因,以防对后续作业成本产生不利影响或因质量低劣而造成返工损失;对于盈亏比例异常的现象,则要特别重视,并在查明原因的基础上,果断采取措施,尽快加以纠正。

（4）在月度成本核算的基础上,实行责任成本核算。也就是利用原有会计核算的资料,重新按责任部门或责任者归集成本费用,每月结算一次,并与责任成本进行对比,由责任部门或责任者自行分析成本差异和产生差异的原因,自行采取措施纠正差异,为全面实现责任成本创造条件。

（5）经常检查对外经济合同的履约情况,为顺利施工提供物质保证。如遇拖期或质量不符合要求时,应根据合同规定向对方索赔;对缺乏履约能力的单位,要断然采取措施,立即中止合同,并另找可靠的合作单位,以免影响施工,造成经济损失。

（6）定期检查各责任部门和责任者的成本控制情况,检查成本控制责、权、利的落实情况（一般为每月一次）。发现成本差异偏高或偏低的情况,应会同责任部门或责任者分析产生差异的原因,并督促他们采取相应的对策来纠正差异;如有因责、权、利不到位而影响成本控制工作的情况,应针对责、权、利不到位的原因,调整有关各方的关系,落实责、权、利相结合的原则,使成本控制工作得以顺利进行。

（四）竣工验收阶段的成本管理

（1）精心安排,干净利落地完成工程竣工扫尾工作,把竣工扫尾时间缩短到最低限度。

（2）重视竣工验收工作，顺利交付使用。在验收以前，要准备好验收所需要的各种书面资料（包括竣工图）送甲方备查；对验收中甲方提出的意见，应根据设计要求和合同内容认真处理，如果涉及费用，应请甲方签证，列入工程结算。

（3）及时办理工程结算。一般来说：工程结算造价＝原施工图预算±增减账。

在工程结算时为防止遗漏，在办理工程结算以前，要求项目预算员和成本员进行一次认真全面的核对。

（4）在工程保修期间，应由项目经理指定保修工作的责任者，并责成保修责任者根据实际情况提出保修计划（包括费用计划），以此作为控制保修费用的依据。

三、成本控制的原则

（一）全面控制原则

（1）项目成本的全员控制。项目成本的全员控制并不是抽象的概念，而应该有一个系统的实质性内容，其中包括各部门、各单位的责任网络和班组经济核算等，防止成本控制人人有责又都人人不管。

（2）项目成本的全过程控制。施工项目成本的全过程控制，是指在工程项目确定以后，自施工准备开始，经过工程施工，到竣工交付使用后的保修期结束，其中每一项经济业务，都要纳入成本控制的轨道。

（二）动态控制原则

（1）项目施工是一次性行为，其成本控制应更重视事前、事中控制。

（2）在施工开始之前进行成本预测，确定目标成本，编制成本计划，制订或修订各种消耗定额和费用开支标准。

（3）施工阶段重在执行成本计划，落实降低成本措施实行成本目标管理。

（4）成本控制随施工过程连续进行，与施工进度同步不能时紧时松，不能拖延。

（5）建立灵敏的成本信息反馈系统，使成本责任部门（人员）能及时获得信息、纠正不利成本偏差。

（6）制止不合理开支，把可能导致损失和浪费的苗头消灭在萌芽状态。

（7）竣工阶段成本盈亏已成定局，主要进行整个项目的成本核算、分析、考评。

（三）开源与节流相结合原则

降低项目成本需要一面增加收入，一面节约支出。因此，每发生一笔金额较大的成本费用都要查一查有无与其相对应的预算收入，是否支大于收。

（四）目标管理原则

目标管理是贯彻执行计划的一种方法，它把计划的方针、任务、目的和措施等逐一加以分解，提出进一步的具体要求，并分别落实到执行计划的部门、单位甚至个人。

（五）节约原则

施工生产既是消耗资财人力的过程，也是创造财富增加收入的过程，其成本控制也应坚持增收与节约相结合的原则。

四、成本管理程序与措施

（一）成本管理程序

根据成本过程控制的原则和内容，重点控制的是进行成本控制的管理行为是否符合要求，作为成本管理业绩体现的成本指标是否在预期范围之内，因此要搞好成本的过程控制，就必须有标准化、规范化的过程控制程序。

（二）成本管理措施

为了取得施工成本管理的理想成果，应当从多方面采取措施实施管理，通常可以将这些措施归纳为组织措施、技术措施、经济措施、合同措施等四个方面。成本管理措施如下：

（1）组织措施。如实行项目经理责任制落实施工成本管理的机构和人员，明确各级施工成本管理人员的任务和职能分工、权利和责任，编制阶段性的成本控制工作计划和详细的工作流程图等。

（2）技术措施。提出不同的技术方案，并对不同的方案进行技术经济分析和论证，以纠正实施过程中施工成本管理目标出现的偏差。

（3）经济措施。编制资金使用计划确定、分解施工成本管理目标；对成本管理目标进行风险分析，并制订防范性对策；对出现的问题应采取预防措施，进行主动控制。

（4）合同措施。参加合同谈判、修订合同条款处理合同执行过程中的索赔问题。

五、成本分析

（一）成本分析依据

（1）会计核算。主要是价值核算。会计是对一定单位的经济业务进行计量、记录、分析和检查，做出预测，参与决策，实行监督，旨在实现最优经济效益的一种管理活动。由于会计记录具有连续性、系统性、综合性等特点，所以它是施工成本分析的重要依据。

（2）业务核算。是各业务部门根据业务工作的需要而建立的核算制度，它包括原始记录和计算登记表，如单位工程及分部分项工程进度登记，质量登记，工效、定额计算登记物资消耗定额记录测试记录等。业务核算的目的，在于迅速取得资料，在经济活动中及时采取措施进行调整。

（3）统计核算。是利用会计核算资料和业务核算资料，把企业生产经营活动客观现状的大量数据，按统计方法加以系统整理，表明其规律性。它的计量尺度比会计宽，可以用货币计算，也可以用实物或劳动量计量。它通过全面调查和抽样调查等特有的方法，不仅能提供绝对数指标还能提供相对数和平均数指标，可以计算当前的实际水平，确定变动速度，可以预测发展的趋势。

（二）成本分析的原则

项目成本分析的原则如下：

（1）实事求是的原则。在成本分析中，必然会涉及一些人和事，因此要注意人为因素的干扰。成本分析一定要有充分的事实依据，对事物进行实事求是的评价。

（2）用数据说话的原则。成本分析要充分利用统计核算和有关台账的数据进行定量分析，尽量避免抽象的定性分析。

（3）注重时效的原则。施工项目成本分析贯穿于施工项目成本管理的全过程。这就要求要及时进行成本分析，及时发现问题，及时予以纠正，否则，就有可能耽误解决问题的最好时机，造成成本失控、效益流失。

（4）为生产经营服务的原则。成本分析不仅要揭露矛盾，而且要分析产生矛盾的原因，提出积极有效的解决矛盾的合理化建议。这样的成本分析，必然会深得人心，从而受到项目经理部有关部门和人员的积极支持与配合，使施工项目的成本分析更健康地开展下去。

（三）成本分析的方法

1. 施工成本分析的基本方法

（1）比较法，又称指标对比分析法，就是通过技术经济指标的对比，检查目标的完成情况，分析产生差异的原因，进而挖掘内部潜力的方法。这种方法具有通俗易懂、简单易行、便于掌握的特点，因而得到了广泛的应用，但在应用时必须注意各技术经济指标的可比性。

（2）因素分析法，又称连环置换法，这种方法可用来分析各种因素对成本的影响程度。在进行分析时，首先要假定众多因素中的一个因素发生了变化，而其他因素则不变，然后逐个替换，分别比较其计算结果，以确定各个因素的变化对成本的影响程度。

（3）差额计算法，是因素分析法的一种简化形式，它利用各个因素的目标值与实际值的差额来计算其对成本的影响程度。

（4）比率法，是指用两个以上的指标的比例进行分析的方法。它的基本特点是：先把对比分析的数值变成相对数，再观察其相互之间的关系。

2. 综合成本的分析方法

综合成本是指涉及多种生产要素，并受多种因素影响的成本费用，如分部分项工程成本，月（季）度成本、年度成本等。综合成本的分析如下：

（1）分部分项工程成本分析。分部分项工程成本分析的对象为已完成分部分项工程，分析的方法是：①进行预算成本、目标成本和实际成本的"三算"对比。②分别计算实际偏差和目标偏差，分析偏差产生的原因，为今后的分部分项工程成本寻求节约途径。

（2）月（季）度成本分析。月（季）度成本分析的依据是当月（季）的成本报表。分析的方法，通常有以下几个方面：①通过实际成本与预算成本的对比，分析当月（季）的成本降低水平；通过累计实际成本与累计预算成本的对比，分析累计的成本降低水平，预测实现项目成本目标的前景。②通过实际成本与目标成本的对比，分析目标成本的落实情况以及目标管理中的问题和不足，进而采取措施，加强成本管理，保证成本目标的落实。③通过对各成本项目的成本分析，可以了解成本总量的构成比例和成本管理的薄弱环节。④通过主要技术经济指标的实际与目标对比，分析产量、工期、质量、"三材"节约率、机械利用率等对成本的影响。⑤通过对技术组织措施执行效果的分析，寻求更加有效的节约途径。⑥分析其他有利条件和不利条件对成本的影响。

（3）年度成本分析。年度成本分析的依据是年度成本报表。年度成本分析的内容，除了月（季）度成本分析的6个方面以外，重点是针对下一年度的施工进展情况规划提出切实可行的成本管理措施，以保证施工项目成本目标的实现。

(4)竣工成本的综合分析。单位工程竣工成本分析,应包括以下三方面内容:①竣工成本分析。②主要资源节超对比分析。③主要技术节约措施及经济效果分析。

六、降低工程施工成本的措施

(一)认真审核图纸,积极提出修改意见

(1)施工单位应该在满足用户要求和保证工程质量的前提下,联系项目施工的主客观条件,对设计图纸进行认真的会审,并提出积极的修改意见,在取得用户和设计单位的同意后,修改设计图纸,同时办理增减账。

(2)在会审图纸的时候,对于结构复杂、施工难度高的项目,更要加倍认真,并且要从方便施工,有利于加快工程进度和保证工程质量,又能降低资源消耗、增加工程收入等方面综合考虑,提出有科学根据的合理化建议,争取建设单位和设计单位的认同。

(二)制订先进合理、经济实用的施工方案

施工方案主要包括四项内容:

(1)施工方法的确定、施工机具的选择、施工顺序的安排和流水施工的组织。正确选择施工方案是降低成本关键所在。

(2)制订施工方案要以合同工期和上级要求为依据,联系项目的规模、性质、复杂程度、现场条件、装备情况、人员素质等因素综合考虑。

(3)同时制订两个或两个以上的先进可行的施工方案,以便从中优选最合理、最经济的一个。

(三)切实落实技术组织措施

落实技术组织措施,走技术与经济相结合的道路,以技术优势来取得经济效益,是降低项目成本的又一个关键。一般情况下,项目应在开工以前根据工程情况制定技术组织措施计划,作为降低成本计划的内容之一列入施工组织设计,在编制月度施工作业计划的同时,也可以按照作业计划的内容编制月度技术组织措施计划。

(四)组织流水施工,加快施工进度

(1)凡按时间计算的成本费用在加快施工进度缩短施工周期的情况下,都会有明显的节约。此外,还可从用户那里得到一笔提前竣工奖。

(2)为加快施工进度,将会增加一定的成本支出。因此,在签订合同时,应根据用户和赶工的要求,将赶工费列入施工图预算。如果事先并未明确,而由用户在施工中临时提出要求的,则应该请用户签字,费用按实计算。

(3)在加快施工进度的同时,必须根据实际情况,组织均衡施工,确实做到快而不乱以免发生不必要的损失。

(五)降低材料成本

(1)加强材料采购、运输、收发、保管等工作,减少各环节的损耗,节约采购费用。

(2)加强现场材料管理,组织分批进场,减少搬运。

(3)对进场材料的数量质量要严格签收,实行材料的限额领料。

(4)推广使用新技术、新工艺、新材料。

(5)制定并贯彻节约材料措施,合理使用材料,扩大代用材料、修旧利废和废料回收。

（六）降低机械使用费

（1）结合施工方案的制订，从机械性能操作运行和台班成本等因素综合考虑，选择最适合项目施工特点的施工机械，要求做到既实用又经济。

（2）做好工序、工种机械施工的组织工作，最大限度地发挥机械效能；同时，对机械操作人员的技能也要有一定的要求，防止因不规范操作或操作不熟练影响正常施工，降低机械利用率。

（3）做好平时的机械维修保养工作，使机械始终保持完好状态，随时都能正常运转。严禁在机械维修时将零部件拆东补西，人为地损坏机械。

（七）以激励机制调动职工增产节约的积极性

（1）对关键工序施工的关键班组要实行重奖。

（2）对材料操作损耗特别大的工序，可由生产班组直接承包。

（3）实行钢模零件和脚手螺丝有偿回收。

（4）实行班组落手清承包。

（八）加强合同管理

（1）深入研究招标文件和投标策略，正确编制施工图概预算，在此基础上，充分考虑可能发生的成本费用，正确编制施工图概预算。

（2）加强合同管理，及时办理增减账和进行索赔。项目承包方要加强合同的管理，要利用合同赋予的权力，开展索赔工作，及时办理增减账手续，通过工程款结算从业主那里得到补偿。

第二节　进度管理

工程进度管理是根据工程施工的进度目标，编制经济、合理的进度计划，并据以检查工程项目进度计划的执行情况，若发现实际执行情况与计划进度不一致，应及时分析原因，并采取必要的措施对原工程进度计划进行调整或修正的过程。工程施工进度管理的目的就是为了实现最优工期，多快好省地完成任务。

一、进度管理的程序

（1）根据施工合同的要求确定施工进度目标，明确计划开工日期、计划总工期和计划竣工日期，确定施工项目分期分批的开竣工日期。

（2）编制施工进度计划，具体安排实现计划目标的工艺关系、组织关系、搭接关系、起止时间、劳动力计划、材料计划、机械计划及其他保证性计划。分包人负责根据项目施工进度计划编制分包工程施工进度计划。

（3）进行计划交底，落实责任，并向监理工程师提出开工申请报告，按监理工程师开工令确定的日期开工。

（4）实施施工进度计划。

（5）全部任务完成后，进行进度管理总结并编写进度管理报告。

二、进度管理的内容

进度管理是以现代科学管理原理作为其理论基础,主要有系统原理、动态控制原理、信息反馈原理、弹性原理、封闭循环原理和网络计划技术原理等。

(一)系统控制原理

该原理认为,项目施工进度控制本身是一个系统工程,它包括项目施工进度规划系统和项目施工进度实施系统两部分内容。项目经理必须按照系统控制原理,强化其控制全过程。

(1)施工进度计划系统。根据需要,计划系统一般包括施工总进度计划,单位工程进度计划,分部、分项工程进度计划和季、月、旬等作业计划。这些计划的编制对象由大到小,内容由粗到细,将进度控制目标逐层分解保证了计划控制目标的落实。在执行项目施工进度计划时,应以局部计划保证整体计划,最终达到施工进度控制目标。

(2)施工进度实施组织系统。施工实施全过程的各专业队伍都是遵照计划规定的目标去努力完成一个个任务的。施工经理和有关劳动调配、材料设备、采购运输等各职能部门都按照施工进度规定的要求进行严格管理、落实和完成各自的任务。施工组织各级负责人,从项目经理、施工队长、班组长及其所属全体成员组成了施工实施的完整组织系统。

(3)施工进度控制的组织系统。为了保证施工进度实施,还有一个项目进度的检查控制系统。自公司经理、项目经理,一直到作业班组都设有专门职能部门或人员负责检查汇报,统计整理实际施工进度的资料,并与计划进度比较分析和进度调整。当然不同层次人员负有不同进度控制职责,分工协作,形成一个纵横连接的施工控制组织系统。事实上有的领导可能既是计划的实施者又是计划的控制者。实施是计划控制的落实,控制是计划按期实施的保证。

(二)动态控制原理

施工进度控制随着施工活动向前推进,根据各方面的变化情况,进行适时的动态控制,以保证计划符合变化的情况。同时,这种动态控制又是按照计划、实施、检查、调整这四个不断循环的过程进行控制的。在项目实施过程中,可分别以整个施工、单位工程、分部工程或分项工程为对象,建立不同层次的循环控制系统,并使其循环下去。这样每循环一次,其项目管理水平就会提高一步。

(三)信息反馈原理

反馈是控制系统把信息输送出去,又把其作用结果返送回来,并对信息的再输出施加影响,起到控制作用,以达到预期目的。

施工进度控制的过程实质上就是对有关施工活动和进度的信息不断搜集、加工、汇总、反馈的过程。施工信息管理中心要对搜集的施工进度和相关影响因素的资料进行加工分析,由领导做出决策后,向下发出指令,指导施工或对原计划做出新的调整、部署;基层作业组织根据计划和指令安排施工活动,并将实际进度和遇到的问题随时上报。每天都有大量的内外部信息、纵横向信息流进流出。因而,必须建立健全一个施工进度控制的信息网络使信息准确、及时、畅通反馈灵敏、有力及能正确运用信息对施工活动有效控制,才能确保施工的顺利实施和如期完成。

（四）弹性原理

施工进度计划工期长、影响进度的原因多，其中有的已被人们掌握，根据统计经验估计出影响的程度和出现的可能性，并在确定进度目标时，进行实现目标的风险分析。在计划编制者具备了这些知识和实践经验之后，编制施工进度计划时就会留有余地，即使施工进度计划具有弹性。在进行施工进度控制时，便可利用这些弹性，缩短有关工作的时间，或者改变它们之间的搭接关系，使检查之前拖延了工期，通过缩短剩余计划工期的方法，仍然达到预期的计划目标。这就是施工进度控制中对弹性原理的应用。

（五）封闭循环原理

施工进度控制是从编制项目施工进度计划开始的，由于影响因素的复杂和不确定性，在计划实施的全过程中，需要连续跟踪检查，不断地将实际进度与计划进度进行比较，如果运行正常可继续执行原计划；如果发生偏差，应在分析其产生的原因后，采取相应的解决措施和办法，对原进度计划进行调整和修订，然后再进入一个新的计划执行过程。这个由计划、实施、检查、比较、分析、纠偏等环节组成的过程就形成了一个封闭循环回路。而施工进度控制的全过程就是在许多这样的封闭循环中得到有效的不断调整、修正与纠偏，最终实现总目标的。

（六）网络计划技术原理

在施工进度的控制中利用网络计划技术原理编制进度计划，根据收集的实际进度信息，比较和分析进度计划，又利用网络计划的工期优化，工期与成本优化和资源优化的理论调整计划。网络计划技术原理是施工进度控制的完整的计划管理和分析计算理论基础。

三、进度管理的目标

施工进度控制总目标是依据施工总进度计划确定的，然后对施工进度控制总目标进行层层分解，形成实施进度控制、相互制约的目标体系。

施工进度目标是从总的方面对项目建设提出的工期要求。但在施工活动中，是通过对最基础的分部分项工程的施工进度控制来保证各单项（位）工程或阶段工程进度控制目标的完成，进而实现施工进度控制总目标的。因而，需要将总进度目标进行一系列的从总体到细部、从高层次到基础层次的层层分解，一直分解到在施工现场可以直接调度控制的分部分项工程或作业过程的施工为止。在分解中，每一层次的进度控制目标都限定了下一级层次的进度控制目标，而较低层次的进度控制目标又是较高一级层次进度控制目标得以实现的保证，于是就形成了一个自上而下层层约束，由下而上级级保证，上下一致的多层次的进度控制目标体系。

四、进度计划的编制

（一）进度计划的编制依据

（1）经过规划设计等有关部门和有关市政配套审批、协调的文件。

（2）有关的设计文件和图纸。

（3）工程施工合同中规定的开竣工日期。

（4）有关的概算文件、劳动定额等。

（5）施工组织设计和主要分项、分部工程的施工方案。

（6）工程施工现场的条件。

（7）材料、半成品的加工和供应能力。

（8）机械设备的性能数量和运输能力。

（9）施工管理人员和施工工人的数量与能力水平等。

（二）进度计划的编制方法

（1）划分施工过程。编制进度计划时应按照设计图纸、文件和施工顺序把拟建工程的各个施工过程列出，并结合具体的施工方法、施工条件、劳动组织等因素，加以适当整理。

（2）确定施工顺序。在确定施工顺序时，要考虑：

①各种施工工艺的要求。

②各种施工方法和施工机械的要求。

③施工组织合理的要求。

④确保工程质量的要求。

⑤工程所在地区的气候特点和条件。

⑥确保安全生产的要求。

（3）计算工程量。应根据施工图纸和工程量计算规则进行。

（4）确定劳动力用量和机械台班数量。应根据各分项工程、分部工程的工程量、施工方法和相应的定额，并参考施工单位的实际情况和水平，计算各分项工程、分部工程所需的劳动力用量和机械台班数量。

（5）确定各分项工程、分部工程的施工天数，并安排进度。当有特殊要求时，可根据工期要求，倒排进度；同时在施工技术和施工组织上采取相应的措施，如在可能的情况下，组织立体交叉施工、水平流水施工，增加工作班次，提高混凝土早期强度等。

（6）施工进度图表。是施工项目在时间和空间上的组织形式。目前表达施工进度计划的常用方法有网络图和流水施工水平图（又称横道图）。

（7）进度计划的优化。进度计划初稿编制以后，需再次检查各分部（子分部工程）、分项工程的施工时间和施工顺序安排是否合理，总工期是否满足合同规定的要求，劳动力、材料、施工机械设备需用量是否出现不均衡的现象，主要施工机械设备是否充分利用。经过检查，对不符要求的部分予以改正和优化。

（三）进度计划的检查

在工程施工进度计划的实施过程中，由于各种因素的影响，原始计划的安排常常会被打乱而出现进度偏差。因此，在进度计划执行一段时间后，必须对执行情况进行动态检查，并分析进度偏差产生的原因，以便为施工进度计划的调整提供必要的信息。施工进度计划的检查主要包括以下内容：

（1）工作量的完成情况。

（2）工作时间的执行情况。

（3）资源使用及与进度的互配情况。

（4）上次检查提出问题的处理情况。

第三节　质量管理

一、质量管理的原则与程序

（一）质量管理的原则

（1）坚持"质量第一，用户至上"。社会主义商品经营的原则是"质量第一，用户至上"。市政产品作为一种特殊的商品，使用年限较长，是"百年大计"，直接关系到人民生命财产的安全。所以，在施工过程中应自始至终地把"质量第一，用户至上"作为质量控制的基本原则。

（2）"以人为核心"。人是质量的创造者，质量控制必须"以人为核心"，把人作为控制的动力，调动人的积极性、创造性；增强人的责任感，树立"质量第一"观念；提高人的素质，避免人的失误；以人的工作质量确保工序质量、工程质量。

（3）"以预防为主"。"以预防为主"，就是要从对质量的事后检查把关，转向对质量的事前控制、事中控制；从对产品质量的检查，转向对工作质量的检查、对工序质量的检查、对中间产品的质量检查。这是确保施工质量的有效措施。

（4）坚持质量标准、严格检查，一切用数据说话。质量标准是评价产品质量的尺度，数据是质量控制的基础和依据。产品质量是否符合质量标准，必须通过严格检查，用数据说话。

（5）贯彻科学、公正、守法的职业规范。施工企业的项目经理，在处理质量问题过程中，应尊重客观事实，尊重科学，正直、公正，不持偏见；遵纪、守法，杜绝不正之风；既要坚持原则、严格要求、秉公办事，又要谦虚谨慎、实事求是、以理服人、热情帮助。

（二）质量管理程序

工程施工现场质量管理应按下列程序实施：

（1）进行质量策划，确定质量目标。

（2）编制质量计划。

（3）实施质量计划。

（4）总结项目质量管理工作，提出持续改进的要求。

二、质量管理体系

质量管理体系，是指"在质量方面指挥和控制组织的管理体系"。它致力于建立质量方针和质量目标，并为实现质量方针和质量目标确定相关的过程活动和资源。质量管理体系主要在质量方面能帮助组织提供持续满足要求的产品，以满足顾客和其他相关方的需求。组织的质量目标与其他管理体系的目标，如财务、环境、职业、卫生与安全等的目标应是相辅相成的。因此，质量管理体系的建立要注意与其他管理体系的整合，以方便组织的整体管理，其最终目的应使顾客和相关方都满意。

一个完善现行的质量管理体系，一般按下列程序进行：

（1）企业领导决策。企业主要领导要下决心走质量效益型的发展道路，要切实建立质量管理体系。建立质量管理体系是涉及企业内部很多部门参加的一项全面性的工作，如果没有企业主要领导亲自领导、亲自实践和统筹安排，是很难搞好这项工作的。因此，领导真心实意地要求建立质量管理体系，是建立健全质量管理体系的首要条件。

（2）编制工作计划。工作计划包括培训教育、体系分析、职能分配、文件编制、配备仪器、仪表设备等内容。

（3）分层次教育培训。结合本企业的特点，了解建立质量管理体系的目的和作用，详细研究与本职工作有直接联系的要素，提出控制要素的办法。

（4）分析企业特点。结合市政企业的特点和具体情况，确定采用哪些要素和采用程度。确定的要素要对控制工程实体质量起主要作用，能保证工程的适用性、符合性。

（5）落实各项要素。企业在选好合适的质量管理体系要素后，要进行二级要素展开，制订实施二级要素所必需的质量活动计划，并把各项质量活动落实到具体部门或个人。

（6）编制质量管理体系文件。质量管理体系文件按其作用可分为法规性文件和见证性文件两类。质量管理体系法规性文件是用以规定质量管理工作的原则，阐述质量管理体系的构成，明确有关部门和人员的质量职能，规定各项活动的目的要求、内容和程序的文件。在合同环境下这些文件是供方向需方证实质量管理体系适用性的证据。质量管理体系的见证性文件是用以表明质量管理体系的运行情况和证实其有效性的文件（如质量记录报告等）。这些文件记载了各质量管理体系要素的实施情况和工程实体质量的状态，是质量管理体系运行的见证。

三、工程施工质量控制

质量控制是符合"预防为主"的方针，影响工程质量的因素是多方面的，概括起来有：设计过程的质量、施工准备阶段的质量、机具材料的质量、施工过程的质量、使用过程的质量。因此，质量控制是在施工的所有环节中，也就是全过程分阶段地对工程质量进行有效地控制。

（一）施工质量控制原则

工程施工是使工程设计意图最终实现并形成工程实体的阶段，是最终形成工程产品质量和工程项目使用价值的重要阶段。在进行工程施工质量控制的过程中，应遵循以下原则：

（1）坚持质量第一原则。工程的使用年限长，是"百年大计"，直接关系到人民生命财产的安全。所以，应自始至终地把"质量第一"作为对工程项目质量控制的基本原则。

（2）坚持以人为控制核心。人是质量的创造者，质量控制必须"以人为核心"，把人作为质量控制的动力，发挥人的积极性、创造性，处理好业主监理与承包单位各方面的关系，增强人的责任感，树立"质量第一"的思想，提高人的素质，避免人的失误，以人的工作质量保证工序质量、保证工程质量。

（3）坚持以预防为主。预防为主是指要重点做好质量的事前控制、事中控制，同时严格对工作质量、工序质量和中间产品质量的检查。这是确保工程质量的有效措施。

（4）坚持质量标准。质量标准是评价产品质量的尺度，数据是质量控制的基础。产品质量是否符合合同规定的质量标准,必须通过严格检查,以数据为依据。

(5)贯彻科学、公正、守法的职业规范。在控制过程中,应尊重客观事实,尊重科学,客观、公正、不持偏见,遵纪守法,坚持原则,严格要求。

(二)施工质量控制过程

施工质量控制过程根据三阶段控制原理划分了事前控制、事中控制、事后控制三个环节。

(1)事前控制。指施工准备控制即在各工程对象正式施工活动开始前,对各项准备工作及影响质量的各因素进行控制,这是确保施工质量的先决条件。

(2)事中控制。指施工过程控制即在施工过程中对实际投入的生产要素质量及作业技术活动的实施状态和结果所进行的控制包括作业者发挥技术能力过程的自控行为和来自有关管理者的监控行为。

(3)事后控制。指竣工验收控制即对于通过施工过程所完成的具有独立的功能和使用价值的最终产品(单位工程或整个工程项目)及有关方面(例如质量文档)的质量进行控制。

第四节　安全管理

职业健康安全与环境管理的任务是企业为达到建筑工程的职业健康安全与环境管理的目的,指挥和控制组织的协调活动,包括制定、实施、实现、评审和保持职业健康安全与环境方针所需的组织机构、计划活动、职责、惯例、程序、过程和资源。

一、安全管理方法

(一)危险源

危险源是可能导致人身伤害或疾病、财产损失、工作环境破坏或这些情况组合的危险因素和有害因素。根据危险源在事故发生发展中的作用把危险源分为两大类,即第一类危险源和第二类危险源。可能发生意外释放能量的载体或危险物质称作第一类危险源。造成约束、限制能量措施失效或破坏的各种不安全因素称作第二类危险源。

1. 第一类危险源的控制方法

(1)防止事故发生的方法:消除危险源、限制能量或危险物质、隔离。

(2)避免或减少事故损失的方法:隔离、个体防护、设置薄弱环节、使能量或危险物质按人们的意图释放、避难与援救措施。

2. 第二类危险源的控制方法

(1)减少故障:增加安全系数、提高可靠性、设置安全监控系统。

(2)故障安全设计:包括故障—消极方案(即故障发生后,设备、系统处于最低能量状态,直到采取校正措施之前不能运转);故障—积极方案(即故障发生后在没有采取校正措施之前使系统、设备处于安全的能量状态之下);故障—正常方案(即保证在采取校正行动之前,设备、系统正常发挥功能)。

(二)建立安全生产责任制

建立安全生产责任制是施工安全技术措施计划实施的重要保证。安全生产责任制是指企业对项目经理部各级领导、各个部门、各类人员所规定的在他们各自职责范围内对安全生产应负责任的制度。

(三)安全生产教育

安全是生产赖以正常进行的前提,安全教育又是安全管理工作的重要环节,是提高全员安全素质、安全管理水平和防止事故,从而实现安全生产的重要手段。

1.施工项目安全教育培训的对象

(1)工程项目经理、项目执行经理、项目技术负责人。工程项目主要管理人员必须经过当地政府或上级主管部门组织的安全生产专项培训,培训时间不得少于24 h,经考核合格后,持安全生产资质证书上岗。

(2)工程项目基层管理人员。施工项目基层管理人员每年必须接受公司安全生产年审,经考试合格后,持证上岗。

(3)分包负责人、分包队伍管理人员。必须接受政府主管部门或总包单位的安全培训,经考试合格后持证上岗。

(4)特种作业人员。必须经过专门的安全理论培训和安全技术实际训练,经理论和实际操作的双项考核,合格者持特种作业操作证上岗作业。

(5)操作工人。新入场工人必须经过三级安全教育,考试合格后持"上岗证"上岗作业。

2.施工现场安全教育的形式

1)新工人的三级安全教育

三级安全教育是企业必须坚持的安全生产基本教育制度。对新工人(包括新招收的合同工、临时工、学徒工、农民工及实习和代培人员)必须进行公司、项目、作业班组三级安全教育,时间不得少于40 h。三级安全教育由安全、教育和劳资等部门配合组织进行。经教育考试合格者才准许进入生产岗位;不合格者必须补课、补考。对新工人的三级安全教育情况,要建立档案(印制职工安全生产教育卡)。新工人工作一个阶段后还应进行重复性的安全再教育,加深安全感性、理性知识的意识。

2)转场安全教育

新转入施工现场的工人必须进行转场安全教育,教育时间不得少于8 h。

3)变换工种安全教育

凡改变工种或调换工作岗位的工人必须进行变换工种安全教育;变换工种安全教育时间不得少于4 h,教育考核合格后方准上岗。

4)特种作业安全教育

从事特种作业的人员必须经过专门的安全技术培训经考试合格取得操作证后方准独立作业。

5)班前安全活动交底

班前安全活动交底即班前讲话。班前安全讲话作为施工队伍经常性安全教育活动之一,各作业班组长于每班工作开始前(包括夜间工作前)必须对本班组全体人员进行不少于 15 min 的班前安全活动交底。班组长要将安全活动交底内容记录在专用的记录本上，各成员在记录本上签名。

6）周一安全活动

周一安全活动作为施工项目经常性安全活动之一，每周一开始工作前应对全体在岗工人开展至少 1 h 的安全生产及法制教育活动。活动形式可采取看录像、听报告、分析事故案例图片展览、急救示范、智力竞赛、热点辩论等形式进行。

7）季节性施工安全教育

进入雨季及冬期施工前，在现场经理的部署下，由各区域责任工程师负责组织本区域内施工的分包队伍管理人员及操作工人进行专门的季节性施工安全技术教育；时间不少于 2 h。

（四）安全技术交底

安全技术交底是指导工人安全施工的技术措施，是项目安全技术方案的具体落实。安全技术交底一般由技术管理人员根据分部分项工程的具体要求特点和危险因素编写，是操作者的指令性文件，因而要具体、明确、针对性强，不得用施工现场的安全纪律、安全检查等制度代替，在进行工程技术交底的同时进行安全技术交底。安全技术交底与工程技术交底一样，实行分级交底制度。

（五）安全生产检查

工程项目安全检查的目的是为了消除隐患、防止事故、改善劳动条件及提高员工安全生产意识的重要手段，是安全控制工作的一项重要内容。

二、施工现场防火防爆及保安管理

（一）施工现场防火防爆

（1）建立防火防爆知识宣传教育制度。组织施工人员认真学习《中华人民共和国消防条例》和公安部《关于建筑工地防火的基本措施》教育参加施工的全体职工认真贯彻执行消防法规，增强全员的法律意识。

（2）建立定期消防技能培训制度。定期对职工进行消防技能培训，使所有施工人员都懂得基本防火防爆知识，掌握安全技术，能熟练使用工地上配备的防火防爆器具，能掌握正确的灭火方法。

（3）建立现场明火管理制度。施工现场未经主管领导批准，任何人不准擅自动用明火。从事电、气焊的作业人员要持证上岗（用火证），在批准的范围内作业。要从技术上采取安全措施，消除火源。

（4）存放易燃易爆材料的库房建立严格管理制度。现场的临建设施和仓库要严格管理，存放易燃液体和易燃易爆材料的库房，要设置专门的防火防爆设备，采取消除静电等防火防爆措施，防止火灾、爆炸等恶性事故的发生。

（5）建立定期防火检查制度。定期检查施工现场设置的消防器具，存放易燃易爆材料的库房、施工重点防火部位和重点工种的施工操作，不合格者责令整改，及时消除火灾隐患。

（二）施工现场消防器材管理

（1）各种消防梯经常保持完整完好。

（2）水枪经常检查，保持开关灵活、喷嘴畅通，附件齐全无锈蚀。

（3）水带充水后防骤然折弯，不被油类污染，用后清洗晾干，收藏时应单层卷起，竖放在架上。

（4）各种管接口和扣盖应接装灵便、松紧适度、无泄漏，不得与酸、碱等化学品混放，使用时不得摔压。

（5）消火栓按室内、室外（地上、地下）的不同要求定期进行检查和及时加注润滑油，消火栓井应经常清理，冬季采用防冻措施。

（6）工地设有火灾探测和自动报警灭火系统时，应由专人管理保持其处于完好状态。

（三）施工现场保安管理

施工现场保卫工作对现场的安全及工程质量成品保护有着重要的意义，必须予以充分的重视。一般施工现场的保安工作应由项目总承包单位负责或委托给施工总承包的单位负责。

施工现场的保卫工作十分重要，主要管理人员应在施工现场佩戴证明其身份的标识。严格进行现场人员的进出管理。其中，施工现场保卫工作的内容如下：

（1）建立完整可行的保卫制度，包括领导分工，管理机构，管理程序和要求，防范措施等。组建一支精干负责，有快速反应能力的警卫人员队伍，并与当地公安机关取得联系，求得支持。当前不少单位组建了经济民警队伍，这是一种比较好的形式。

（2）施工现场应设立围墙、大门和标牌（特殊工程，有保密要求的除外），防止与施工无关人员随意进出现场。围墙、大门、标牌的设立应符合政府主管部门颁发的有关规定。

（3）严格门卫管理。管理单位应发给现场施工人员专门的出入证件，凭证件出入现场。大型重要工程根据需要可实行分区管理，即根据工程进度，将整个施工现场划分为若干区域，分设出入口，每个区域使用不同的出入证件。对出入证件的发放管理要严肃认真，并应定期更换。

（4）一般情况下项目现场谢绝参观，不接待会客。对临时来到现场的外单位人员、车辆等要做好登记。

三、施工现场安全事故管理

（一）伤亡事故的分类

事故是指人们在进行有目的的活动过程中，发生了违背人们意愿的不幸事件，使其有目的的行动暂时或永久地停止。伤亡事故是指职工在劳动生产过程中发生的人身伤害、急性中毒事故。

1. 伤亡事故等级

根据《生产安全事故报告和调查处理条例》，按照事故的严重程度，伤亡事故分为：

（1）特别重大事故，是指造成30人以上死亡，或者100人以上重伤（包括急性工业中毒，下同）或者1亿元以上直接经济损失的事故。

（2）重大事故，是指造成10人以上30人以下死亡，或者50人以上100人以下重伤，或者 5 000 万元以上 1 亿元以下直接经济损失的事故。

(3)较大事故,是指造成 3 人以上 10 人以下死亡,或者 10 人以上 50 人以下重伤,或者 1 000 万元以上 5 000 万元以下直接经济损失的事故。

(4)一般事故,是指造成 3 人以下死亡,或者 10 人以下重伤,或者 1 000 万元以下直接经济损失的事故。

2.伤亡事故类别

按照直接致使职工受到伤害的原因(即伤害方式)分类。

(1)物体打击,指落物、滚石、锤击、碎裂崩块、碰伤等伤害,包括因爆炸而引起的物体打击。

(2)提升、车辆伤害,包括挤、压、撞、倾覆等。

(3)机械伤害,包括绞、碾、碰、割、戳等。

(4)起重伤害,指起重设备或操作过程中所引起的伤害。

(5)触电,包括雷击伤害。

(6)淹溺。

(7)灼烫。

(8)火灾。

(9)高处坠落,包括从架子、屋顶上坠落以及从平地坠入地坑等。

(10)坍塌,包括建筑物、堆置物、土石方倒塌等。

(11)冒顶串帮。

(12)透水。

(13)放炮。

(14)火药爆炸,指生产、运输、储藏过程中发生的爆炸。

(15)瓦斯煤尘爆炸,包括煤粉爆炸。

(16)其他爆炸,包括锅炉爆炸、容器爆炸、化学爆炸,炉膛、钢水包爆炸等。

(17)煤与瓦斯突出。

(18)中毒和窒息,指煤气、油气沥青、化学、氧化碳中毒等。

(19)其他伤害,如扭伤、跌伤、野兽咬伤等。

(二)伤亡事故的处理程序

1.迅速抢救伤员、保护事故现场

事故发生后,现场人员要有组织、听指挥,迅速做好抢救伤员,排除险情制止事故蔓延扩大;为事故调查分析需要,保护好事故现场。

2.伤亡事故报告

施工项目发生伤亡事故,负伤者或者事故现场有关人员应立即直接或逐级报告。伤亡事故报告主要包括以下内容:

(1)事故发生(或发现)的时间、详细地点。

(2)发生事故的项目名称及所属单位。

(3)事故类别、事故严重程度。

(4)伤亡人数、伤亡人员基本情况。

(5)事故简要经过及抢救措施。

(6)报告人情况和联系电话。

3.组织事故调查组

在接到事故报告后,企业主管领导,应立即赶赴现场组织抢救,并迅速组织调查组开展事故调查:

(1)轻伤事故:由项目经理牵头,项目经理部生产、技术、安全、人事、保卫、工会等有关部门的成员组成事故调查组。

(2)重伤事故:由企业负责人或其指定人员牵头,企业生产、技术、安全、人事保卫、工会、监察等有关部门的成员,会同上级主管部门负责人组成事故调查组。

(3)死亡事故:企业负责人或其指定人员牵头,企业生产、技术、安全、人事保卫、工会、监察等有关部门的成员,会同上级主管部门负责人、政府安全监察部门、行业主管部门、公安部门、工会组织组成事故调查组。

(4)重大死亡事故:按照企业的隶属关系,由省、自治区、直辖市企业主管部门或者国务院有关主管部门会同同级行政安全管理部门、公安部门监察部门、工会组成事故调查组,进行调查。重大死亡事故调查组应邀请人民检察院参加,还可邀请有关专业技术人员参加。

4.现场勘察

现场勘察是技术性很强的工作,涉及广泛的科技知识和实践经验,调查组对事故的现场勘察必须做到及时、全面准确、客观。

5.分析事故原因

1)事故原因

(1)直接原因。直接导致伤亡事故发生的机械、物质和环境的不安全状态,以及人的不安全行为,是事故的直接原因。

(2)间接原因。事故中属于技术和设计上的缺陷,教育培训不够、未经培训、缺乏或不懂安全操作技术知识,劳动组织不合理,对现场工作缺乏检查或指导错误没有安全操作规程或不健全,没有或不认真实施事故防范措施,对事故隐患整改不利等原因,是事故的间接原因。

(3)主要原因。导致事故发生的主要因素是事故的主要原因。

2)事故分析的步骤

(1)整理和阅读调查材料。

(2)对受伤部位、受伤性质、起因物、致害物、伤害方法、不安全状态、不安全行为等七项内容进行分析。

(3)确定事故的直接原因。

(4)确定事故的间接原因。

(5)确定事故的责任者。

6.制订事故预防措施

根据对事故原因的分析,制定防止类似事故再次发生的预防措施,在防范措施中,应把改善劳动生产条件、作业环境和提高安全技术措施水平放在首位,力求从根本上消除危险因素,切实做到"四不放过"。

7.制定责任分析及结案处理

(1)责任分析。在查清伤亡事故原因后,必须对事故进行责任分析,目的在于使事故责任者、单位领导人和广大职工群众吸取教训接受教育,改进工作。

责任分析可以通过事故调查所确认的事实,根据事故发生的直接和间接原因按有关人员的职责、分工、工作状态和在具体事故中所起的作用,追究其所应负的责任;按照有关组织管理人员及生产技术因素,追究最初造成不安全状态的责任;按照有关技术规定的性质、明确程度、技术难度,追究属于明显违反技术规定的责任;不追究属于未知领域的责任。根据事故性质、事故后果、情节轻重、认识态度等,提出对事故责任者的处理意见。

(2)事故报告书。填写《企业职工因工伤亡事故调查报告书》,经调查组全体人员签字后报批。如调查组内部意见有分歧,应在弄清事实的基础上,对照法律法规进行研究,统一认识。对个别仍持有不同意见的允许保留,并在签字时写明意见。

此外,并应将企业营业执照复印件、事故现场示意图、反映事故情况的相关照片、事故伤亡人员的相关医疗诊断书、负责本事故调查处理的政府主管部门要求提供的与本事故有关的其他材料等资料作为附件,一同上报。

8.事故结果

(1)事故调查处理结论,应经有关机关审批后,方可结案。伤亡事故处理工作一般应当在 90 d 内结案,特殊情况不得超过 180 d。

(2)事故案件的审批权限,同企业的隶属关系及人事管理权限一致。

(3)对事故责任者的处理,应根据其情节轻重和损失大小,谁有责任,主要责任、次要责任、重要责任、一般责任,还是领导责任等,按规定给予处分。

(4)企业接到政府机关的结案批复后,进行事故建档,并接受政府主管部门的行政处罚。事故档案登记应包括以下内容:

①员工重伤、死亡事故调查报告书,现场勘察资料(记录、图纸、照片)。

②技术鉴定和试验报告。

③物证、人证调查材料。

④医疗部门对伤亡者的诊断结论及影印件。

⑤事故调查组人员的姓名、职务,并签字。

⑥企业或其主管部门对该事故所做的结案报告。

⑦受处理人员的检查材料。

⑧有关部门对事故的结案批复等。

四、环境管理与施工现场文明施工

(一)施工现场文明施工

1.文明施工的组织与管理

施工现场文明施工是指保持施工场地整洁、卫生,施工组织科学,施工程序合理的一种施工活动。实现文明施工,不仅要着重做好现场的场容管理工作,而且还要相应做好现场材料、机械、安全、技术、保卫、消防和生活卫生等方面的管理工作。

2. 文明施工工作内容

文明施工工作应包括下列内容：

(1)进行现场文化建设。

(2)规范场容,保持作业环境整洁卫生。

(3)创造有序生产的条件。

(4)减少对居民和环境的不利影响。

3. 文明施工基本要求

实现文明施工,不仅要着重做好现场的场容管理工作,而且还要相应做好现场材料、机械、安全、技术、保卫、消防和生活卫生等方面的管理工作。

(二)施工环境保护

环境保护是按照法律法规、各级主管部门和企业的要求,保护和改善作业现场的环境,控制现场的各种粉尘、废水、废气、固体废弃物、噪声、振动等对环境的污染和危害。环境保护也是文明施工的重要内容之一。

第十一章　结束语

　　给水排水工程分为给水工程和排水工程两个部分。给水工程大体上分为给水管道系统和给水处理系统,给水管道系统所承担的任务就是水的提升、水的输送和分配及水量调节。管道承担水的输送任务,而附属构筑物则起水压提升及水量调控等作用。给水处理系统简单地说就是向用户提供水量,保证水质,满足水压的一切工程设施。排水工程的任务就是保护环境免受污染,促进工农业生产的发展和保障人民的健康与正常的生活。其主要内容为收集各种污水并及时将其输送到适当地点,经妥善处理后排放或者再利用。

　　给水排水工程已经发展成为城市建设和工业生产的重要基础,成为人类生命健康安全和工农业技术与生产发展的基础保障,同时也发展成为高校专业教育和人才培养的重要专业领域。因此,必须加强给水排水管道工程的施工管理工作,从材料、工艺、验收各个方面把好关,做好安全防范措施,实现水资源的节约利用和优化配置。

参考文献

[1] 蒋柱武,黄天寅.给排水管道工程[M].上海:同济大学出版社,2011.
[2] 王全金.给水排水管道工程[M].北京:中国铁道出版社,2001.
[3] 李良训.给水排水管道工程[M].北京:中国建筑工业出版社,2005.
[4] 张文华.给水排水管道工程[M].北京:中国建筑工业出版社,2000.
[5] 张奎,黄跃华,白建国.给水排水管道工程技术[M].北京:中国建筑工业出版社,2005.
[6] 张军,刘国华.给水排水管道工程技术[M].北京:化学工业出版社,2014.
[7] 李扬.给排水管道工程技术[M].北京:中国水利水电出版社,2010.
[8] 王立信.给水排水管道工程施工与质量验收手册[M].北京:中国建筑工业出版社,2010.
[9] 吴国忠.建筑给水排水与供暖管道工程施工技术[M].北京:中国建筑工业出版社,2010.
[10] 张思梅.室外排水管道施工[M].合肥:合肥工业大学出版社,2010.
[11] 马立艳.给水排水管网系统[M].北京:化学工业出版社,2011.
[12] 建筑工程常用数据系列手册编写组.给水排水常用数据手册[M].北京:中国建筑工业出版
    社,2002.
[13] 熊文平,王智纳.给排水与供热通风、煤气工程常用数据[M].北京:化学工业出版社,2007.
[14] 景星蓉.管道工程施工与预算[M].北京:中国建筑工业出版社,2000.
[15] 张国栋.给排水、采暖、燃气工程[M].天津:天津大学出版社,2012.
[16] 白建国,戴安全,吕宏德.市政管道工程施工[M].北京:中国建筑工业出版社,2014.
[17] 姜湘山.管道工必备技能[M].北京:机械工业出版社,2015.
[18] 邢丽贞.给排水管道设计与施工[M].2版.北京:化学工业出版社,2009.
[19] 邹金龙,代莹.室外给排水工程概论[M].哈尔滨:黑龙江大学出版社,2014.
[20] 赵文军.给水排水工程[M].北京:中国质检出版社,2015.
[21] 龙兴灿.给排水与管网工程[M].北京:人民交通出版社,2008.
[22] 张胜峰.建筑给排水工程施工[M].北京:中国水利水电出版社,2010.
[23] 北京建工培训中心组织编写.给排水及建筑设备安装工程[M].北京:中国建筑工业出版社,2012.
[24] 山西建筑工程总公司.建筑给水排水及采暖工程施工工艺标准[M].太原:山西科学技术出版
    社,2007.
[25] 吴耀伟.供热通风与建筑给排水工程施工技术[M].哈尔滨:哈尔滨工业大学出版社,2001.
[26] 邢丽贞.给排水管道设计与施工[M].北京:化学工业出版社,2004.
[27] 蒋白懿,李亚峰.给水排水管道设计计算与安装[M].北京:化学工业出版社,2005.
[28] 王继明,等.给水排水管道工程[M].北京:清华大学出版社,1989.
[29] 何维华.城市给水管道[M].成都:四川人民出版社,1983.
[30] 张奎,张志刚.给水排水管道系统[M].北京:机械工业出版社,2007.